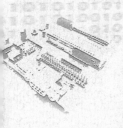

普通高等教育"十二五"规划电气信息类系列教材

单片机原理与应用

主　编　罗维平　李德骏

副主编　邱银安　吴玉蓉

参　编　田裕康　邹崇涛

　　　　沈满德　刘　丰

华中科技大学出版社
http://www.hustp.com
中国·武汉

内容简介

本书是普通高等教育"十二五"规划电气信息类系列教材之一,系统地介绍 MCS-51 系列单片机及其应用系统的构成与设计方法,包括单片机基本概念、内部硬件结构、汇编和 C51 两种语言的编程及软件设计方法、系统功能扩展、串行总线接口、应用系统的硬件开发与软件设计方法及单片机中的兼容技术。本书还特别介绍了 3 个很有实际应用和参考价值的例子,详细介绍实例的硬件与软件设计的思路与方法。同一功能分别用汇编和 C51 两种语言来编程,读者可对比分析,有助于学习编程。各章均有内容提要和精选的练习题,以利于读者学习提高。

本书适合各类本科和专科院校及培训机构作为单片机类课程和培训的教材,特别适合学习单片机应用系统开发的读者,也可供各类电子工程、电气工程、自动化技术人员和计算机爱好者学习参考。

图书在版编目(CIP)数据

单片机原理及应用/罗维平　李德骏　主编.—武汉:华中科技大学出版社,2012.5

ISBN 978-7-5609-7669-3

Ⅰ.单…　Ⅱ.①罗…　②李…　Ⅲ.单片微型计算机-高等学校-教材　Ⅳ.TP368.1

中国版本图书馆 CIP 数据核字(2012)第 000339 号

单片机原理及应用　　　　　　　　　　　　　　　　　罗维平　李德骏　主编

策划编辑:王红梅
责任编辑:熊　慧
封面设计:刘　卉
责任校对:刘　竣
责任监印:周治超
出版发行:华中科技大学出版社(中国·武汉)
　　　　　武昌喻家山　　邮编:430074　　电话:(027)87557437
录　　排:武汉佳年华科技有限公司
印　　刷:华中科技大学印刷厂
开　　本:787mm×960mm　1/16
印　　张:22.75
字　　数:481 千字
版　　次:2012 年 5 月第 1 版第 1 次印刷
定　　价:39.80 元

前　言

单片机作为微型计算机的一个分支,具有功能强、体积小、应用灵活等诸多优点,在工业控制、仪器仪表、通信、家用电器和国防科技等各领域得到广泛的应用。随着集成电路技术的不断发展,单片机的性能在不断提高,其应用范围必将越来越宽广。

MCS-51 系列单片机在我国具有广泛的应用基础,其中的 8051 单片机技术开放,世界上众多的电子公司都开发和生产与 8051 单片机兼容的系列产品;同时,在其基本功能基础上还增加了具有各种各样功能模块的派生产品。这些产品与 8051单片机具有相同的内核和指令系统。只要了解了 MCS-51 系列单片机,就可以灵活地选择和使用各种兼容 MSC-51 系列单片机的芯片。

1. 本书特色

(1)本书最大的特点是按照单片机知识体系进行编写。例如,在内部资源章节,对单片机内部的并行口、串行口、定时/计数器和中断系统等模块一一进行介绍;在单片机系统的功能扩展章节,对存储器的扩展、输入/输出(I/O)口的扩展、数/模(D/A)转换电路接口、模/数(A/D)转换电路接口、键盘和显示器接口等分别进行了介绍。这样的编写形式使得单片机知识具有很强的系统性,也具有相对独立性,有助于读者自学和系统地掌握单片机的知识点。

(2)第 4 章分别介绍了汇编语言与 C 语言两种语言的相关知识。特别是在本书的实例中,相同的功能用汇编语言和 C 语言分别实现,通过两种语言的编程对比,读者能够有选择地掌握一种编程语言,并认识另一种编程语言;同时,有助于分析、比较汇编语言和 C 语言的编程特点和异同。

(3)第 5 章、第 6 章和第 9 章先后介绍了目前单片机常用的接口芯片,以及与单片机应用系统相关的串行总线和电磁兼容性问题,旨在提高读者自主、完善、可靠地设计、研发单片机应用系统的能力。

(4)精心设计的单片机系统应用实例内容合理,由简到难,有代表性,有很强的实践性,希望能够帮助读者从系统方案设计到功能实现,从硬件设计到软件编程,系统地学习与掌握单片机应用系统的设计与开发的设计思路、设计方法和系统实现。

2. 内容安排

本书着重介绍 MCS-51 系列单片机的原理及应用系统的设计方法。

第 1 章"单片机概述"介绍单片机的基本概念、发展和主流芯片简介及应用等。第 2 章"MCS-51 系列单片机硬件结构"介绍 MCS-51 系列单片机的内部结构、工作原理、存储器、并行口、片外引脚和时序电路等。第 3 章"MCS-51 系列单片机编程语言"分别介绍单片机的汇编语言和 C 语言这两种编程语言的特点、寻址方式、指令系统及其应用实例。第 4 章"MCS-51 系列单片机内部资源及编程"介绍 MCS-51 系列单片机内部的并行口、定时/计数器、中断系统和串行口的工作原理、内部结构、控制字、工作方式、初始化编程及应用等。第 5 章"MCS-51 系列单片机系统功能扩展"介绍存储器扩展技术、A/D 转换器和 D/A 转换器接口电路、键盘与显示器接口电路等的接口技术。第 6 章"单片机串行总线接口"介绍总线的基本概念及常用的串行接口，包括 UART、I²C、SPI、CAN 和 1-Wire。第 7 章"单片机应用系统的开发与设计"介绍单片机开发工具及其选择依据、系统开发的一般过程、应用系统的基本组成及设计原则和 Keil C51 开发工具。第 8 章"单片机开发系统的应用实例"介绍抢答器、电子琴和电子密码锁三个应用实例的设计思路、硬件设计和软件设计。第 9 章"单片机应用系统的电磁兼容性问题"介绍了电磁兼容的基本概念、基本原理、常见的电磁兼容性问题，以及接地和如何控制噪声。

　　3. 使用范围

　　本书由武汉纺织大学和湖南工业大学的教师共同编写。全书由武汉纺织大学罗维平主编和统稿。第 1 章由湖南工业大学邱银安编写；第 2 章和第 4 章由武汉纺织大学罗维平编写；第 3 章由武汉纺织大学吴玉蓉编写；第 5 章由武汉纺织大学邹崇涛编写；第 6 章由武汉纺织大学李德骏编写；第 7 章由武汉纺织大学沈满德编写；第 8 章由武汉纺织大学田裕康编写；第 9 章由武汉纺织大学刘丰编写。

　　编者具有 10 多年的单片机原理及应用课程教学经验，在长期的教学、科研和产品开发的基础上，经过精心组织，编写了此教材。在内容编排上采用先易后难、先原理后应用的顺序；同时，书中有大量的图表和例题，并附有练习题，这些都能极大地帮助读者掌握单片机的原理和应用技术。

　　本书可作为工科、工程类院校或职业院校电类专业师生进行单片机教学的教材，也可作为大学生参加电子设计竞赛的课外用书，还可作为单片机爱好者自学的辅导用书。

　　在本书的编写和出版过程中，得到了武汉纺织大学电子与电气学院研究生和武汉纺织大学创新实践园电子设计分园区学生及华中科技大学出版社的大力支持，在此深表谢意！

　　受学识水平所限，书中难免有遗漏和不足之处，恳请广大读者提出宝贵意见和建议，以便编者进一步改进。

《单片机原理及应用》教材编写组

2012 年 1 月

目　　录

1

单片机概述

通过本章的学习,学生可以了解单片机的基本概念、分类、主要特点、发展历史及趋势;掌握 MCS-51 系列、PIC 系列、Motorola 系列、TI 系列和日系等主流单片机的型号与应用及其选择原则。

1.1 单片机的基本概念及主要特点

1.1.1 单片机的基本概念

1946 年第一台电子计算机诞生至今,随着微电子技术和半导体技术的发展,计算机经历了电子管、晶体管、集成电路、大规模集成电路四个阶段,现在计算机的体积更小,功能更强。特别是近 20 年时间里,计算机技术获得飞速发展,而作为计算机一个重要分支的单片机,更是在工业控制、科研、教育、国防和航空航天领域获得了广泛的应用。

所谓单片机,是单片微型计算机(single chip computer)的简称,它是将 CPU、RAM、ROM、定时/计数器及输入/输出(I/O)接口电路等计算机主要部件集成在一块芯片上形成的,所以单片机是芯片级微型计算机。有些学者认为准确反映单片机本质的称呼应是微控制器(microcontroller)。目前国外大多数厂家、学者已普遍改用 MCU(microcontroller-unit),以与 MPU(microprocessor-unit)相对应,也有人根据单片机的结构和微电子设计特点,将单片机称为嵌入式微处理器(embedded-microprocessor)或嵌入式微控制器(embedded-microcontroller)。尽管如此,国内仍沿用单片机一词,但其含义应是 microcontroller,而非 microcomputer。由于单片机的这种特殊的结构形式,在某些应用领域中,它承担了大中型计算机和通用的微型计算机无法完成的一些工作。

单片机的分类如下。

1. 4 位/8 位/16 位/32 位

这是按照单片机内部数据通道的宽度来区分的。4 位单片机价格便宜,主要用于控制洗衣机和微波炉等家用电器及高档电子玩具。8 位单片机功能较强,价格低廉,品种齐全,广泛应用于工业控制、智能接口、仪器仪表等领域,特别是高档的 8 位机,是现在使用的主要机型。16 位单片机往往用于高速、复杂的控制系统。近年来,各计算机厂家已经推出更高性能的 32 位单片机,但在测控领域,32 位单片机的应用还很少。

2. 通用型/专用型

这是按单片机的适用范围来区分的。例如,80C51 是通用型单片机,它不是为某种专门用途设计的;专用型单片机是针对一类产品甚至某一个产品设计、生产的,例如,为了满足电子体温计的要求,在片内集成 A/D 转换器接口等功能的温度测量控制电路。

通常所说的和本书所介绍的单片机是指通用型单片机。

3. 总线型/非总线型

这是按单片机是否提供并行总线来区分的。总线型单片机普遍设置并行地址总线、数据总线、控制总线,这些引脚用以扩展并行外围器件,使之都可通过串行口与单片机连接,另外,许多单片机已把所需要的外围器件及外设接口集成在一块芯片内,因此在许多情况下可以不要并行扩展总线,大大减少封装成本、减小芯片体积,这类单片机称为非总线型单片机。

4. 控制型/家电型

这是按照单片机大致应用的领域进行区分的。一般而言,控制型单片机寻址范围大,运算能力强;用于家电的单片机多为专用型,通常是小封装,价格较低,外围器件和外设接口集成度高。

显然,上述分类并不是唯一的和严格的。例如,80C51 类单片机既是通用型的又是总线型的,还可以用于工业控制。

1.1.2 单片机的主要特点

单片机的特点可归纳为以下几个方面。

1. 较高的性能价格比

高性能、低价格是单片机最显著的一个特点。实际应用中,尽可能把应用所需要的存储器、各种功能的 I/O 口都集成在一块芯片内,使之成为名副其实的单片机。

有的单片机为了提高运行速度和执行效率,采用了 RISC(精简指令计算机)流水线和 DSP(数字信号处理)设计技术,这种单片机的性能明显优于同类型微处理器的性能;有的单片机内的 ROM 可达 64 KB(其中"B"即为 Byte,表示字节),片内 RAM 可达 2 KB,单片机的寻址已突破 64 KB 的限制,8 位和 16 位单片机寻址可达 1 MB 和 16 MB。由于单片机应用量大面广,因此世界上各大公司在提高单片机性能的同时,进一步降低价格,提高性价比是各公司竞争的主要策略。

2. 集成度高、体积小、可靠性高

单片机把各功能部件集成在一块芯片上,内部采用总线结构,减少了各芯片之间的连接,大大提高了单片机工作的可靠性与抗干扰能力。另外,其体积小,对于强磁场环境易于采取屏蔽措施,适合在恶劣环境下工作。

3. 控制功能强

单片机是电子计算机这个庞大家庭中的一个特殊品种,体积虽小,但"五脏俱全",它非常适合用于专门的控制用途。为了满足工业控制要求,一般单片机的指令系统中有极丰富的转移指令、I/O 口的逻辑控制及位处理功能。单片机在逻辑控制功能及运行速度方面均高于同一档次的微型计算机。

4. 低电压、低功耗

单片机大量应用于携带式产品和家用消费类产品,其低电压和低功耗的特性尤为重要。许多单片机已可在 2.2 V 电压下运行,有的已能在 1.2 V 或 0.9 V 电压下工作;功耗大大降低,一粒纽扣电池就可以使之长期使用。

1.2　单片机的发展及主流单片机简介

1.2.1　单片机的发展

单片机诞生于 20 世纪 70 年代,发展非常迅猛,其发展分为如下四个阶段。

1. 第一阶段(1976—1978)

此阶段为单片机的探索阶段。这个阶段以 Intel 公司的 MCS-48 为代表。MCS-48 的推出是单片机在工业控制领域的探索,参与这一探索的还有 Motorola 公司、Zilog 公司等,这些公司都取得了令人满意的成果。这就是 SCM 的诞生年代,"单片机"一词即由此而来。

2. 第二阶段(1978—1982)

此阶段为单片机的完善阶段。Intel 公司在 MCS-48 基础上推出了完善的、典型的单片机系列 MCS-51。它在以下几个方面奠定了典型的通用总线型单片机体系结构。

(1) 完善的外部总线。MCS-51 系列单片机设置了经典的 8 位单片机总线结构，包括 8 位数据总线、16 位地址总线、控制总线及具有多机通信功能的串行通信接口。

(2) CPU 外围功能单元的集中管理模式。

(3) 体现工业控制特性的位地址空间及位操作方式。

(4) 指令系统趋于丰富和完善，并且增加了许多突出控制功能的指令。

3. 第三阶段(1982—1990)

此阶段为 8 位单片机的巩固发展及 16 位单片机的推出阶段，也是单片机向微控制器发展的阶段。Intel 公司推出的 MCS-96 系列单片机，将一些用于测控系统的 A/D 转换器、程序运行监视器、脉宽调制器等纳入片中，体现了单片机的微控制器特征。随着 MCS-51 系列的推广应用，许多电器厂商竞相以 80C51 为内核，将许多测控系统中使用的电路技术、接口技术、多通道 A/D 转换部件、可靠性技术等应用到单片机中，增强了外围电路功能，强化了智能控制的特征。

4. 第四阶段(1990—)

此阶段为微控制器的全面发展阶段。随着单片机在各领域全面深入地应用和发展，出现了高速、大寻址范围、强运算能力的 8 位/16 位/32 位通用型单片机，以及小型廉价的专用型单片机。

目前，单片机正朝着高性能和多品种方向发展，并将进一步向着 CMOS(互补金属氧化物半导体)化、低电压和低功耗化、高性能化、外围电路内装化、大容量化、低噪声与高可靠性、系统结构简单化与规范化等几个方面发展。

1) CMOS 化

近年来，CHMOS 技术的进步极大地促进了单片机的 CMOS 化。CMOS 芯片除了低功耗特性之外，还具有功耗可控的特点，使单片机可以工作在功耗精细管理状态，这也是今后 80C51 取代 8051 成为标准 MCU 芯片的原因。单片机芯片多数是采用 CMOS 工艺生产的。CMOS 电路的特点是低功耗、高密度、低速度、低价格。采用双极型半导体工艺的 TTL 电路(逻辑门电路)速度快，但功耗和芯片面积较大。随着技术和工艺水平的提高，出现了 HMOS(高密度、高速度 MOS)和 CHMOS 工艺，以及 CHMOS 和 HMOS 相结合的工艺。目前生产的 CHMOS 电路已达到 LSTTL(低功耗肖特基 TTL)电路的速度，传输延迟时间小于 2 ns，它的综合优势在于其 TTL 电路。因此，在单片机领域，CMOS 电路正在逐渐取代 TTL 电路。

2) 低电压和低功耗化

几乎所有的单片机都有 Wait、Stop 等省电运行方式。允许使用的电压范围越来越宽，一般可为 3~6 V。目前，0.8 V 的低电压供电单片机已经问世。

单片机的功耗已低至 mA 级，甚至达到 1 μA 以下；使用电压范围为 3~6 V，完全适应在电池供电环境下工作。低功耗化的效应不仅是功耗低，而且带来了产品的高可靠性、高抗干扰能力及产品的便携化。

3) 高性能化

高性能化主要是指进一步改进 CPU 的性能,加快指令运算速度,提高系统控制的可靠性。采用 RISC 结构和流水线技术,可以大幅度提高运行速度。目前,指令运算速度最高者已达 100 MI/s(million instruction per seconds,即兆指令每秒),并加强了位处理功能、中断和定时控制功能。这类单片机的运算速度比标准单片机的高出 10 倍以上。由于这类单片机有极高的指令运算速度,因此可以用软件模拟其 I/O 功能,由此引入了虚拟外设的新概念。

4) 外围电路内装化与大容量化

外围电路内装化与大容量化也是单片机发展的主要方向。集成度的不断提高,有可能把众多外围功能器件集成在片内。除了一般必须具有的 CPU、ROM、RAM、定时/计数器等以外,片内集成的器件还有 A/D 转换器、DMA(动态内存存取)控制器、声音发生器、监视定时器、液晶显示驱动器、彩色电视机和录像机用的锁相电路等。

以往单片机内的 ROM 为 1～4 KB,RAM 为 64～128 B,在需要复杂控制的场合,这种存储容量是不够的,必须进行外接扩充。为了适应这种领域的要求,须运用新的工艺,使片内存储器大容量化。

但是,与大容量化相反的是,以 4 位和 8 位单片机为中心的小容量和低价格化也是发展动向之一。这类单片机把以往用数字逻辑集成电路组成的控制电路单片化,可广泛用于家电产品。

5) 低噪声与高可靠性

为提高单片机的抗电磁干扰能力,使产品能适应恶劣的工作环境,满足电磁兼容性方面更高标准的要求,各单片机生产厂家在单片机内部电路中都采用了新的技术措施。

6) 系统结构简单化与规范化

在很长一段时间里,通用型单片机通过三总线结构扩展外围器件成为单片机应用的主流结构。低价位 OTP(one time programmable,一次可编程)及各种类型片内程序存储器的发展,加之外围接口不断进入片内,推动了单片机"单片"应用结构的发展。特别是 I²C、SPI(串行外设接口)等串行总线的引入,可以使单片机的引脚设计得更少,单片机系统结构更加简单化及规范化。

1.2.2　主流单片机简介

自 1976 年 Intel 公司推出 MCS-48 系列单片机以来的 30 多年中,单片机发展迅猛,拥有繁多的系列、五花八门的机种,现将国际上较为著名、影响较大的公司及其产品简单介绍如下。

Intel 公司的 MCS-48、MCS-51 和 MCS-96 系列产品为主流单片机。除了 Intel

公司外,还有 Philips、Siemens、AND、OKI、Matra-MHS、Atmel 和 Dallas 公司等,这些公司生产各种 8051 及其派生型单片机。8051 单片机事实上已成为单片机结构标准。台湾的工研院电通所与美国明导信息公司共同设计了与 8051 完全相同的 SDL-2000 单片机(避开了 Intel 的专利)。此外,联电、华邦、合泰等厂商也推出了类似的产品。Motorola 公司的 6801、6802、6803、6805、68HCll 系列产品以其在家用消费及通信类产品中的成功应用,在单片机市场占有率高达 30% 以上。Zilog 公司的 Z8 系列与 NEC 公司的 78K 系列和 Txcom-87 系列产品的发展没有上述两类产品发展得那么快,但它们的应用范围介于上述两者之间。其次,还有 Super8 系列产品,Fairchild(仙童)公司和 Mostek 公司的 F8、3870 系列产品,Rockwell 公司的 6500、6501 系列产品等。

以上各系列产品既有共性,又有各自的特色,因此在国际市场上均占有一席之地。根据统计,Intel 公司的系列单片机产品市场占有量为 67%,其中,MCS-51 系列产品市场占有量为 54%。在我国,单片机产品市场以 MCS-48、MCS-51 和 MCS-96 为主流。

1. MCS-51 系列

MCS-51 系列单片机是 Intel 公司生产的一系列单片机的总称,这一系列单片机包括:三种基本型 8031、8051 和 8751,三种增强型 8032、8052 和 8752,以及低功耗型 80C31、80C51 和 87C51。其中,8051 是最早的典型产品,该系列其他单片机都是在 8051 的基础上进行功能的增、减和改变而来的,所以人们习惯于用 8051 来称呼 MCS-51 系列单片机;8031 是前些年我国最流行的单片机,所以在很多场合还会看到 8031 的名称。

Intel 公司已将 MCS-51 系列中的 80C51 内核使用权以专利互换或出售形式转让给全世界许多著名 IC(集成电路)制造厂商,如 Philips、NEC、Atmel、AMD、华邦等,这些公司都在保持与 80C51 单片机兼容的基础上改善了 80C51 的许多特性。这样,80C51 就变成有众多制造厂商支持的、发展出上百品种的大家族,现统称为 80C51 系列。80C51 系列单片机已成为单片机发展的主流。专家认为,虽然世界上的 MCU 品种繁多,功能各异,开发装置也互不兼容,但是客观发展表明,80C51 可能最终成为事实上的标准 MCU 芯片。

早期的 MCS-51 系列芯片采用 HMOS 工艺,即高密度短沟道 MOS 工艺;而 80C51 芯片则采用 CHMOS 工艺,即互补金属氧化物的 HMOS 工艺。CHMOS 是 CMOS 和 HMOS 的结合,除了保持 HMOS 高速度和高密度的特点之外,还具有 CMOS 低功耗的特点。例如,8051 芯片的功耗为 630 mW,而 80C51 的功耗只有 120 mW,这样低的功耗,用一粒纽扣电池就可以工作。低功耗令单片机芯片在便携式、手提式或野外作业的仪器、仪表、设备上使用十分有利。80C51 在功能增强方面也做了许多工作。首先,为进一步降低功耗,80C51 芯片增加了待机和掉电保护这两种工作方式,以保证单片机在掉电的情况下,能以最低的消耗电流维持。此外,在80C51系列芯片中,内部程序存储器除了ROM型和EPROM型之外,还有EEPROM型。

下面对MCS-51系列单片机的特点进行详细介绍。

1) 8031的特点

8031片内不带程序存储器ROM,使用时用户需外接程序存储器和1片逻辑芯片74LS373等,外接的程序存储器多为EPROM的2764系列。用户若想对写入EPROM的程序进行修改,必须先用一种特殊的紫外线灯将其照射擦除,之后才可写入。写入外接程序存储器的程序代码没有什么保密性可言。

2) 8051的特点

8051片内有4 KB的ROM,无须外接外存储器和74LS373等,更能体现"单片"的简练。但是,编程者无法将程序烧写到其ROM中,只有将程序交芯片厂代为烧写,且这种烧写是一次性的,今后编程者和芯片厂都不能改写其内容。

3) 8751的特点

8751与8051基本一样,但8751片内有4 KB的EPROM,用户可以将自己编写的程序写入单片机的EPROM中进行现场实验与应用,EPROM的改写同样需要用紫外线灯照射一定时间,实现擦除后再烧写。

4) AT89C51和AT89S51的特点

在众多的MCS-51系列单片机中,要算Atmel公司的AT89C51、AT89S51更实用,因它们不但与8051的指令和管脚完全兼容,而且其片内的4 KB程序存储器采用Flash工艺制成,这种工艺的存储器,用户可以用电的方式瞬间擦除、改写,一般专为Atmel公司的AT89××做的编程器均带有这些功能。显而易见的是,这种单片机对开发设备的要求很低,开发时间也大大缩短。写入单片机内的程序还可以进行加密,这又很好地保护了编程者的劳动成果。再者,AT89C51和AT89S51目前的售价比8031的还低,市场供应量也很充足。

AT89S51和AT89S52是Atmel公司2003年推出的新型品种,除了完全兼容8051外,还多了ISP(在线更新程序)编程和看门狗功能。

5) AT89C2051和AT89C1051等的特点

Atmel公司的MCS-51系列还有AT89C2051和AT89C1051等品种,这些芯片是在AT89C51的基础上将一些功能精简后形成的精简版单片机。AT89C2051取消了P0口和P2口,内部程序Flash存储器小到2 KB,封装形式也由MCS-51的40脚改为20脚,相应的价格较低,特别适合在智能玩具、手持仪器等程序不大的电路环境下应用;AT89C1051在AT89C2051的基础上,再次精简了串行口功能等,程序存储器减小到1 KB,当然价格也更低。对AT89C2051和AT89C1051来说,虽然它们减掉了一些资源,但其片内都集成了精密比较器。别小看这小小的比较器,它为测量一些模拟信号提供了极大的方便,在外加几个电阻和电容的情况下,就可以测量电压、温度等日常需要的量。这对很多常用电器的设计是很宝贵的资源。

6) AT89S51 和 AT89C51 的特点

AT89C51 是由 Atmel 公司开发、生产的,它是一个低功耗、高性能的芯片,内含有闪烁器的 8 位 CMOS 单片机,片内有 4 KB 的 EEPROM,时钟频率高达 20 MHz,与 8031 的指令系统和引脚功能完全兼容,同时,在原基础上增强了许多特性,如时钟。更优秀的是,由 Flash(程序存储器的内容至少可以改写 1 000 次)存储器取代了原来的 ROM(一次性写入),AT89C51 的性能相对于 8051 来说已经算是非常优越的了。AT89C51 是这几年我国非常流行的单片机。再如 AT89C52,其片内的 8 KB Flash 存储器可在线编程或使用编程器重复编程,且价格较低。

不过在市场化方面,AT89C51 受到了 PIC(peripheral interface controller)单片机阵营的挑战,AT89C51 最致命的缺陷在于不支持 ISP 功能,必须加上 ISP 等新功能才能更好地延续 MCS-51 的传奇。AT89S51 就是在这样的背景下应运而生的,目前,AT89S51 已经成为实际应用市场上的新宠儿,作为市场占有率第一的 Atmel 公司目前已经停止生产 AT89C51,改用 AT89S51 代替。AT89S51 在工艺上进行了改进,采用 0.35 μm 新工艺,降低了成本,而且提升了功能,增强了竞争力。AT89S××可以向下兼容 AT89C×× 等 MSC-51 系列芯片。同时,Atmel 公司不再接受 AT89C×× 的订单,大家在市场上见到的 AT89C51 实际都是 Atmel 公司前期生产的巨量库存产品而已。当然,如果市场需要,Atmel 公司也可以再恢复生产 AT89C51。

随着集成技术的提高,MCS-51 系列单片机片内程序存储器的容量也越来越大,目前已有 64 KB 的芯片了。另外,许多芯片的存储器还具有程序存储器保密机制,以防止应用程序泄密或被复制。

2. PIC 系列

美国微芯科技公司(Microchip)生产的主要是 PIC 系列单片机,如 PIC16C 系列和 PIC17C 系列 8 位单片机,CPU 采用 RISC 结构,采用哈佛(Harvard)双总线结构,其优点是运行速度快、工作电压低、功耗低、I/O 直接驱动能力强、价格低、可一次性编程、体积小,适用于用量大、档次低、价格敏感的产品。PIC 系列单片机在办公自动化设备、消费电子产品、电讯通信、智能仪器仪表、汽车电子、金融电子和工业控制等不同领域都有广泛的应用,在单片机市场份额的排名逐年提高,发展非常迅速。

PIC16F87× 系列产品是微芯科技公司生产的 14 位指令系统中功能最强的单片机之一,是性价比高、功能齐全的系列产品。此外,该系列单片机还具有很多封装形式,例如,双列直插式(DIP)封装和表面贴片式封装。最大的部件要么用有 40 脚的 DIP 封装,要么用有 44 脚的表面贴片式封装。这种系列中 28 脚封装的部件实际上与 40 或 44 脚封装的部件都拥有相同的一些特点,不同的是前者被封装在一个小的封装内,仅少了 11 个 I/O 引脚。微芯科技公司的产品可以分为初级产品、中级产品和高级产品 3 大系列。典型的初级产品有 PIC12C5×× 和 PIC16C5× 系列,采用 12 位的 RISC 指令系统,价格很低,适用于低成本的应用。PIC12C5×× 是世界上第一个 8 脚封装的低价 8 位单片机,应用广泛。中级产品 PIC16C55×/6×/62×/7×/8×/9××、PIC16F87× 采用的是 14 位的 RISC 指令系统,在保持低价的前提下增加了 A/D 转换器、内部 EPROM 存储器、比较输出、捕捉输入、PWM 输出、I^{2}C 和 SPI 接口、异步串行通信(USART)接口、模拟电压比较器、LCD(液晶显示器)驱动、程序存储器 Flash 等许多功能,是品种最丰富的系列,广泛应用于各种电子产品中。高级产品 PIC17C××、PIC18C×× 系列采用的是 16 位的 RISC 指令系统,是目前世界上 8 位单片机中运行最快的产品,具有 1 个指令周期内(最短 160 ns)完成 8 位×8 位二进制乘法的能力,可以在一些需要高速数字运算的场合取代 DSP 芯片;它们还具有丰富的 I/O 口控制功能,可外接扩展的 EPROM 和 RAM,已经成为目前 8 位单片机中性能最高的机种之一。

PIC 系列单片机有如下特点。

1) PIC 系列单片机不是单纯的功能堆积

PIC 系列单片机不是单纯的功能堆积,而是从实际出发,重视产品的性价比,靠发展多种型号来满足不同层次的应用要求。不同的应用对单片机功能和资源的需求也是不同的。比如,摩托车点火器需要 I/O 口较少、RAM 及程序存储空间不大、可靠性较高的小型单片机,若采用 40 脚且功能强大的单片机,不仅成本高,而且使用起来也不方便。PIC 系列单片机从低到高有几十个型号,可以满足各种需要。其中,PIC12C508 单片机仅有 8 个引脚,是目前最小的单片机,该型号有 512 B 的 ROM、25 B 的 RAM、1 个 8 位定时器、1 根输入线、5 根 I/O 口线,市面售价为 3～6 元人民币。这样一款单片机应用于摩托车点火器这样的场合无疑是非常适合的。PIC 系列单片机的高档型号,如 PIC16C74(尚不是最高档型号)有 40 个引脚,其内部资源为 4 KB 的 ROM、192 B 的 RAM、8 路 A/D 转换器、3 个 8 位定时器、2 个 CCP(比较/捕捉/脉宽调制)模块、3 个串行口、1 个并行口、11 个中断源、33 个 I/O 引脚。这个型号的产品可以和其他品牌的高档型号产品媲美。

2) 精简指令使其执行效率大为提高

PIC 系列 8 位 CMOS 单片机具有独特的 RISC 结构,数据总线和指令总线分离的哈佛总线结构,使指令具有单字长的特性,且允许指令码的位数多于 8 位的数据位数,这与传统的采用 CISC(复杂指令系统计算机)结构的 8 位单片机相比,可以达到 2∶1 的代码压缩比,速度可提高 4 倍。

3) PIC 系列单片机有优越的开发环境

OTP 型单片机开发系统的实时性是一个重要的指标,普通 MCS-51 系列单片机的开发系统大都采用高档型号仿真低档型号,其实时性不尽理想。PIC 系列单片机在推出一款新型号产品的同时推出相应的仿真芯片,所有的开发系统由专用的仿真芯片支持,实时性非常好。

4）其引脚具有防瞬态能力

PIC 系列单片机通过限流电阻可以接至 220 V 交流电源，可直接与继电器控制电路相连，无须光电耦合器隔离，给应用带来极大方便。

5）彻底的保密性

PIC 系列单片机以保密熔丝来保护代码，用户在烧入代码后熔断熔丝，别人再也无法读出，除非恢复熔丝。目前，PIC 系列单片机采用熔丝深埋工艺，恢复熔丝的可能性极小。

6）高可靠性

PIC 系列单片机自带看门狗定时器，可以用来提高程序运行的可靠性。

3. Motorola 系列

Motorola 公司是世界上著名的单片机厂商，从 M6800 开始，开发了众多品种，4位、8 位、16 位和 32 位的单片机都能生产。Motorola 单片机的特点之一是，在同样的速度下所用的时钟频率较 Intel 单片机的低得多，因而其高频噪声低、抗干扰能力强，更适合用于工业控制领域及恶劣的环境中，目前广泛应用于汽车电子的动力传动、车身、底盘及安全系统等领域。Motorola 公司旗下的飞思卡尔（Freescale）一直是 Motorola 公司的半导体分支，2004 年 7 月成为独立企业，Motorola 公司的单片机半导体业务就由飞思卡尔接管负责。

Motorola 单片机加密主要分两个层次，其中一个是其存储器的加密熔丝，另一个是其内部软件加密位的保护。Motorola 单片机加密熔丝在设计上采用了深埋技术，在顶层无法暴露，这样就给解密带来难度，另外，其加密熔丝处于存储器间隙，这样对熔丝的操作将成为不可能。

Motorola 单片机有 6801、6802、6803、6805、68HC11 等系列产品，在家用消费及通信类产品中广泛应用，在单片机市场中占有率较高。

Motorola 公司的 MC68HC16 单片机（16 位）采用了 RISC 技术中的流水线技术、多通用寄存器结构、Load/Store 指令结构，采用了 48 KB 的 Flash 存储器和 EEPROM，还在 DSP 功能中增加了多累加器部件 MAC、乘除法部件和柱形移位器。

当控制系统较为复杂时，构成一个控制网络十分有用。为了能在变频控制中方便地使用单片机，形成最具经济效益的嵌入式控制系统，Motorola 公司的 MC68HC08 单片机内部还设置了专门用于变频控制的脉宽调制控制电路。MC68HC08 有以下显著特点。

MC68HC08 锁相环技术的应用使外部时钟频率降到 32 kHz，而内部时钟频率可达 32 MHz。这一改进大大降低了应用系统的噪声，提高了应用系统的抗电磁干扰能力。Flash 技术的应用使应用程序的在线编程成为可能，对过去的 OTP 型和掩膜型产品而言可以说是一场革命，它使得应用类产品的开发不再需要昂贵的仿真器。另外，MC68HC08 与 MC68HC05 可以向上兼容，增加了 78 条指令，并大大优化了 MC68HC08 的 CPU 指令集,特别是将 MC68HC05 的 8 位固定栈指针优化为 16 位浮动栈指针,使得高级语言如 C 语言的应用成为可能。

4. TI 系列

TI 单片机是美国德州仪器公司(Texas Instruments,简称 TI 公司)生产的产品,TI 公司的单片机产品有:MSP430 超低功耗微控制器,TMS320 系列数字信号控制器和 TMS370、TMS470 微控制器,下面分别介绍其特点。

1)MSP430 超低功耗微控制器

MSP430 系列单片机是 16 位、具有精简指令集、超低功耗的混合型单片机,在 1996 年问世。它具有极低的功耗、丰富的片内外设和方便灵活的开发手段,能够使系统设计人员在保持独一无二的低功率的同时同步连接至模拟信号、传感器和数字组件。TI 公司的 16 位混合型单片机——MSP430F 由于采用了密码和烧熔丝的方法加密,解密难度较大,曾经有很多厂家和行业的技术人员都认为 MSP430 系列单片机是无法解密的。而在功耗上最令人惊叹的是 TI 公司的 MSP430 系列单片机,它是一个 16 位的系列,具有超低功耗工作方式。它的低功耗方式有 LPM1、LPM3 和 LPM4 三种。当电源为 3 V 时,如果工作于 LPM1 方式,即使外围电路处于活动状态,由于 CPU 不活动,振荡器处于 $1\sim4$ MHz,则这时功耗只有 5 mA;如果工作于 LPM3 方式,振荡器处于 32 kHz,则这时功耗只有 1.3 mA;如果工作于 LPM4 方式,CPU、外围及振荡器(32 kHz)都不活动,则这时功耗只有 0.1 mA。现在单片机的封装水平已大大提高,随着表面贴片工艺的出现,单片机也大量采用了各种合乎表面贴片工艺的封装方式,以大幅缩小体积。

MSP430×1×× 是基于 Flash 存储器/ROM 的 MCU,工作电压为 $1.8\sim3.6$ V,性能高达 60 KB 和 8 MI/s(带有基本时钟),包括各种外设,从简单的低功耗比较器到高性能数据转换器、接口和乘法器,等等。

MSP430F2×× 是新的基于 Flash 存储器的系列,功耗更低,在 $1.8\sim3.6$ V 的工作电压下性能高达 16 MI/s。其他增强功能包括偏差为 $\pm1\%$ 的集成片上超低功耗振荡器、内部上拉/下拉电阻和更多的模拟输入端,提供了多种低引脚数选择。

MSP430×3×× 是较旧的 ROM/OTP 器件系列,工作电压为 $2.5\sim5.5$ V,性能高达 32 KB 和 4 MI/s。

MSP430×4×× 是基于 Flash 存储器/ROM 的器件,工作电压为 $1.8\sim3.6$ V,性能高达 120 KB 和 8 MI/s,使用 FLL+SVS(频率锁相环+电源电压监测),同时包含集成的 LCD 控制器,是低功耗测量和医疗应用的理想选择。

2)TMS320 系列数字信号控制器

TMS320 系列包括三大 DSP 平台:TMS320 C2000™、TMS320 C5000™ 和 TMS320 C6000™。在 TMS320 C5000™ DSP 平台中又包含三代产品:TMS320C5x™、TMS320 C54x™ 和 TMS320 C55x™ 系列。

(1) TMS320 C2000™是控制用的最佳 DSP，可以替代古老的"C1X"和"C2X"。

(2) TMS320 C5000™属于低功耗、高性能 DSP 平台，16 位定点，速度为 40～200MI/s，主要使用于有线和无线通信、IP、便携式信息系统、寻呼机、助听器等领域。

(3) TMS320 C6000 TM 是 TI 公司于 1997 年 2 月推向市场的高性能 DSP 平台，综合了目前 DSP 平台的所有优点，具有最佳的性价比和低功耗。其系列中又分为定点和浮点两类。

3) TMS370 和 TMS470 系列微控制器

TMS370 系列 8 位单片机有 13 个系列，共 130 多个型号，其主要特点为：具有自适应性能，A/D 转换器通道可多达 15 条，串行通道有 SCI(serial communication interface)、SPI，定时器有 PWM(pulse width modulation，脉宽调制)、输入捕捉、输出比较、PCAT(可编程采集控制定时器)、24 位监察定时器。

而基于 ARM7TDMI® 的 TMS470 微控制器有一个可扩展平台，其器件包括从 64 KB 到 1 MB 的 Flash 存储器和大量外设——多达 32 个定时器通道、16 通道 10 位 A/D 转换器和大量通信接口，包括 CAN、SPI、SCI 和 I²C。TMS470R1B1M 可以提供性能和存储器的最佳组合，包括 1MB Flash 存储器、64 KB 静态 RAM 和 5 个 I²C 模块。

5. 日系单片机

日本生产的单片机品牌很多，下面以 NEC、东芝和日立为例作简单介绍。

1) NEC 单片机

NEC 单片机是日本电气公司生产的，8 位单片机 78 K 系列产量最高，也有 16 位和 32 位单片机。16 位单片机采用内部倍频技术，以降低外时钟频率，有的单片机采用内置操作系统。

NEC 的 8 位单片机包括 78K0S 和 78K0 两个系列，78K0S(8 位)单片机操作频率达 10 MHz，这些微控制器是 NEC 低端产品阵容的代表产品，还包括 78K0S/Kx1＋设备，其封装和 CPU 核都高度紧凑，并且提供 RC 振荡器。芯片有宽范围的操作电压(2.0～5.5 V)、8 MHz 和 240 kHz 2 个内部振荡器、自编程 Flash 存储器、内置可编程的低电压指示器。它们不但价格便宜，而且具有所有用于嵌入式控制的主要功能，如位处理、LED 端口、可控制的 CPU 速度、子时钟选项、Stop 和 Halt 模式、200 ns 最小指令周期等。

78K0R(16 位)微控制器则具有高性能和领先的低功耗特性，快速和节能是其特点，能够大幅度地降低功耗，因此提高了电池的寿命。这个系列，可以提供 64 脚到 144 脚封装，SST SuperFlash(R)容量为 64～512 KB 的 44 种微控制器，设计者可以选择最适合的微控制器用于自己的设计开发。它的供电电流是其他 16 位微控制器供电电流的 1/3。芯片具有 1 MB 存储器、向上兼容 78K0 微控制器、顶级水平的功率特性(1.8 mW/(MI/s))等特点。

　　NEC 的 32 位单片机主要是指 V850 系列单片机。例如，V850E/MA1 是高速 32 位 RISC 微控制器，该芯片有以下特点。

　　(1) 67 MI/s(50 MHz)(超过 V850 核的 10%～15%)，Int. 3.3 V/Ext. 3.3 V (5 V 耐压)执行单片微控制器。

　　(2) ROM 和 ROMless 版本：256 KB ROM；10 KB RAM，ROMless；4 KB RAM。

　　(3) 直接连接到 SDRAM 和内置 DMA 控制器。

　　(4) A/D 转换器：10 位×8 通道/UART3 通道/PWM2 通道(8/9/10/12 位精度)。

　　(5) 可广泛应用于办公自动化设备(打印机、传真机等)、数字照相机、DVD 系统。

　　2) 东芝单片机

　　东芝单片机的特点是从 4 位单片机到 64 位单片机门类齐全。

　　4 位单片机在家电领域仍有较大的市场。

　　8 位单片机主要有 870 系列和 90 系列等，该类单片机允许使用慢模式，采用 32 kHz 时钟频率时，功耗降至 10 μA 数量级。CPU 内部多组寄存器的使用，使得中断响应与处理更加快捷。

　　16 位单片机主要是指 TLCS-900 家族系列，TLCS-900 家族系列同时包括 16 位和 32 位单片机，它们大多是基于 CISC 架构的，也有一些是基于 RISC 架构的。在这里主要介绍 16 位的微控制器。东芝 16 位的单片机主要有 TLCS-900 系列、TLCS-900/L 系列、TLCS-900/H 系列和 TLCS-900/L1 系列。

　　目前，TLCS-900 系列单片机有如下特点：多功能，双向通用 I/O 口，掩膜可编程，一次性可编程，采用 Flash 存储器或 EEPROM、多种串行接口、看门狗定时器，以及多路 10 位 A/D、D/A 转换器、低功率低频模式或高性能高频模式、8 位和 16 位脉宽调制(PWM)和可编程脉冲产生(PPG)的输出、1.8～5.5 V 电压范围、外部中断控制、图形发生器、芯片选择/等待控制器等，适合步进电动机控制。

　　TLCS-900/L 系列单片机采用低功耗设计，是一种功能非常理想的移动设备，TLCS-900/H 系列单片机有 16 位和 32 位 2 种，16 位的高性能微处理器是功能非常理想的办公室设备。TLCS-900/L1 系列单片机提供处理速度和低功率消耗之间良好的平衡，低电压操作模式下具有较强的数据处理能力，适合嵌入式应用。TLCS-900 系列单片机指令代码的兼容性确保可从 16 位顺利移植到 32 位系统，它是从 16 位顺利移植到 32 位系统的过渡产品。TLCS-900/L1 系列单片机作为东芝开发的 16 位单片机系列的后期产品，不仅具有与 TLCS-900、TLCS-900/L 及 TLCS-900/H 完全兼容的全功能指令集，还拥有很多优异的性能。例如：最高速度下的性能对照，通过对内部操作的加速，TLCS-900/L1 系列单片机的处理能力能够达到工作于 3 V 电压下的常规处理器(TLCS-900/L)的 4 倍；在给定性能等级下的能耗，使用了门控信号来停止系统时钟对无须使用的内置功能块的支持，并且对门电路进行了优化，TLCS-900/L1 系列能耗只有常规处理器(TLCS-900/L)的 1/3；装备了 EMC(电磁兼容)寄存器,低噪声。

东芝的 32 位单片机采用 MIPS 3000A RISC 的 CPU 结构,面向 VCD、数字相机、图像处理等市场,包括 TLCS-900 系列单片机中的 TLCS-900/H1、TX39、TX19 和 MeP。TLCS-900/H1 系列单片机微控制器在 80 MHz 时最小的指令执行时间为 12.5 ns,包含以 32 位高性能 TLCS-900/H1 CPU 核心为基础的微处理器。除了标准 TLCS-900/H1 产品的最小指令执行时间在 20 MHz 时为 50 ns 之外,TLCS-900/H1 系列还提供高速产品,其通过实现在 80 Hz 时最小的指令执行时间来获得标准产品 4 倍的处理性能。而面向嵌入式用途的 TX39 RISC 微处理器家族由东芝公司基于 MIPS 科技公司设计的 R3000A 架构开发而来,是 32 位处理器。将 TX39/H 或高速率的 TX39/H2 作为 CPU 核应用于门阵列或基于单元的芯片中,可以提升系统的集成度。

3)日立单片机

日立单片机有 4 位、8 位、16 位和 32 位等多种系列,广泛应用于家用电器、计算机和外设、通信、仪器仪表和工业控制等各种领域。日立的单片机有 H400 的 4 位单片机系列,H8/300L 与 H8/300 的 8 位单片机系列,H8/300H(外数据总线 8 位或 16 位)、H8S/2000 和 H8/500 的 16 位单片机系列,以及 SH 的 32 位单片机系列。4 位单片机 H400 主要应用于低档家用消费类及 BP 机等。

日立 8 位单片机 H8 系列有两大类:H8/300 系列和 H8/300L 系列,以及 HD64180 系列。H8/300 系列的主要特性如下:片内 ROM 为 8~60 KB(也有片内无 ROM 型),片内 RAM 为 256 B~4 KB,片内 EEPROM 为 8 KB(H8/310X 单片机),片内 Flash 存储器为 32 KB(H8/3334YF、H8/3434F 单片机),多功能定时器为 4 输入捕获、2 输出比较、看门狗定时器,A/D 转换器为 8~16 通道 8 位/10 位的,D/A转换器为 2 通道 8 位的,PWM 脉冲调宽为 8~14 位。H8/300L 系列主要用于 VCR/MD 录像机等中高档家用消费类产品和无绳电话等,H8/300 系列主要用于键盘和汽车 ABS 刹车等。

日立 16 位单片机有 H8/300H、H8/500 和 H8S/2000 等三个系列,其中 H8S/2000 系列是最新的产品。H8/300H 单片机系列是在 H8/300 系列 8 位单片机基础上发展的 16 位单片机,并与 H8/300 单片机向上兼容,其主要特性如下:片内 ROM 为 16~128 KB(也有片内无 ROM 型);片内 RAM 为 512 B~4 KB;片内 Flash 存储器为 128 KB(H8/3048F);存储器寻址为 1~16 MB;片内智能子处理器为 ISP;智能定时器脉冲单元 ITU 为 5 个 16 位定时器;可编程定时型控制器 TPC 为 12~16 位的;A/D 转换器为 8 位及 10 位的;串行 I/O 通信接口 SCI 为 1 至 2 个异步串行口;DMA 为 4~8 个通道,智能 IC 卡接口(H8/3072),动态刷新控制器。

H8/300H 系列用于 CD-ROM 驱动器和打印机等,H8S/2000 系列用于 PHS 系统和蜂窝电话,H8/500 系列则用于马达控制及工程控制等。

日立 32 位单片机 SH 系列用于多媒体和航空航天等领域。

1.3 单片机的应用与选择

1.3.1 单片机的应用

单片机具有显著的优点,已成为科技领域的有力工具和人类生活的得力助手。它的应用遍及各个领域,主要表现在以下几个方面。

1. 单片机在智能仪表中的应用

单片机广泛地用于各种仪器仪表,使仪器仪表智能化,并可以提高测量的自动化程度和精度,简化仪器仪表的硬件结构,提高其性价比。

2. 单片机在机电一体化中的应用

机电一体化是机械工业发展的方向。机电一体化产品是指集机械技术、微电子技术和计算机技术于一体,具有智能化特征的机电产品,如微机控制的车床、钻床等。单片机作为机电产品中的控制器,能充分发挥它体积小、可靠性高、功能强等优点,可大大提高机器的自动化、智能化程度。

3. 单片机在实时控制中的应用

单片机广泛地用于各种实时控制系统中。例如,在工业测控、航空航天、尖端武器和机器人等各种实时控制系统中,都可以用单片机作为控制器。单片机的实时数据处理能力和控制功能,可使系统保持在最佳工作状态,提高系统的工作效率和产品质量。

4. 单片机在分布式多机系统中的应用

比较复杂的系统常采用分布式多机系统。多机系统一般由若干台功能各异的单片机组成,各自完成特定的任务,它们通过串行通信相互联系、协调工作。单片机在这种系统中往往作为一个终端机,安装在系统的某些节点上,对现场信息进行实时测量和控制。单片机的高可靠性和强抗干扰能力,使它可以置于恶劣环境的前端工作。

5. 单片机在人类生活中的应用

单片机自诞生以来,就步入了人类生活,如洗衣机、电冰箱、电子玩具、收录机等家用电器配上单片机后,提高了智能化程度,增加了功能,备受人们喜爱。单片机使生活更加方便、舒适,丰富多彩。

综上所述,单片机已成为计算机发展和应用的一个重要方面。另一方面,单片机应用的重要意义还在于,它从根本上改变了传统的控制系统设计思想和设计方法。从前必须由模拟电路或数字电路实现的大部分功能,现在已能用单片机通过软件方法实现了。这种软件代替硬件的控制技术也称为微控制技术,是传统控制技术的一次革命。

1.3.2　单片机的选择

单片机机型的选择要遵循适用性原则、可购买性原则和可开发性原则。

选择单片机机型时应针对用户的需求,考虑容量大、性能高、功耗低、外围电路内装化、程序保密化等方面,当然也要考虑应用现场环境,因为单片机应用现场的环境比较恶劣,电磁干扰、电源波动、冲击振动、高低温等因素都会影响系统工作的稳定。此外,无人值守环境也会对单片机系统的稳定性和可靠性提出更高的要求。所以,稳定和可靠是单片机应用必须保证的重要特性。在单片机芯片方面,大规模系统集成和总线结构是单片机稳定、可靠的根本保证。除此之外,为提高稳定性,单片机的允许电压变化范围较宽会更有效。通常,单片机使用 5 V 电压,但是有的单片机芯片能在 2.2 V,甚至 0.9～1.2 V 的低电压下正常工作。至于单片机的温度特性,按能适应的温度环境范围划分为三个等级:民用级,0 ℃～+70 ℃;工业级,−40 ℃～+85 ℃;军用级,−65 ℃～+125 ℃。所以,在使用时应根据现场温度情况选择芯片。此外,选择单片机时还要注意以下几个方面。

(1) 单片机的基本参数,如速度、程序存储器容量、I/O 引脚数量。

(2) 单片机的增强功能,如看门狗定时器、双指针、双串口、RTC(实时时钟)、EEPROM、扩展 RAM、CAN 接口、I^2C 接口、SPI 接口、USB 接口。

(3) Flash 和 OTP 相比较,最好选用 Flash。

(4) DIP 封装、PLCC 封装(PLCC 封装有对应插座),还是表面贴片式封装:DIP 封装在做实验时方便一点。

(5) 功耗,比如,设计并口加密狗,信号线取电只能提供几个毫安,用 PIC 系列单片机就是因为低功耗,后来出现的 MSP430 也不错。

(6) 供货渠道畅通,能申请样片,小批量购买有现货。

(7) 服务商提供了很多有用的技术支持,如周立功公司推出的 Philips,双龙公司推出的 AVR。

练习题

1-1　什么是单片机?

1-2　简述单片机的发展趋势。

1-3　选择单片机时要注意什么?

2

MCS-51 系列单片机硬件结构

　　通过本章的学习，学生可以了解单片机内部所包含的硬件资源及其功能特点和使用方法。要注意几个概念——振荡周期、时钟周期、机器周期和指令周期，了解其意义及它们之间的关系；掌握单片机芯片的内部组成及存储器结构，特别是片内 RAM 和 P0、P1、P2 与 P3 四个并行 I/O 口的使用方法；理解单片机时钟电路与时序、工作方式、I/O 口及引脚的使用；注意"地址重叠"和程序状态字 PSW 中各位的含义。

2.1　MCS-51 系列单片机内部结构

2.1.1　MCS-51 系列单片机基本组成

1. 主要产品

　　Intel 公司推出的 80C51 是 MCS-51 系列单片机中以 CHMOS 为生产工艺生产的一个典型产品；其他厂商以 8051 为基核开发出的 CMOS 工艺单片机产品统称为 80C51 系列产品。当前常用的 80C51 系列单片机的主要产品如下。

　　(1) Intel 公司的 80C31、80C51、87C51、80C32、80C52、87C52 等。

　　(2) Atmel 公司的 89C51、89C52、89C2052、89S51 等。

　　(3) Philips 公司的 80C51、80C550、80C552 系列。

　　(4) Motorola 公司的 M68HC05 系列。

　　(5) Maxim 公司的 DS89C420 高速(50MI/s)系列。

　　(6) ADI 公司的 ADμC8×× 高精度 ADC 系列。

　　(7) Siemens 公司的 SAB80 系列。

　　(8) LG 公司的 GMS90/97 低压高速系列。

　　(9) Cygnal 公司的 C8051F 系列高速 SOC 单片机。

(10) 华邦公司的 W78C51 和 W77C51 高速低价系列。

2. 基本组成

MCS-51 系列单片机的基本组成如图 2-1 所示。在一块芯片上集成了一个微型计算机的主要部件,各功能部件由内部总线连接在一起。它包括以下几部分。

(1) 1 个 8 位 CPU。

(2) 时钟电路(振荡电路和时序 OSC(晶振))。

(3) 片内带 128 B 的数据存储器。

(4) 4 KB 程序存储器(ROM/EPROM/Flash),可扩展到 64 KB。

(5) 128 B 数据存储器 RAM,可扩展到 64 KB。

(6) 2 个 16 位定时/计数器。

(7) 4 个 8 位并行 I/O 口 P0～P3。

(8) 1 个全双工异步串行 I/O 口。

(9) 中断系统:5 个中断源,包括 2 个优先级嵌套中断。

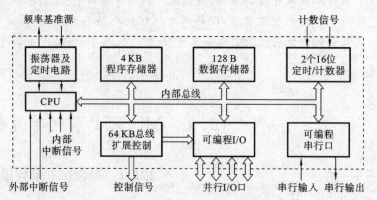

图 2-1　MCS-51 系列单片机的基本组成

2.1.2　MCS-51 系列单片机内部结构

MCS-51 系列单片机集成了 CPU、存储器系统(RAM 和 ROM)、定时/计数器、并行口、串行口、中断系统及一些特殊功能寄存器(SFR),它们通过内部总线紧密地联系在一起。它在总体结构上仍采用通用 CPU 加上外围芯片的总线结构,只是在功能部件的控制上与一般微机的通用寄存器加接口寄存器不同:CPU 与外设的控制不再分开,采用特殊功能寄存器集中控制,使用更方便;内部还集成了时钟电路,只需外接上晶振就可形成时钟。MCS-51 系列单片机内部结构如图 2-2 所示。

2.1.3　MCS-51 系列单片机的 CPU

CPU 是单片机的核心部件,它的作用是读入和分析每条指令,根据每条指令的功能要求,控制各部件执行相应的操作。MCS-51 系列单片机内部有 1 个 8 位的

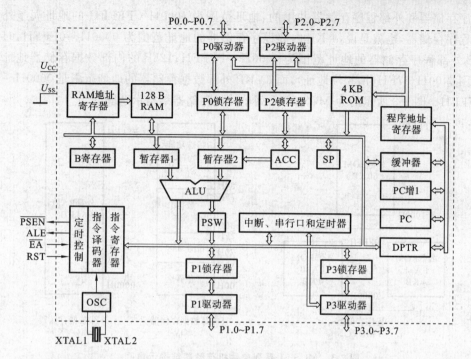

图 2-2　MCS-51 系列单片机的内部结构图

CPU,它主要由运算部件和控制部件等组成。

1)运算部件

运算部件主要包括算术逻辑单元 ALU、累加器 ACC、寄存器 B、程序状态字 PSW、2 个暂存器、布尔处理器和十进制调整电路等。它主要用来实现数据的传送、算术运算和逻辑运算,以及位变量处理等。

2)控制部件

控制部件包括时钟发生器、定时与控制逻辑电路、指令寄存器、指令译码器、程序计数器 PC、程序地址寄存器、数据指针寄存器 DPTR 和堆栈指针 SP 等。它主要用来统一指挥和控制计算机进行工作。其具体功能是从程序存储器中提取指令,送到指令寄存器,再进入指令译码器进行译码,并通过定时与控制电路,在规定的时刻发出各种操作所需要的全部内部控制信息及 CPU 外部所需要的控制信号,如 $\overline{\text{PSEN}}$、$\overline{\text{RD}}$、$\overline{\text{WR}}$ 等,使各部分协调工作,完成指令所规定的各种操作。

2.1.4　MCS-51 系列单片机的存储器结构

MCS-51 系列单片机在物理上有 4 个存储空间:片内程序存储器、片外程序存储器、片内数据存储器和片外数据存储器在片内有 4 KB 的程序存储器和 128 B 的数据存储器,此外,可以分别在片外扩展 64 KB 的程序存储器和 64 KB 的数据存储器。

在 64 KB 的程序存储器中,地址范围为 0000H～0FFFH 的 4 KB 地址是内部程序存储器和外部程序存储器共用的,地址范围为 1000H～FFFFH 的地址属于外部程序存储器,也就是说,4 KB 内部程序存储器的地址范围为 0000H～0FFFH,64 KB 外部程序存储器的地址范围为 0000H～FFFFH;128B 的内部数据存储器地址范围是 00H～7FH(用 8 位地址),而 64 KB 外部数据存储器的地址范围是 0000H～FFFFH。图 2-3 所示的为 MCS-51 系列单片机存储器结构示意图。

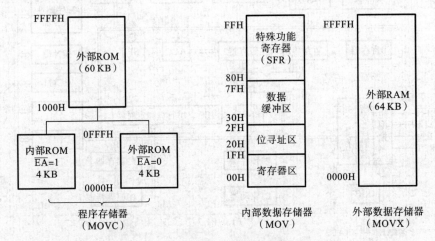

图 2-3　MCS-51 系列单片机存储器结构示意图

下面分别叙述程序存储器和数据存储器的配置。

1. 程序存储器

程序存储器用于存放编好的程序、表格和常数。如前所述,80C51 内部有 4 KB 的 ROM,片外最多可扩展 64 KB 的 ROM,两者是统一编址的,CPU 的控制器专门提供一个控制信号$\overline{EA}$来区分是访问片内 ROM 还是外部 ROM(在公共地址区 0000H～0FFFH)。当$\overline{EA}$接高电平时,CPU 从片内 4 KB 的 ROM 中取指令,而在指令地址超过 0FFFH 后,就自动地转向片外 ROM 取指令;当$\overline{EA}$接低电平时,80C51 片内 ROM 不起作用,CPU 只从片外 ROM 取指令,可以从 0000H 开始编址。

使用 80C51 时,$\overline{EA}$必须接高电平,以使用片内 ROM 资源。

在程序存储器中,有 6 个单元具有特殊功能,分别如下。

(1) 0000H:所有执行程序的入口地址。

(2) 0003H:外部中断 0($\overline{INT0}$)中断入口。

(3) 000BH:定时/计数器 0(T0)中断入口。

(4) 0013H:外部中断 1($\overline{INT1}$)中断入口。

(5) 001BH:定时/计数器 1(T1)中断入口。

(6) 0023H:串行口(RI/TI)中断入口。

使用时,通常在这些入口地址处存放 1 条绝对跳转指令,使程序跳转到用户安排的中断程序起始地址,或者从 0000H 起始地址跳转到用户设计的初始程序上。

程序存储器保留的单元如表 2-1 所示。

表 2-1 保留的存储单元

存 储 单 元	保 留 目 的
0000H～0002H	复位后初始化引导程序
0003H～000AH	外部中断 0($\overline{\text{INT0}}$)中断地址区
000BH～0012H	定时/计数器 0(T0)溢出中断地址区
0013H～001AH	外部中断 1($\overline{\text{INT1}}$)地址区
001BH～0022H	定时/计数器 1(T1)溢出中断地址区
0023H～002AH	串行口(RI/TI)中断地址区
002BH	定时/计数器 2 中断(8052 才有)

2. 数据存储器

数据存储器在单片机中用于存储程序执行时所需的数据,它从物理结构上分为片内数据存储器和片外数据存储器。片内数据存储器包括两个部分:一是低 RAM 块,80C51 内部有 128 B 的 RAM,地址区间为 00H～7FH;二是 SFR 块,编址为 80H～FFH,如图 2-4 所示。片外最多可扩展 64 KB 的 RAM,地址范围为 000H～FFFH。内、外 RAM 地址有重叠,可通过不同的指令(存储器类型)来区分。

1) 低 128 B RAM

80C51 内部低 128 B RAM 是单片机的真正 RAM 存储器,其应用最为灵活,可用于暂存运算结果及标志位等,按其用途可以分为如下三个区域。

(1) 工作寄存器区 00H～1FH 安排了 4 组工作寄存器,即工作寄存器 0 区～3 区。每组占用 8 个寄存单元(8 个 RAM 字节),记为 R0～R7。在某一时刻,CPU只能使用其中的 1 组工作寄存器,工作寄存器组的选择由程序状态字寄存器 PSW中的 2 位 PSW.4(RS1)和 PSW.3(RS0)来切换工作寄存器区,选用 1 个工作寄存器区进行读/写操作,如表 2-2 和表 2-3 所示。工作寄存器的作用相当于一般 MCU 中的通用寄存器。

(2) 位寻址区 位寻址区占用地址 20H～2FH,共 16 个字节,128 位。这个区域除了可以作为一般 RAM 单元进行读/写之外,还可以对每个字节中的每一位单独进行操作,并且对这些位都规定了固定的位地址,从 20H 单元的第 0 位起到 2FH单元的第 7 位止,共 128 位,位地址 00H～7FH 分别与之对应。需要进行按位操作的数据,可以存放到这个区域,如表 2-4 所示。

(3) 用户 RAM 区 用户 RAM 区地址为 30H～7FH,共 80 个字节。这是真正给用户使用的一般 RAM 区,用户对该区域的访问是按字节寻址的方式进行的。该区域主要用来存放随机数据及运算的中间结果,另外也常把堆栈开辟在该区域中。

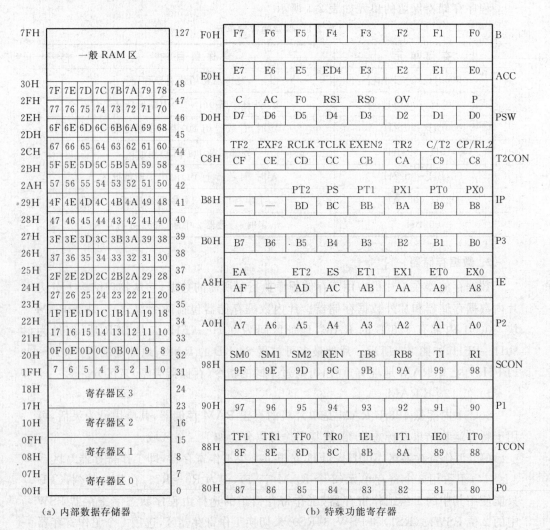

F0H	F7	F6	F5	F4	F3	F2	F1	F0	B
E0H	E7	E6	E5	ED4	E3	E2	E1	E0	ACC
	C	AC	F0	RS1	RS0	OV		P	
D0H	D7	D6	D5	D4	D3	D2	D1	D0	PSW
	TF2	EXF2	RCLK	TCLK	EXEN2	TR2	C/T2	CP/RL2	
C8H	CF	CE	CD	CC	CB	CA	C9	C8	T2CON
		PT2	PS	PT1	PX1	PT0	PX0		
B8H	—	—	BD	BC	BB	BA	B9	B8	IP
B0H	B7	B6	B5	B4	B3	B2	B1	B0	P3
	EA		ET2	ES	ET1	EX1	ET0	EX0	
A8H	AF	—	AD	AC	AB	AA	A9	A8	IE
A0H	A7	A6	A5	A4	A3	A2	A1	A0	P2
	SM0	SM1	SM2	REN	TB8	RB8	TI	RI	
98H	9F	9E	9D	9C	9B	9A	99	98	SCON
90H	97	96	95	94	93	92	91	90	P1
	TF1	TR1	TF0	TR0	IE1	IT1	IE0	IT0	
88H	8F	8E	8D	8C	8B	8A	89	88	TCON
80H	87	86	85	84	83	82	81	80	P0

图 2-4 片内 RAM 结构示意图

表 2-2 RS1、RS0 的组合关系

RS1	RS0	寄存器组	片内 RAM 地址
0	0	第 0 组	00H~07H
0	1	第 1 组	08H~0FH
1	0	第 2 组	10H~17H
1	1	第 3 组	18H~1FH

表 2-3 工作寄存器地址表

组	RS1	RS0	R0	R1	R2	R3	R4	R5	R6	R7
0	0	0	00H	01H	02H	03H	04H	05H	06H	07H
1	0	1	08H	09H	0AH	0BH	0CH	0DH	0EH	0FH
2	1	0	10H	11H	12H	13H	14H	15H	16H	17H
3	1	1	18H	19H	1AH	1BH	1CH	1DH	1EH	1FH

表 2-4 内部 RAM 位寻址区的位地址

字节单元地址	D7	D6	D5	D4	D3	D2	D1	D0
20H	07	06	05	04	03	02	01	00
21H	0F	0E	0D	0C	0B	0A	09	08
22H	17	16	15	14	13	12	11	10
23H	1F	1E	1D	1C	1B	1A	19	18
24H	27	26	25	24	23	22	21	20
25H	2F	2E	2D	2C	2B	2A	29	28
26H	37	36	35	34	33	32	31	30
27H	3F	3E	3D	3C	3B	3A	39	38
28H	47	46	45	44	43	42	41	40
29H	4F	4E	4D	4C	4B	4A	49	48
2AH	57	56	55	54	53	52	51	50
2BH	5F	5E	5D	5C	5B	5A	59	58
2CH	67	66	65	64	63	62	61	60
2DH	6F	6E	6D	6C	6B	6A	69	68
2EH	77	76	75	74	73	72	71	70
2FH	7F	7E	7D	7C	7B	7A	79	78

2) 高 128 B RAM

高 128 B 的 RAM 为 SFR,它们离散地分布在 80H~FFH 中(与片内 RAM 统一编址),未占用的地址单元无定义,用户不能使用;如果对无定义的单元进行读/写操作,则得到的是随机数据,而写入的数据将会丢失。80C51 内部有 21 个 SFR,表 2-5 列出了这些 SFR 的符号、地址及名称(80C52 内部有 26 个 SFR)。

访问这些 SFR 时仅允许使用直接寻址方式,在指令中,既可以使用 SFR 的符号,也可以使用它们的地址,使用寄存器符号更能提高程序的可读性。

在 21 个 SFR 中有 11 个可以位寻址,在表 2-5 中符号左边带"∗"号的 SFR 都是可以位寻址的。这些 SFR 的特征是地址可以被 8 整除,下面把可位寻址的 SFR 的字节地址及位地址一并列于表 2-6 中。

表 2-5　80C51 SFR 一览表

寄存器符号	地址	寄存器名称
* ACC	E0H	A 累加器
* B	F0H	B 寄存器
* PSW	D0H	程序状态寄存器
SP	81H	堆栈指针
DPL	82H	数据指针低 8 位
DPH	83H	数据指针高 8 位
* IE	A8H	中断允许控制器
* IP	B8H	中断优先级控制器
* P0	80H	P0 口
* P1	90H	P1 口
* P2	A0H	P2 口
* P3	B0H	P3 口
PCON	87H	电源控制及波特率选择寄存器
* SCON	98H	串行口控制寄存器
SBUF	99H	串行数据缓冲寄存器
* TCON	88H	定时/计数器控制寄存器
TMOD	89H	定时/计数器方式选择寄存器
TL0	8AH	定时/计数器 0 低 8 位
TL1	8BH	定时/计数器 1 低 8 位
TH0	8CH	定时/计数器 0 高 8 位
TH1	8DH	定时/计数器 1 高 8 位

表 2-6　可位寻址的 SFR 及其位地址表

特殊功能寄存器名称	符号	地址	位地址与位名称							
			D7	**D6**	**D5**	**D4**	**D3**	**D2**	**D1**	**D0**
P0 口	P0	80H	87	86	85	84	83	82	81	80
定时/计数器控制寄存器	TCON	88H	TF1 8F	TR1 8E	TF0 8D	TR0 8C	IE1 8B	IT1 8A	IE0 89	IT0 88
P1 口	P1	90H	97	96	95	94	93	92	91	90
串行口控制寄存器	SCON	98H	SM0 9F	SM1 9E	SM2 9D	REN 9C	TB8 9B	RB8 9A	TI 99	RI 98

续表

特殊功能寄存器名称	符号	地址	位地址与位名称							
			D7	D6	D5	D4	D3	D2	D1	D0
P2 口	P2	A0H	A7	A6	A5	A4	A3	A2	A1	A0
中断允许控制器	IE	A8H	EA AF	—	ET2 AD	ES AC	ET1 AB	EX1 AA	ET0 A9	EX0 A9
P3 口	P3	B0H	B7	B6	B5	B4	B3	B2	B1	B0
中断优先级控制器	IP	B8H	—	—	PT2 BD	PS BC	PT1 BB	PX1 BA	PT0 B9	PX0 B8
程序状态字寄存器	PSW	D0H	C D7	AC D6	F0 D5	RS1 D4	RS0 D3	OV D2	F1 D1	P D0
A 累加器	A	E0H	E7	E6	E5	E4	E3	E2	E1	E0
B 寄存器	B	F0H	F7	F6	F5	F4	F3	F2	F1	F0

访问这些可位寻址寄存器中的各位时,既可使用它的位符号,也可使用它的位地址,还可用"寄存器名.位"来表示,如 ACC.0 表示寄存器的第 0 位,使用位符号可使程序更易读。

SFR 反映了单片机的状态,它们实际上就是单片机的状态字及控制字寄存器,故也称为专用寄存器,它大致分为两类:一类与芯片的引脚有关,另一类用于芯片内部控制。SFR 的应用几乎贯穿 80C51 单片机研讨的始终,下面介绍 CPU 中使用的 SFR,其余的 SFR 将在后面章节陆续介绍。

(1)程序计数器 PC(program counter)　PC 是 16 位的计数器。用于存放将要执行的指令地址,CPU 每读取指令的 1 个字节,PC 便自动加 1,指向本指令的下一个字节或下一条指令地址,从而实现程序的顺序执行,PC 可寻址 64 KB ROM。

PC 在物理结构上是独立的,它不属于内部 RAM 的 SFR 范围,它没有地址,是不可寻址的。因此用户无法对其进行读/写,但可以通过转移、调用和返回等指令改变其内容,以实现程序的转移。

(2)累加器 A(或 ACC,accumulator)　它是最常用的 8 位特殊功能寄存器,既可用于存放操作数,也可用来存放运算的中间结果。在 80C51 单片机中,大部分单操作数指令的操作数都取自累加器。许多双操作数指令的其中一个操作数,也取自累加器。指令系统中 A 表示累加器,用 ACC 表示 A 的符号地址。

由于累加器的"瓶颈"作用制约着单片机运算速度的提高,因此人们已开始考虑使用寄存器阵列(register file)来代替累加器,即赋予更多的寄存器以累加器功能,形成多累加器结构,从而彻底解决单累加器的"瓶颈"问题,以利于提高单片机的效率。

（3）寄存器 B　寄存器 B 是 8 位寄存器，主要用于乘除运算。乘法运算时，B 中存放乘数，执行乘法操作后，乘积的高 8 位又存于 B 中；除法运算时，B 中存放除数，执行除法操作后，B 又存放余数。在其他指令中，寄存器 B 可作为一般的寄存器使用，用于暂存数据。

（4）程序状态字寄存器 PSW（program status word）　它是 8 位寄存器，用于存放程序运行的状态信息。其中，有些位状态是根据指令执行结果，由硬件自动设置的，而有些位状态则是使用软件方法设定的。PSW 的状态位可以用专门的指令进行测试，也可以用指令读出。一些条件转移指令将根据 PSW 中有关位的状态来进行程序转移。PSW 的各位定义如表 2-7 所示。

表 2-7　程序状态字寄存器 PSW 的各位定义

位序	PSW.7	PSW.6	PSW.5	PSW.4	PSW.3	PSW.2	PSW.1	PSW.0
位状态	CY	AC	F0	RS1	RS0	OV	—	P

其中，PSW.1 位保留未用，对其余各位的定义及使用介绍如下。

CY 或 C（PSW.7）：进位标志，是累加器 A 的溢出位，如果操作结果在最高位又进位输出（加法）或借位输入（减法），则由硬件置位，否则清 0。

AC（PSW.6）：辅助进位标志，是低半字节的进位位，加减运算中当低 4 位向高 4 位进位或借位时，由硬件置位，否则清 0。CPU 根据 AC 标志对 BCD 码的算术运算结果进行调整。

F0（PSW.5）：用户标志位，用户可根据自己的需要用软件方法置位或复位，并根据 F0＝0 或 F0＝1 来决定程序的执行方式。

RS1（PSW.4）、RS0（PSW.3）：工作寄存器组选择位，由用户用软件改变 RS1 和 RS0 的组合，来选择片内 RAM 中的 4 组工作寄存器之一，作为当前工作寄存器组，其组合关系如表 2-2 所示。

OV（PSW.2）：溢出标志位，当执行算术指令时，由硬件置位或清 0，根据计算方法的不同，OV 代表的意义也不同，说明如下。

在有符号的加减运算中，当运算结果超出 -128～+127 范围时，即产生溢出，则 OV 由硬件自动置 1，表示运算结果错误，否则 OV 由硬件清 0，表示运算结果正确。

在无符号数的乘法中，当乘积超出 255 时，OV＝1，表示乘积的高 8 位放在 B 中，低 8 位放在 A 中；若乘积未超出 255，则 OV＝0，表示乘积只放在 A 中。在无符号数的除法运算中，当除数为 0 时，OV＝1，表示除法不能进行，否则，OV＝0，表示除法可正常进行。

P（PSW.0）：奇偶标志位，该位始终跟踪累加器 A 内容的奇偶性。如果有奇数个"1"，则 P 置 1，否则置 0。

（5）堆栈指针 SP（stack pointer）　所谓堆栈，顾名思义就是一种以"堆"的方式工作的"栈"。堆栈是在内存中专门开辟出来的按照"先进后出，后进先出"的原则进行存取的 RAM 区域。

堆栈的用途是保护现场和断点地址。在 CPU 响应中断或调用子程序时，需要把断点处的 PC 值及现场的一些数据保存起来，在微型计算机中，它们就是保存在堆栈中的。同样，当发生中断嵌套（高级中断中断了低级中断）或子程序嵌套（在执行一个程序中，又调用另一个子程序）时，也要把各级断点处的 PC 值及一些现场数据都保存起来，为了能保证逐级正确返回，要求后保存的值先取回，即符合"先进后出，后进先出"的原则。堆栈正是为此目的而设计的。

堆栈可设置在内部 RAM 的任意区，堆栈共有两种操作：进栈和出栈。但不论是数据进栈还是数据出栈，都是对堆栈的栈顶单元进行的，即对栈顶单元进行读/写操作。最后进栈的数据所在单元称为栈顶，为了指示栈顶地址，需要设置堆栈指示器，在 80C51 单片机中由一个特殊功能寄存器 SP 来管理堆栈的栈顶。

SP 称为堆栈指示器，也称为堆栈指针，它是 8 位寄存器，堆栈指针 SP 的初值称为栈区的栈底，每当数据送到堆栈中（称为压入堆栈）或从堆栈中取出（称为弹出堆栈）时，堆栈指针都要随之做相应的变化，它始终指向栈顶地址。

堆栈有两种类型：向上生长型和向下生长型，如图 2-5 所示。80C51 的堆栈属于向上生长型，在数据压入堆栈时，SP 的内容自动加 1，作为本次进栈的地址指针，然后存入信息。所以随着信息的存入，SP 的值越来越大；在信息从堆栈弹出以后，SP 的值随之减小，如图 2-5(a)所示。向下生长型的堆栈则相反，栈底占用较高地址，栈顶占用较低地址，如图 2-5(b)所示。

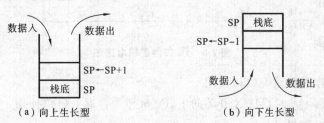

图 2-5　两种不同类型的堆栈

80C51 单片机复位后，SP 总是初始化到内部 RAM 地址 07H。从 08H 开始就是 80C51 的堆栈区，这个位置与工作寄存器组 1 的位置相同。因此，在实际应用中，通常要根据需要在主程序开始处通过指令改变 SP 的值，从而改变堆栈的位置。

（6）数据指针 DPTR　它是 16 位寄存器，由高位字节 DPH 和低位字节 DPL 组成，用来存放 16 位存储器地址，以便对外部数据存储器 RAM 数据进行读/写。DPTR 的值可通过指令改变和设置。

2.1.5　MCS-51 系列单片机的并行 I/O 口

80C51 中有 4 个 8 位并行 I/O 口，记作 P0、P1、P2 和 P3，共 32 根线。实际上它

们就是特殊功能寄存器中的 4 个。每个并行 I/O 口都能用做输入和输出,所以称它们为双向 I/O 口。但这 4 个通道的功能不完全相同,所以它们的结构也设计得不同。这里将详细地介绍这些 I/O 口的结构,以便掌握它们的结构特点,在使用中采取不同的策略。

1. P0 口

P0 口有两种用途:第一是作为普通 I/O 口使用;第二是作为地址/数据总线使用。当用做第二种用途时,在这个口上分时送出低 8 位地址和传送数据,这种地址与数据同用一个 I/O 口的方式,称为地址/数据总线方式。

图 2-6 所示的是 P0 口某一位的结构图。它由 1 个数据输出锁存器和 2 个三态数据输入缓冲器、场效应管 T_1 和 T_2、控制与门、反向器和转换开关 MUX 组成。当控制线 $C=0$ 时,MUX 开关向下,P0 口作为普通 I/O 口使用;当 $C=1$ 时,MUX 开关向上,P0 口作为地址/数据总线使用。

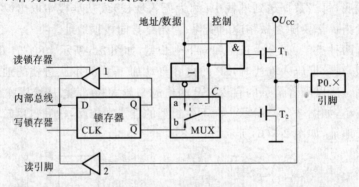

图 2-6　P0 口线逻辑电路图

1) P0 口作为普通 I/O 口使用

当控制线 $C=0$ 时,MUX 开关向下,P0 口作为普通 I/O 口使用。这时与门输出为 0,场效应管 T_1 截止。

(1) P0 口作为输出口。当 CPU 在 P0 口执行输出指令时,写脉冲加在锁存器的 CLK 端,这样与内部数据总线相连的 D 端数据经锁存器 $\overline{Q}$ 端反相,再经场效应管 T_2 反相,在 P0 口出现的数据正好是内部数据总线的数据,实现了数据输出。值得注意的是,P0 口作为 I/O 口使用时,场效应管 T_1 是截止的,当数据从 P0 口输出时,必须外接上拉电阻才能有高电平输出。

(2) P0 口作为输入口。当 P0 口作为输入口使用时,应区分读引脚和读端口两种情况。所谓读引脚,就是读芯片引脚的数据,这时使用缓冲器 2,由读引脚信号将缓冲器打开,把引脚上的数据经缓冲器通过内部总线读进来;所谓读端口,则是指通过缓冲器 1 读锁存器 Q 端的状态。为什么要有读引脚和读端口两种输入呢?这是为了适应对口进行"读—修改—写"类指令的需要。不直接读引脚而读锁存器是为了避免可能出现的错误，因为在端口处于输出的情况下，如果端口的负载是一个晶体管基极，导通的 PN 结就会把端口引脚的高电平拉低，而直接读引脚会使原来的"1"误读为"0"。如果读锁存器的 Q 端，就不会产生这样的错误。

由于 P0 口作为 I/O 口使用时场效应管 T_1 是截止的，当 P0 口作为 I/O 口输入时，必须先向锁存器写"1"，使场效应管 T_2 截止（即 P0 口处于悬浮状态，变为高阻抗），以避免锁存器为"0"状态时对引脚读入的干扰。这一点对 P1、P2、P3 口同样适用。

2）P0 口作为地址/数据总线使用

在实际应用中，P0 口大多数情况下是作为地址/数据总线使用的。这时控制线 $C=1$，MUX 开关向上，使地址/数据总线经反向器与场效应管 T_2 接通，形成上下两个场效应管推拉输出电路（T_1 导通时上拉，T_2 导通时下拉），大大增加了负载能力，而当输入数据时，数据信号仍从引脚通过输入缓冲器 2 进入内部总线。

2. P1 口

P1 口只用做普通 I/O 口，所以它没有转换开关 MUX，其结构如图 2-7 所示。P1 口的驱动部分与 P0 口的不同，内部有上拉电阻，其实这个上拉电阻是 2 个场效应管并在一起形成的。当 P1 口输出高电平时，可以向外提供拉电流负载，所以不必再接上拉电阻，当输入时，与 P0 口一样，必须先向锁存器写"1"，使场效应管截止。由于片内负载电阻较大，为 $20\sim40$ kΩ，所以不会对输入数据产生影响。

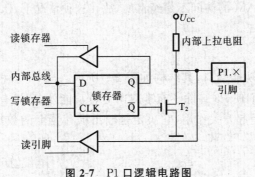

图 2-7　P1 口逻辑电路图

3. P2 口

P2 口有两种用途：一是作为普通 I/O 口，二是作为高 8 位地址线，其结构如图 2-8 所示。

P2 口的位结构比 P1 口的多了一个转换控制部分。当 P2 口作为通用 I/O 口时，多路开关 MUX 倒向锁存器输出 Q 端，其操作与 P1 口的相同。

在系统扩展片外程序存储器时，由 P2 口输出高 8 位地址（低 8 位地址由 P0 口输出）。此时 MUX 在 CPU 的控制下，转向内部地址线的一端。因为访问片外程序存储器的操作往往不断进行，P2 口要不断送出高 8 位地址，所以这时 P2 口无法再

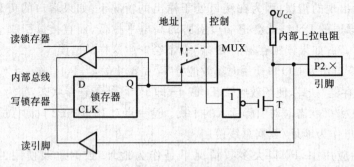

图 2-8　P2 口逻辑电路图

作为通用 I/O 口使用。

在不需要外接程序存储器而只需扩展较小容量的片外数据存储器的系统中,使用"MOVX　@Ri"类指令访问片外 RAM 时,若寻址范围是 256 B,则只需低 8 位地址线就可以实现。P2 口不受该指令影响,仍可作为通用 I/O 口。若寻址范围大于 256 B,又小于 64 KB,则可以用软件方法只利用 P1～P3 口中的某几根口线送高位地址,而保留 P2 中的部分或全部口线作为通用 I/O 口线。

若扩展的数据存储器容量超过 256 B,则使用"MOVX　@DPTR"指令,寻址范围是 64 KB,此时高 8 位地址总线由 P2 口输出。在读/写周期内,P2 口锁存器仍保持原来端口的数据,在访问片外 RAM 周期结束后,多路开关自动切换到锁存器 Q 端。由于 CPU 对 RAM 的访问不是经常的,故在这种情况下,P2 口在一定的限度内仍可用做通用 I/O 口。

4. P3 口

P3 口是一个多功能端口,其结构如图 2-9 所示。与 P1 口相比,P3 口增加了与非门和缓冲器 3,它们使 P3 口除了有准双向 I/O 功能外,还具有第二功能。

与非门实际上是起开关作用,它决定是输出锁存器上的数据,还是输出第二功

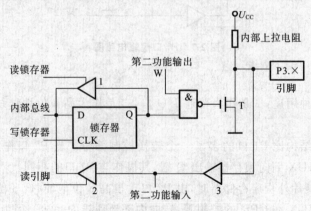

图 2-9　P3 口逻辑电路图

能线 W 的信号。当输出锁存器 Q 端的信号时,$W=1$;当输出第二功能线 W 的信号时,锁存器 Q 端为 1。

通过缓冲器 3,可以获得引脚的第二功能输入。不管是作为 I/O 口的输入,还是作为第二功能的输入,此时锁存器的 D 端和第二功能线 W 都应同时保持高电平。

不用考虑如何设置 P3 口的第一功能或第二功能。当 CPU 把 P3 口作为专用寄存器进行寻址(包括位寻址)时,内部硬件自动将第二功能线 W 置 1,这时 P3 口为普通 I/O 口;当 CPU 不把 P3 口作为专用寄存器使用时,内部硬件自动使锁存器 Q 端置 1,P3 口成为第二功能端口。P3 各口线的第二功能如表 2-8 所示。

表 2-8 P3 各口线的第二功能表

口线	第二功能
P3.0	RXD(串行口输入)
P3.1	TXD(串行口输出)
P3.2	$\overline{INT0}$(外部中断 0 输入)
P3.3	$\overline{INT1}$(外部中断 1 输入)
P3.4	T0(定时/计数器 0 的外部输入)
P3.5	T1(定时/计数器 1 的外部输入)
P3.6	$\overline{WR}$(片外数据存储器"写选通控制"输出)
P3.7	$\overline{RD}$(片外数据存储器"读选通控制"输出)

P0～P3 口的带负载能力及注意事项如下。

1) P0～P3 口的带负载能力

(1) P0、P1、P2、P3 口的电平与 CMOS 和 TTL 电平兼容。

(2) P0 口的每一位能驱动 8 个 LSTTL 负载。在作为通用 I/O 口使用时,输出驱动电路是开漏的,所以,驱动集电极开路(OC 门)电路或漏极开路电路需外接上拉电阻;在作为地址/数据总线使用时,口线不是开漏的,无须外接上拉电阻。

(3) P1～P3 口的每一位能驱动 4 个 LSTTL 负载。它们的输出驱动电路有上拉电阻,所以可以方便地由集电极开路电路或漏极开路电路所驱动,而无须外接上拉电阻。

(4) 对于 80C51 单片机(CHMOS),端口只能提供几毫安的输出电流,故当其作为输出口去驱动普通晶体管的基极时,应在端口与晶体管基极间串联 1 个电阻,以限制高电平输出时的电流。

2) P0～P3 口的使用注意事项

(1) 如果 80C51 单片机内部程序存储器 ROM 够用,则不需要扩展外部存储器和 I/O 口,80C51 的 4 个口均可作 I/O 口使用。

(2) 4 个口在作输入口使用时,均应先对其写"1",以避免误读。

(3) P0 口作 I/O 口使用时,应外接 10 kΩ 的上拉电阻,其他口则不必。

(4) P2 口某几根口线作地址使用时,剩下的口线不宜作 I/O 口线使用。

(5) P3 口的某些口线作第二功能线时,剩下的口线可以单独作 I/O 口线使用。

2.2　MCS-51 系列单片机的外部引脚及片外总线

2.2.1　外部引脚

MCS-51 系列单片机有 5 种封装形式:① 40 脚双列直插封装(DIP 封装)方式;② 44 脚方形封装方式;③ 48 脚 DIP 封装方式;④ 52 脚方形封装方式;⑤ 68 脚方形封装方式。

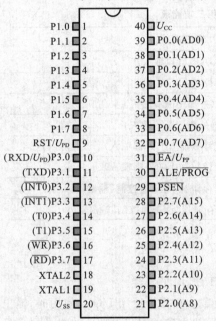

图 2-10　80C51 信号引脚图

图 2-10 所示的是 80C51 单片机的外部信号引脚图(40 脚 DIP 封装),其中,包括 2 个主电源引脚,2 个外接晶体引脚,4 个控制或与其他电源复用的引脚,32 个 I/O 引脚,下面分别介绍这 40 个引脚的功能。

1. 电源引脚 U_{SS} 和 U_{CC}

U_{SS}(第 20 脚):接地端。

U_{CC}(第 40 脚):电源端,正常操作及对 Flash ROM 编程和验证时接 +5 V 电源。

2. 外接晶体引脚 XTAL1 和 XTAL2

XTAL1(第 19 脚):接外部晶体和微调电容的一端。在 80C51 片内,它是振荡电路反相放大器的输入端及内部时钟发生器的输入端,振荡电路的频率就是晶体的固有频率。当采用外部振荡时,此引脚输入外部的时钟脉冲。

XTAL2(第 18 脚):接外部晶体和微调电容的另一端。在 80C51 片内,它是振荡电路反相放大器的输出端。当采用外部振荡器时,此引脚应悬浮。

通过示波器查看 XTAL2 端是否有脉冲信号输出,可以判断 80C51 的振荡电路是否正常工作。

3. 控制信号引脚 RST/U_{PD}、$ALE/\overline{PROG}$、$\overline{PSEN}$ 和 $\overline{EA}/U_{PP}$

RST/U_{PD}(第 9 脚):RST 复位信号输入端,高电平有效,当振荡器工作时,在此引脚上出现 2 个机器周期(24 个时钟周期)以上的高电平,就可以使单片机复位。RST 的第二功能是作 U_{PD},即备用电源的输入端。当主电源 U_{CC} 发生故障,其电平降到低电平规定值时,将 +5 V 电源自动接入 RST 端,为 RAM 提供备用电源,以保证存储在 RAM 中的信息不丢失,从而复位后能继续正常运行。

ALE/$\overline{\text{PROG}}$(第 30 脚):地址锁存允许信号端。ALE 端在每个机器周期内输出 2 个脉冲。在访问外部存储器时,ALE 用来锁存 P0 口扩展地址中低 8 位的地址信号;在不访问外部存储器时,ALE 以时钟振荡频率的 1/6 的固定速率输出,因而它又可用做外部定时或其他用途,并且通过示波器查看 ALE 端是否有脉冲信号输出,可以判断 80C51 等芯片的好坏:如有脉冲信号输出,则表明芯片基本上是好的。但要注意,在访问片外 RAM 期间,ALE 脉冲会跳空一个,此时作为时钟输出就不妥了。

80C51 在并行扩展外部存储器(包括并行扩展 I/O 口)时,P0 口用于分时传送低 8 位地址和数据信号,当 ALE 信号有效时,P0 口传送的是低 8 位地址信号;ALE 信号无效时,P0 口传送的是 8 位数据信号。在 ALE 信号的下降沿,锁定 P0 口传送的低 8 位地址信号,可以实现低 8 位地址与数据的分离。ALE 端可以驱动(吸收或输出电流)8 个 LSTTL 负载。ALE 的第二功能 $\overline{\text{PROG}}$ 是在对片内带有 4 KB EPROM 的芯片编程(固化)时,此引脚作为编程脉冲输入端。

$\overline{\text{PSEN}}$(第 29 脚):外部程序存储器的读选通信号。当访问片外程序存储器时,以此引脚输出负脉冲作为读选通信号。在从外部 ROM 读取指令(或常数)期间,在每个机器周期内 $\overline{\text{PSEN}}$ 2 次有效,通过数据总线 P0 口读回指令(或常数)。在访问片外数据 RAM 期间,$\overline{\text{PSEN}}$ 信号将不出现。$\overline{\text{PSEN}}$ 端同样可以驱动 8 个 LSTTL 门电路。

$\overline{\text{EA}}/U_{\text{PP}}$(第 31 脚):$\overline{\text{EA}}$ 的功能是访问外部程序 ROM 控制信号端。对于 80C51 和 87C51 等,它们片内有 4 KB 的程序 ROM,当 $\overline{\text{EA}}$ 端接高电平时,会出现 2 种情况:若访问的地址空间在 0~4 KB 范围内,CPU 访问并执行内部程序存储器的指令;当访问的地址超出 4 KB(0FFFH)时,CPU 将自动转去执行外部程序存储器中的程序,即访问外部程序 ROM。当 $\overline{\text{EA}}$ 端接低电平时,CPU 只访问并执行外部程序存储器中的指令,而不管是否有内部程序存储器。对 8031 或 80C31,$\overline{\text{EA}}$ 必须接地。

$\overline{\text{EA}}$ 的第二功能是对芯片 EPROM 编程(固化)时施加编程电压 U_{PP}。高电压编程时,U_{PP} 为 +12 V;低电压编程时,U_{PP} 为 +5 V。

对上述 4 个控制引脚,应熟记第一功能,了解第二功能。

4. I/O 引脚 P0 口、P1 口、P2 口、P3 口

P0 口(P0.0~P0.7 共 8 条引脚,即第 39~32 脚)是双向 8 位三态 I/O 口。在访问外部存储器时,P0 口可分时用做低 8 位地址线和 8 位数据线;在 Flash ROM 编程时,它输入指令字节,而在验证程序时,则输出指令字节。P0 口能驱动 8 个 LSTTL 门电路。

P1 口(P1.0~P1.7 共 8 条引脚,即第 1~8 脚)是带有内部上拉电阻的 8 位双向 I/O 口。在访问外部存储器时,可送出高 8 位地址。在对 Flash ROM 编程和验证程序时,它接收低 8 位地址。P1 口能驱动 4 个 LSTTL 门电路。

P2 口(P2.0～P2.7 共 8 条引脚,即第 21～28 脚)是带有内部上拉电阻的 8 位双向 I/O 口。在访问外部存储器时,它送出高 8 位地址。在对 Flash ROM 编程和验证程序时,它接收高 8 位地址和其他控制信号。P2 口能驱动 4 个 LSTTL 门电路。

P3 口(P3.0～P3.7 共 8 条引脚,即第 10～17 脚)是带有内部上拉电阻的 8 位双向 I/O 口。P3 口能驱动 4 个 LSTTL 门电路。在 80C51 单片机中,这 8 个引脚都有各自的第二功能,在实际工作中,大多数情况下都使用 P3 口的第二功能。

2.2.2　片外总线结构

MCS-51 系列单片机的引脚除了电源线、复位线、时钟输入和用户 I/O 口外,其余的引脚都是为了实现系统扩展而设置的。这些引脚构成了片外地址总线、数据总线和控制总线三总线形式,如图 2-11 所示。

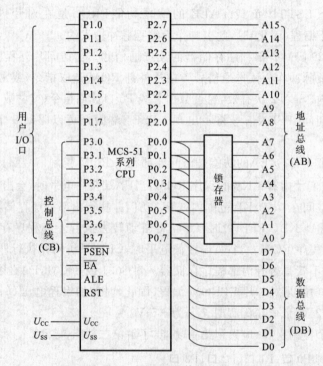

图 2-11　MCS-51 系列单片机片外总线结构

(1) 地址总线宽度为 16 位,寻址范围为 64 KB,由 P0 口经地址锁存器提供低 8 位地址(A7～A0),由 P2 口提供高 8 位地址(A15～A8)而形成地址总线,可对片外程序存储器和片外数据存储器寻址。

(2) 数据总线宽度为 8 位,由 P0 口直接提供。

(3) 控制总线由第二功能状态下的 P3 口和 4 根独立的控制线 RST、$\overline{EA}$、ALE 和 $\overline{PSEN}$组成。

2.3　MCS-51 系列单片机的系统时钟及时序

计算机的工作是在统一的时钟脉冲控制下一拍一拍地进行的。这个脉冲是由单片机控制器中的时钟电路发出的。

2.3.1　时钟电路

80C51 片内设有一个包括高增益反相放大器在内的振荡器,该振荡器用来产生系统工作所需要的时钟信号,其工作方式包括内部时钟方式和外部时钟方式。

1. 内部时钟方式

80C51 内部有一个高增益反相放大器(即与非门的一个输入端编程位常有效)时,该放大器用于构成片内振荡器,引脚 XTAL1 和 XTAL2 分别是此放大器的输入端和输出端。在 XTAL1 和 XTAL2 两端跨接石英晶体或陶瓷谐振器,就构成了稳定的自激振荡器,其发出的脉冲直接送入内部时钟发生器,如图 2-12 所示。外接石英晶振时,C_1 和 C_2 的值通常选择在 30 pF 左右;外接陶瓷谐振器时,C_1 和 C_2 约为 47 pF。C_1 和 C_2 可稳定频率并对振荡频率有微调作用,振荡频率范围是 0～24 MHz。

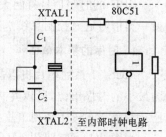

图 2-12　内部时钟方式

为了减少寄生电容,更好地保证振荡器稳定可靠地工作,谐振器和电容应尽可能安装得与单片机芯片靠近。

内部时钟发生器实质上是一个 2 分频的触发器,其输出是单片机工作所需的时钟信号。晶体振荡器的振荡频率决定单片机的时钟频率。

2. 外部时钟方式

外部时钟方式采用外部振荡器,对于采用 HMOS 和 CHMOS 不同工艺制造的 CPU,其接法不同。对于 8051,外部振荡脉冲信号由 XTAL2 端接入后直接送至内部时钟发生器,如图 2-13(a)所示;对于 80C51,外部振荡脉冲信号由 XTAL1 端接入后直接送至内部时钟发生器,输入端 XTAL2 应悬浮,如图 2-13(b)所示。由于 XTAL1 端的逻辑电平不是 TTL 的,故建议外接一个上拉电阻。

一般要求,外接的脉冲信号应当是高、低电平的持续时间大于 20 ns,且频率低于 24 MHz 的方波。这种方式适合用于多块芯片同时工作的场合,便于同步。

2.3.2　CPU 时序

CPU 时序是指各种信号的时间序列,它表明了指令执行中各种信号之间的相互关系。单片机本身就是一个复杂的时序电路,CPU 执行指令的一系列动作都是

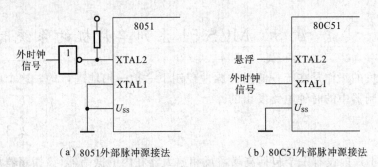

（a）8051外部脉冲源接法　　　　　（b）80C51外部脉冲源接法

图 2-13　外部时钟方式

在时序电路控制下一拍一拍地进行的。为达到同步协调工作的目的,各操作信号在时间上有严格的先后次序,这些次序就是 CPU 的时序。

　　CPU 的时序信号有两大类:一类信号用于单片机内部,控制片内各功能部件;另一类信号通过控制总线送到片外,这类控制信号的时序在系统扩展中很重要。

1. 时序的基本单位

　　MCS-51 系列单片机以晶体振荡器的晶振周期(或外部引入的时钟信号的周期)为最小的时序单位,所以片内的各种操作都是以晶振周期为时序基准的。图 2-14 所示的是 MCS-51 系列单片机的时钟信号图。

　　由图 2-14 可以看出,MCS-51 系列单片机的基本定时单位共有 4 个,它们从小到大排列分别如下。

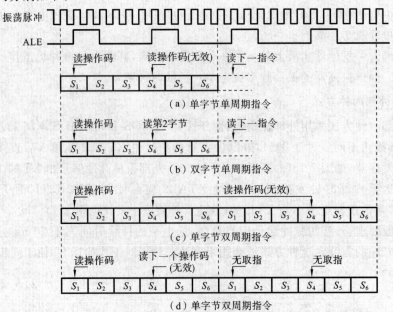

图 2-14　MCS-51 系列的取指/执行时序

（1）晶振周期（P）：由振荡电路产生的振荡脉冲的周期，又称为拍，用 P 表示，如 P_1、P_2。它是晶体的振荡周期，或是外部振荡脉冲的周期，拍是单片机中最小的时序单位。

（2）时钟周期（S）：晶振周期的 2 倍，即 1 个时钟周期包含 2 个相互错开的节拍，也称 S 状态时间。1 个状态包含 2 个拍，分别称作 P_1 和 P_2，或者前拍和后拍。

（3）机器周期：MCS-51 系列单片机有固定的机器周期，它是由晶振频率 12 分频后形成的，也就是说，1 个机器周期是晶振周期的 12 倍宽。

单片机的基本操作周期为机器周期。1 个机器周期有 6 个状态，每个状态由 2 个脉冲（晶振周期）组成，即

$$1 \text{ 个机器周期} = 6 \text{ 个状态周期} = 12 \text{ 个晶振周期}$$

如单片机采用 12 MHz 的晶体振荡器，则 1 个机器周期为 1 μs；若单片机采用 6 MHz 的晶体振荡器，则 1 个机器周期为 2 μs。

（4）指令周期：执行 1 条指令所需的时间。不同的指令，其执行时间各不相同，如果用占用机器周期多少来衡量，MCS-51 系列单片机的指令可分为单周期指令、双周期指令及四周期指令。

MCS-51 系列单片机大部分的指令周期为 1 个机器周期，1 个机器周期由 6 个状态（12 个晶振周期）组成。每个状态又分成 2 拍，即 P_1 和 P_2。所以，1 个机器周期可以依次表示为 S_1P_1，S_1P_2，$\cdots$，S_6P_1，S_6P_2。通常算术逻辑操作在 P_1 拍进行，而内部寄存器传送在 P_2 拍进行。

2. 指令的取指/执行过程

1）CPU 的取指和执行时序

每一条指令的执行都可分为取指和执行两个阶段。在取指阶段，CPU 从内部或外部 ROM 中取出指令操作码和操作数，然后执行这条指令。

在 MCS-51 系列单片机中，每一条指令的长度根据其操作的繁简程度，可分为单字节、双字节和三字节指令。根据执行每条指令所用时间的不同，指令可分为单字节机器周期指令、单字节双机器周期指令、双字节单机器周期指令、双字节双机器周期指令和三字节双机器周期指令，只有乘除法是单字节四机器周期指令。

图 2-14 给出了 MCS-51 系列单片机几种典型指令的取指和执行时序。可以通过观察 XTAL2 和 ALE 引脚信号，分析 CPU 取指令时序。由图 2-14 可知，在每一个机器周期内，地址锁存信号 ALE 出现二次有效信号，即 2 次高电平信号。第 1 次出现在 S_1P_2 和 S_2P_1 期间，第 2 次出现在 S_4P_2 和 S_5P_1 期间。

对于单周期指令，当操作码被送入指令寄存器时，便从 S_1P_2 开始执行指令，在 S_6P_2 结束时完成指令操作。

如果是单字节单周期指令，则在同一个周期的 S_4P_2 期间虽然读操作码，但所读的这个字节操作码丢掉，程序指针 PC 也不加 1，如图 2-14（a）所示。

如果是双字节周期指令,则在 S_4 期间读指令的第 2 字节,如图 2-14(b)所示。

对于单字节双周期指令,在 2 个机器周期内发生 4 次读操作码的操作,由于是单字节指令,后 3 次读操作都无效,如图 2-14(c)所示。但当访问外部数据存储器指令时,时序有所不同。它也是单字节双周期指令,在第 1 个机器周期里有 2 次读指令操作,后一次无效,从 S_5 开始送出外部数据存储器的地址,紧接着读或写数据,读/写数据期间与 ALE 无关,ALE 不产生有效信号,所以第 2 个周期不产生取指操作,如图 2-14(d)所示。

2)访问外部 ROM 的操作时序

如果 MCS-51 系列单片机扩展了外部程序存储器,就会有访问外部存储器的操作。在访问外部 ROM 时,除了 ALE 外,还需要 $\overline{PSEN}$ 信号,此外还要用 P0 口作为低 8 位地址,用 P2 口作为高 8 位地址。其时序如图 2-15 所示。

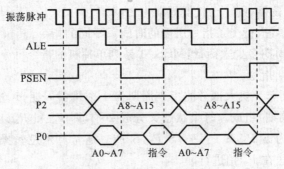

图 2-15   外部 ROM 读时序

如图 2-15 所示,P0 口输出地址和数据是分时操作的。它先输出低 8 位地址,在 ALE 信号的作用下,低 8 位地址被锁存,锁存的低 8 位地址与 P2 口提供的高 8 位地址一起,组成 16 位地址指向外部 ROM 某单元,在 $\overline{PSEN}$ 有效时,从外部 ROM 中取出指令,再通过 P0 口送到单片机中,P0 口完成了分时操作。

3)访问外部 RAM 的操作时序

图 2-15 所示的时序不包括访问外部 RAM 指令的时序,因为访问外部 RAM 时的时序要有所不同。访问外部 RAM 时,要进行两步操作:第一步从外部 ROM 中取 MOVX 指令,第二步根据 MOVX 指令所给出的数据选中外部 RAM 某单元,对该单元进行操作。图 2-16 所示的为读/写外部 RAM 的操作时序,详细过程如下。

第 1 个机器周期是从外部 ROM 取指,在 $S_4 P_2$ 之后,将取来的指令中的外部 RAM 地址送出,P0 口送低 8 位地址,P2 口送高 8 位地址。

在第 2 个机器周期中,ALE 中第 1 个有效信号不再出现,而 $\overline{RD}$ 读信号有效,将外部 RAM 的数据送回 P0 口。以后尽管 ALE 的第 2 个信号出现,但没有操作进行,从而结束了第 2 个机器周期。

向外部 RAM 的写操作与读操作一样,只不过 $\overline{RD}$ 信号被 $\overline{WR}$ 信号所取代。

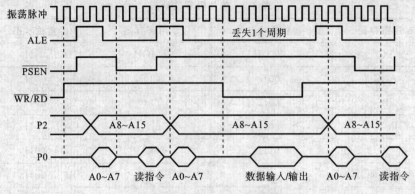

图 2-16　外部 RAM 读/写时序

请注意,在访问外部 RAM 时,ALE 丢失 1 个周期,所以不能用 ALE 作为精确的时钟输出。

2.4　MCS-51 系列单片机的工作方式

MCS-51 系列单片机的工作方式包括复位方式、程序执行方式、单步执行方式、掉电和节电方式及 EPROM 编程和校验方式。

2.4.1　复位方式

复位是单片机的初始化操作,其主要功能是把 PC 初始化为 0000H,使单片机从 0000H 单元开始执行程序。除了进入系统的正常初始化之外,当程序运行出错或操作错误使系统处于死锁状态时,为摆脱困境,也需按复位键以重新启动。

1. 单片机的复位状态

计算机在启动运行时都需要复位,复位使 CPU 和内部其他部件处于一个确定的初始状态,从这个状态开始工作。在这种状态下,所有的专用寄存器都被赋予默认值。80C51 单片机的复位状态如表 2-9 所示。

复位时,ALE 和 $\overline{PSEN}$ 呈输入状态,即 ALE=$\overline{PSEN}$=1,片内 RAM 不受复位影响;复位后,PC 指向 0000H,开始执行程序。所以单片机运行出错或进入死循环,可按复位键重新启动。

如果不想完全使用这些默认值,可以进行修改,这就要在程序中对单片机进行初始化。

2. 单片机的复位电路

复位操作可以使单片机初始化,也可以使死机状态下的单片机重新启动,因此复位操作是一种非常重要的操作。

表 2-9　单片机复位状态

专用寄存器	复位状态	专用寄存器	复位状态
PC	0000H	TMOD	00H
ACC	00H	TCON	00H
B	00H	TL0	00H
PSW	00H	TH0	00H
SP	07H	TL1	00H
DPTR	0000H	TH1	00H
P0~P3	FFH	SCON	00H
IP	$\times\times\times$00000B	SBUF	不定
IE	$0\times\times$00000B	PCON	$0\times\times\times$0000B

　　单片机的复位都是靠外部的复位电路来实现的，在时钟电路工作后，只要在单片机的 RESET 引脚上出现 24 个时钟振荡脉冲（即 2 个机器周期）以上的高电平，单片机就能实现复位。为了保证系统可靠复位，在设计复位电路时，一般使 RESET 引脚保持 10 ms 以上的高电平，单片机便可以可靠地复位。在 RESET 从高电平变低电平以后，单片机从 0000H 地址开始执行程序。在复位有效期间，ALE 和 $\overline{\text{PSEN}}$ 引脚输出高电平。

　　80C51 单片机内部复位结构如图 2-17 所示。外部复位电路接 RESET 引脚，RESET 通过内部的施密特触发器与内部复位电路相连，施密特触发器用来整形，它的输出在每个机器周期的 $S_5 P_2$ 由内部复位电路采样 1 次。

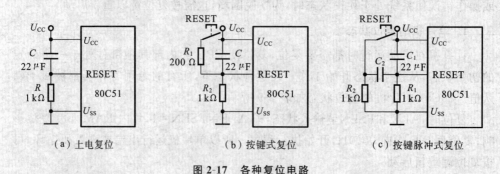

（a）上电复位　　　　　　（b）按键式复位　　　　（c）按键脉冲式复位

图 2-17　各种复位电路

1）简单复位电路

　　简单复位电路有上电复位和手动复位两种，手动复位包括按键式复位和按键脉冲式复位两种。不管是哪一种复位电路都要保证在 RESET 引脚上提供 10 ms 以上稳定的高电平。

　　图 2-17(a)所示的是常用的上电复位电路，这种上电复位电路利用电容器充电

来实现。当加电时,电容 C 充电,电路有电流流过,构成回路,在电阻 R 上产生压降,RESET 引脚为高电平;在电容 C 充满电后,电路相当于断开,RESET 的电位与地电位相同,复位结束。可见复位的时间与充电的时间有关,充电时间越长复位时间越长,增大电容或增大电阻都可以增加复位时间。

图 2-17(b)所示的是按键式复位电路。它的上电复位功能与图 2-17(a)所示的相同,但它还可以通过按键实现复位,按下键后,通过 R_1 和 R_2 形成回路,使 RESET 端产生高电平。按键的时间决定了复位的时间。

图 2-17(c)所示的是按键脉冲式复位电路。它利用 RC 微分电路在 RESET 端产生正脉冲来实现复位。

在上述简单的复位电路中,干扰易串入复位端,虽然在大多数情况下不会造成单片机的错误复位,但会引起内部某些寄存器错误复位。这时,可在 RESET 复位引脚上接一个去耦电容。

2)采用专用复位电路芯片构成复位电路

在实际应用系统中,为了保证复位电路可靠地工作,常将 RC 电路接施密特电路后再接入单片机复位端,或采用专用的复位电路芯片。MAX813L 是 Maxin 公司生产的一种体积小、功耗低、性价比高的带看门狗和电源监控功能的复位芯片。

MAX813L 与单片机的连接电路如图 2-18 所示,该电路可以实现上电复位,包括程序运行出现"死机"时的自动复位和随时的手动复位。

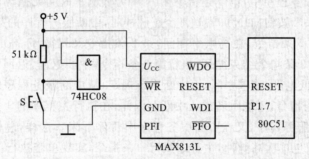

图 2-18 带手动复位的看门狗复位电路

为实现单片机死机时的自动复位功能,需要在软件设计中,P1.7 不断输出脉冲信号(时间间隔小于 1.6 s),如果因某种原因单片机进入死循环,则 P1.7 无脉冲输出。于是 1.6 s 后在 MAX813L 的 $\overline{WDO}$ 端输出低电平,该电平加到 $\overline{WR}$ 端,使 MAX813L 产生一个 200 ms 的复位脉冲输出,单片机有效复位,系统重新开始工作。

2.4.2 程序执行方式

程序执行方式是单片机的基本工作方式,也是单片机最主要的工作方式。由于复位后 PC＝0000H,因此程序执行总是从地址 0000H 开始执行,而从 0003H 到

0032H 又是中断服务程序区,因而,用户程序都放置到中断服务区后面,在 0000H 处放 1 条长转移指令转移到用户程序。

2.4.3　单步执行方式

所谓单步执行,是指在外部单步脉冲的作用下,使单片机 1 个单步脉冲执行 1 条指令后就暂停下来,再 1 个单步脉冲再执行 1 条指令后又暂停下来的执行形式。它通常用于调试程序、跟踪程序,执行和了解程序的执行过程。

在一般的微型计算机中,单步执行由单步执行中断完成,单片机没有单步执行中断,MCS-51 系列单片机的单步执行也要利用中断系统来完成。MCS-51 系列单片机的中断系统规定,从中断服务程序中返回之后,至少要再执行 1 条命令,才能重新进入中断。这样,将外部脉冲加到 $\overline{\text{INT0}}$ 引脚,平时让它为低电平,通过编程规定 $\overline{\text{INT0}}$ 为电平触发。那么,不来脉冲时 $\overline{\text{INT0}}$ 总处于响应中断的状态。

在 $\overline{\text{INT0}}$ 的中断服务程序中安排如下指令。

```
PAUSE0:JNB P3.2,PAUSE0        ;若INT0=0,不往下执行
PAUSE1:JB P3.2,PAUSE1         ;若INT0=1,不往下执行
       RETI                  ;返回主程序执行下一条指令
```

当 $\overline{\text{INT0}}$ 没有外部脉冲进入时,$\overline{\text{INT0}}$ 保持低电平,一直响应中断,执行中断服务程序。在中断服务程序中,第 1 条指令在 $\overline{\text{INT0}}$ 为低电平时为死循环,不返回主程序执行。当通过 1 个按钮向 $\overline{\text{INT0}}$ 端送 1 个正脉冲时,中断服务程序的第 1 条指令结束死循环,执行第 2 条指令;在高电平期间,第 2 条指令又死循环,高电平结束,$\overline{\text{INT0}}$ 回到低电平,第 2 条指令结束循环,执行第 3 条指令,中断返回,返回到主程序,由于这时 $\overline{\text{INT0}}$ 又为低电平,请求中断,而中断系统规定,从中断服务程序中返回之后,至少要再执行 1 条指令,才能重新进入中断。因此,在执行主程序的 1 条指令后,响应中断,进入中断服务程序,又在中断服务程序中暂停下来。这样,总体看来,按 1 次按钮,$\overline{\text{INT0}}$ 端产生 1 次高脉冲,主程序执行 1 条指令,实现单步执行。

2.4.4　掉电和节电方式

单片机经常使用在野外、井下、空中、无人值守监测站等供电困难的场合,或处于长期运行的监测系统中,要求系统的功耗很小。节电方式能使系统满足这样的要求。

MCS-51 系列单片机有 HMOS 和 CHMOS 工艺芯片。它们有不同的节电方式。

1. HMOS 单片机的掉电方式

HMOS 工艺芯片本身运行功耗较大,没有设置低功耗运行方式,为了减小系统的功耗,设置了掉电方式。RST/U_{PD} 端接有备用电源,即当单片机正常运行时,单片

机内部的 RAM 由主电源 U_{CC} 供电,当 U_{CC} 掉电,U_{CC} 电压低于 RST/U_{PD} 端备用电源电压时,由备用电源箱向 RAM 持续供电,保证 RAM 中的数据不丢失。这时系统的其他部件都停止工作,包括片内振荡器。

在应用系统中经常这样处理:当用户检测到掉电发生时,通过 $\overline{INT0}$ 或 $\overline{INT1}$ 向 CPU 发出中断请求,并在主电源电压掉至下限工作电压之前,通过中断服务程序把一些重要信息转存到片内 RAM 中,然后让备用电源只为 RAM 供电。在主电源恢复之前,片内振荡器被封锁,一切部件都停止工作。当主电源恢复时,备用电源保持一定的时间,以保证振荡器启动,系统完成复位。

2. CHMOS 单片机的节电运行方式

CHMOS 工艺芯片运行时耗电少,有两种节电运行方式,即待机方式和掉电保护方式,以进一步降低功耗,特别适合用于电源功耗要求低的应用场合。

CHMOS 单片机的工作电源和备用电源加在同一引脚 U_{CC} 上,正常工作时电流为 11~20 mA,待机状态时电流为 1.7~5 mA,掉电方式时电流为 5~50 μA。在待机方式中,振荡器保持工作,时钟继续输出到中断、串行口、定时器等,使它们继续工作,全部信息被保存下来,但时钟不给 CPU,CPU 停止工作。在掉电方式中,振荡器停止工作,单片机内部所有功能部件停止工作,备用电源为片内 RAM 和 SFR 供电,使它们的内容被保存下来。

在 MCS-51 系列的 CHMOS 单片机中,待机方式和掉电方式都可以由电源控制寄存器 PCON 中的有关控制位控制。该寄存器的单元地址为 87H,其各位的含义如表 2-10 所示。

表 2-10 电源控制寄存器 PCON 的各位定义

位序	B7	B6	B5	B4	B3	B2	B1	B0
位符号	SMOD	—	—	—	GF1	GF0	PD	IDL

SMOD(PCON.7):波特率加倍位。SMOD=1,当串行口工作于方式 1、2、3 时,波特率加倍。

GF1、GF0:通用标志位。

PD(PCON.1):掉电方式位。当 PD=1 时,进入掉电方式。

IDL(PCON.0):待机方式位。当 IDL=1 时,进入待机方式。

当 PD 和 IDL 同时为 1 时,取 PD 为 1;复位时 PCON 的值为 0×××0000B,单片机处于正常运行方式。

待机方式的退出有 2 种方法。一种方法是激活任何一个被允许的中断。当中断发生时,由硬件对 PCON.0 位清 0,结束待机方式。另一种方法是采用硬件复位。

退出掉电方式的唯一方法是硬件复位。但应注意,在这之前应使 U_{CC} 恢复到正常电压值。

2.4.5　EPROM 编程和校验方式

在 MCS-51 系列单片机中,内部集成有 EPROM 的机型可以工作于编程或校验方式。不同机型的单片机,EPROM 的容量和特性不一样,相应 EPROM 的编程、校验和加密的方法也不一样。这里以 HMOS 器件 8751(内部集成 4 KB 的 EPROM)为例介绍。

1. EPROM 编程

编程时时钟频率应定在 4~6 MHz 的范围内,各引脚的接法如下。

(1) P1 口和 P2 口的 P2.3~P2.0 提供 12 位地址,P1 口为低 8 位。

(2) P0 口输入编程数据。

(3) P2.6~P2.4 及 $\overline{\text{PSEN}}$ 为低电平,P2.7 和 RST 为高电平。以上除 RST 的高电平为 2.5 V,其余的均为 TTL 电平。

(4) $\overline{\text{EA}}/U_{\text{PP}}$ 端加电压为 21 V 的编程脉冲,电压不能大于 21.5 V,否则会损坏 EPROM。

(5) ALE/$\overline{\text{PROG}}$ 端加宽度为 50 ms 的负脉冲作为写入信号,每来一次负脉冲,即把 P0 口的数据写入由 P1 口和 P2 口低 4 位提供的 12 位地址指向的片内 EPROM 单元。

2. EPROM 校验

在程序的保密位未设置时,无论在写入时或写入之后,均可以将 EPROM 的内容读出并进行校验。校验时各引脚的连接与编程时的连接基本相同,只是 P2.7 脚改为低电平,在校验过程中,读出的 EPROM 单元的内容由 P0 口输出。

3. EPROM 加密

8751 的 EPROM 内部有一个程序保密位,该位写入后,可禁止任何外部方法对片内程序存储器读/写,也不能再对 EPROM 编程,对片内 EPROM 建立了保险。设置保密位时不需要单元地址和数据,所以 P0 口、P1 口和 P2.3~P2.0 为任意状态。引脚在连接时,除了将 P2.6 改为 TTL 高电平之外,其他引脚在连接时与编程时的相同。

在加了保密位后,就不能对 EPROM 编程,也不能执行外部存储器的程序。如果要对片内 EPROM 重新编程,只有解除保密位。只有将 EPROM 全部擦除时保密位才能一起被擦除,擦除后也可以再次写入。

练习题

2-1　MCS-51 系列单片机的 $\overline{\text{EA}}$ 信号有何功能? 在使用 8031 时 $\overline{\text{EA}}$ 信号引脚应

如何处理？

2-2　堆栈有哪些功能？堆栈指示器(SP)的作用是什么？在程序设计时,为什么还要对 SP 重新赋值？

2-3　在 MCS-51 系列单片机运行出错或程序进入死循环时,如何摆脱困境？

2-4　为寻址程序状态字的 F0 位,可使用的地址和符号有_____、_____、_____和_____。

2-5　单片机程序存储器的寻址范围是由程序计数器 PC 的位数决定的,MCS-51 系列单片机的 PC 为 16 位,因此其寻址范围是_____。

2-6　在算术运算中,与辅助进位位 AC 有关的是_____。

2-7　假设设置堆栈指针 SP 的值为 37H,在进行子程序调用,将断点地址进栈保护后,SP 的值为_____。

3

MCS-51 系列单片机编程语言

通过本章的学习，学生可以了解单片机的寻址方式和指令系统功能，特别是其位寻址功能；掌握常用指令的功能和使用方法及程序设计方法，C51 的数据类型、运算符及表达式，C51 语言程序的基本结构及其流程图；掌握主要函数及选择语句和循环语句的用法；注意几个中断入口地址在程序存储器中的位置、16 位数据指针 DPTR，以及 2 个 8 位数据指针 R0、R1 的使用方法。

单片机应用系统是由硬件和软件组成的。单片机应用软件、硬件的设计犹如人的左手和右手一样重要，没有控制软件的单片机是毫无用处的，这是单片机与一般的数字逻辑电路系统的不同之处。

3.1 编程语言种类及其特点

单片机的编程语言包括机器语言、汇编语言和高级语言三大类。

以二进制代码指令形成的计算机语言，称为机器语言。它是计算机唯一能识别的语言，无论是用汇编语言还是用高级语言编写的程序，只有翻译成机器语言的程序，计算机才能识别。

机器语言不便被人们识别、记忆、理解和使用，为此，给每条机器语言指令赋予一个助记符号，这就形成了汇编语言。它是机器语言指令的符号化，与机器语言一一对应。机器语言和汇编语言与计算机硬件密切相关，不同类型的计算机，它们的机器语言和汇编语言指令不一样。

汇编语言编写程序对硬件操作很方便，编写的程序代码短，但是使用起来很不方便，可读性和可移植性都很差，而且汇编语言程序在编写时应用系统设计的周期长，调试和排错也比较困难。为了提高设计计算机应用系统和应用程序的效率，改善程序的可读性和可移植性，最好采用高级语言来进行应用系统和应用程序设计。

高级语言种类很多,其他的高级语言虽然编程方便,但不能对计算机硬件直接进行操作。而 C 语言属于编译型程序设计语言,既具有高级语言使用方便的特点,也具有汇编语言可直接对硬件进行操作的特点,因而在计算机硬件设计中,往往用 C 语言来进行开发和设计,特别是在单片机应用系统开发中。

3.1.1 汇编语言的特点

1. 汇编语言的优点

(1) 助记符指令和机器指令一一对应。

汇编语言直接使用单片机的指令系统和寻址方式,从而得到占用存储空间小、执行速度快、效率高的程序。

(2) 能准确掌握指令的执行时间。

汇编语言能反映单片机的实际运行情况,适用于系统引导程序、实时测控系统、中断处理程序等。

(3) 能直接管理和控制硬件设备。

汇编语言能直接访问存储器及接口电路,也能处理中断,因此汇编语言程序能直接管理和控制硬件设备。

2. 汇编语言的缺点

(1) 开发效率低、时间长,不易维护和升级。

(2) 比高级语言难。

汇编语言是面向计算机的,程序设计员只有对计算机有深入的了解,才能使用汇编语言编写程序。

(3) 缺乏通用性,不易移植。

各种系列的单片机都有自己的指令系统,不同系列单片机的汇编语言之间不能通用。因此,汇编语言适用于对实时性要求较高的场所,如系统引导程序、实时测控系统等。

3.1.2 C 语言的特点

1. C 语言的优点

(1) 编程调试灵活方便。

C 语言作为高级语言,具有灵活的编程方式,同时,当前几乎所有系列的单片机都有相应的 C 语言级别的仿真调试系统,使得它的调试环境十分方便。其编程和调试时间远少于汇编语言的,可以大大缩短系统的开发周期。

(2) 生成的代码编译效率高。

用汇编语言生成的目标代码的效率是最高的,统计表明,对于同一问题,用 C 语言编写的目标程序代码的效率比用汇编语言编写程序的效率低 $10\% \sim 20\%$。而用

C语言编写程序比用汇编语言编写程序要方便、容易得多,而且可读性强、开发时间短。

（3）完全模块化。

C语言具有各种结构化的控制语句,并以函数为模块单位。C语言程序是由许多个函数组成的,1个函数就是1个程序模块,1种功能由1个函数模块完成,数据交换可方便地约定实现,这样十分有利于多人协同进行大系统项目的合作开发。同时,C语言的模块化开发方式,使得用它开发的程序模块可不经修改地被其他项目所用,可以很好地利用现成的大量C程序资源与丰富的库函数,从而最大限度地实现资源共享。

（4）可移植性好。

几乎所有的单片机都支持C语言编程,因此用C语言编写的程序只需将部分与硬件相关的地方进行适度修改,就可方便地移植到另外一种系列单片机上。

（5）可以直接对计算机硬件进行操作。

C语言允许直接访问物理地址,进行位操作,实现汇编语言的大部分功能,直接对硬件进行操作。

（6）不需要深入了解单片机的硬件和接口。

不需要较多考虑单片机具体指令系统和体系结构的细节问题,如存储器分配、存储地址寻址方式等,只需了解变量和常量的存储类型与单片机存储空间的对应关系。

（7）便于项目维护管理。

用C语言开发的代码便于开发小组计划项目,实现灵活管理、分工合作及后期维护,基本上可以杜绝因开发人员变化而给项目进度、后期维护及升级带来的影响,从而保证了整个系统的高品质、高可靠性及可升级性。

2. C语言的缺点

（1）程序生成的目标代码占用空间大。

（2）不能够准确计算程序的运行时间。

因此,C语言适合于由团队共同开发的、需要对系统不断改进和升级的大型复杂系统。

3.1.3 C51语言的特点

C51是基于80C51单片机的C语言编译器的简称。C51语言是一种在单片机上使用的特定C语言,能对单片机的硬件资源进行灵活、便捷的操作,具备C语言的功能,与标准C语言没有本质的区别,但对标准C语言进行了扩展。随着80C51单片机硬件性能的提升,尤其是片内程序存储器容量的增大和时钟工作频率的提高,C51语言已基本克服了高级语言产生代码长、运行速度慢、不适合单片机使用的致命缺点。C51 语言具有明显的开发优势,已成为 80C51 系列单片机的主流程序设计语言。但是,在有些场合下使用 C51 语言编程也有不合适的地方,如在对时序要求比较严格的场合使用 C51 语言编程比较困难,这时可以使用汇编语言。C51 语言可以和汇编语言混合编程,在实际编程中经常以 C51 语言为主,汇编语言为辅,充分发挥各自的优势。

3.2 汇编语言

3.2.1 指令系统概述

学习和使用单片机编程语言的一个最重要环节就是理解和熟练掌握它的指令系统。不同种类机型的指令系统是不同的,本节将详细介绍 80C51 系列单片机指令系统的寻址方式、各类指令的格式及功能。

指令是规定计算机进行某种操作的命令。一台计算机所能执行的指令集合称为该计算机的指令系统。计算机的主要功能是由指令系统来体现的,指令系统与机器密切相关,指令系统是由计算机生产厂商定义的,不同系列的机器指令系统是不同的。

计算机内部只能识别二进制数。因此,能被计算机直接识别、执行的指令是使用二进制编码表示的指令,这种指令称为机器语言指令。机器语言具有难学、难记、不易书写、难以阅读和调试、容易出错而且不易查找错误、程序可维护性差等缺点。为方便人们记忆和使用,制造厂家对指令系统的每一条指令都给出了助记符,助记符是用英文缩写来描述指令功能的,它不但便于记忆,也便于理解和分类。以助记符表示的指令就是计算机的汇编语言指令,汇编语言指令与机器语言指令具有一一对应的关系。

与通常的计算机一样,MCS-51 系列单片机也只能识别二进制编码表示的机器语言。同样,为了人们记忆和使用方便,也采用汇编语言指令来描述它的指令系统。

1. 功能分类

MCS-51 系列单片机指令系统共有 111 条指令,按功能划分,可分为如下五大类:

(1) 数据传送类指令(29 条);

(2) 算术运算类指令(24 条);

(3) 逻辑运算及移位类指令(24 条);

(4) 控制转移类指令(17 条);

(5) 位操作类指令(17)。

2. 指令格式

一条完整的指令格式如下:

[标号:]操作码 [操作数][;注释]

标号——该指令的起始地址,是一种符号地址。标号可以由 1～8 个字符组成,第 1 个字符必须是字母,其余字符可以是字母、数字或其他特定符号。标号后跟分界符":"。

操作码——指令的助记符,规定了指令所能完成的操作功能。

操作数——指出了指令的操作对象。操作数可以是一个具体的数据,也可以是存放数据的单元地址,还可以是符号常量或符号地址等。多个操作数之间用逗号","分隔。

注释——为了方便阅读而添加的解释说明性的文字,用";"开头。

操作码和操作数之间必须用空格分隔,带方括号的项为可选项。由指令格式可见,操作码是指令的核心,不可缺少。

在 MCS-51 系列单片机指令系统中,指令的字长有单字节、双字节、三字节三种,在程序存储器中分别占用 1～3 个单元。

3. 指令中常用符号说明

在描述 MCS-51 系列单片机指令系统的功能时,经常使用的符号及其含义如下:

Rn——当前选中的工作寄存器组中的寄存器 R0～R7 之一,所以 n＝0～7;

Ri——当前选中的工作寄存器组中可作为地址指针的寄存器 R0、R1,所以 i＝0,1;

♯data——8 位立即数;

♯data16——16 位立即数;

direct——内部 RAM 的 8 位地址,既可以是内部 RAM 的低 128 个单元地址,也可以是 SFR 的单元地址或符号,因此在指令中 direct 表示直接寻址方式;

addr11——11 位目的地址,只限于在 ACALL 和 AJMP 指令中使用;

addr16——16 位目的地址,只限于在 LCALL 和 LJMP 指令中使用;

rel——补码形式表示的 8 位地址偏移量,在相对转移指令中使用;

bit——片内 RAM 位寻址区或可位寻址的 SFR 的位地址;

@——间接寻址方式中间址寄存器的前缀标志;

C——进位标志位,它是布尔处理机的累加器,也称为位累加器;

/——加在位地址的前面,表示对该位先求反再参与操作,但不影响该位的值;

(X)——由 X 指定的寄存器或地址单元中的内容;

((X))——以 X 寄存器的内容作为地址的存储单元的内容;

$——本条指令的起始地址;

←——指令操作流程,将箭头右边的内容送到箭头左边的单元中。

3.2.2 寻址方式

在指令系统中,操作数是一个重要的组成部分,它指出了参加运算的数或数所在的单元地址。寻址就是寻找操作数的地址,寻址方式则指出寻找操作数地址的方式、方法。寻址方式越多,计算机的功能越强,灵活性亦大,但指令系统也就较复杂。

寻址方式是汇编语言程序设计中最基本的内容之一,必须十分熟悉,牢固掌握。第 2 章已经介绍过 MCS-51 系列单片机系统的存储器分布,在学习寻址方式时,要特别注意在各种不同的存储区中,分别可以采用什么寻址方式。MCS-51 系列单片机提供了 7 种寻址方式。

1. 立即寻址

所谓立即寻址就是在指令中直接给出操作数。通常把出现在指令中的操作数称为立即数。为了与直接寻址指令中的直接地址相区别,在立即数前面加"♯"标志。立即寻址一般用于为寄存器或存储器赋常数初值。例如:

$$\text{MOV A,♯3AH} \qquad ;(A)←3AH$$

其中,3AH 就是立即数,该指令功能是将 3AH 这个数本身送入累加器 A 中。

2. 直接寻址

在指令中直接给出操作数地址,这就是直接寻址方式。指令操作数是存储器单元地址,数据放在存储器单元中。直接寻址方式对数据操作时,地址是固定值,而地址所指定的单元内容为变量形式。例如:

$$\text{MOV A,3AH} \qquad ;(A)←(3AH)$$

其中,3AH 表示直接地址,其操作示意图如图 3-1 所示,该指令用于把内部 RAM 地址为 3AH 单元中的内容 68H 传送给累加器 A。

直接寻址方式可访问以下存储空间:

(1)内部 RAM 低 128 个字节单元,在指令中直接地址以单元地址的形式给出;

(2)SFR,其直接地址还可以用 SFR 的符号名称来表示。

图 3-1 直接寻址示意图

应注意:直接寻址是访问 SFR 的唯一方法。

3. 寄存器寻址

寄存器寻址以寄存器的内容作为操作数。因此只要在指令的操作数位置上指定了寄存器就能得到操作数,例如:

$$\text{MOV A,R0} \qquad ;(A)←(R0)$$
$$\text{MOV R2,A} \qquad ;(R2)←(A)$$

前一条指令是将 R0 寄存器的内容送到累加器 A 中。后一条指令是把累加器 A 中的内容传送到 R2 寄存器中。

　　由于寄存器在 CPU 内部,所以采用寄存器寻址可以获得较高的运算速度。采用寄存器寻址方式的指令都是单字节指令,指令中以符号名称来表示寄存器。可以作寄存器寻址的寄存器有 R0～R7、A、寄存器 B 和数据指针 DPTR。

4. 寄存器间接寻址

　　所谓寄存器间接寻址就是以寄存器中的内容作为 RAM 地址,该地址中的内容才是操作数。寄存器间接寻址也需要在指令中指定某个寄存器,也是以符号名称来表示寄存器的,为了区别寄存器寻址和寄存器间接寻址,在寄存器名称前加"@"标志来表示寄存器间接寻址,例如:

　　　　　　MOV A,@R0　　　　;(A)←((R0))

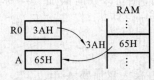

图 3-2　寄存器间接寻址示意图

其操作示意图如图 3-2 所示。此时 R0 寄存器的内容 3AH 是操作数地址,内部 RAM 的 3AH 单元的内容 65H 才是操作数,并把该操作数传送到累加器 A 中,结果(A)=65H。若是寄存器寻址指令:

　　　　　　MOV A,R0　　　　;(A)←(R0)

则执行结果(A)=3AH。对这两类指令的区别和用法,一定要区分清楚。

　　能用于间接寻址的寄存器有 R0、R1、DPTR、SP。其中,R0、R1 必须是工作寄存器组中的寄存器,SP 仅用于堆栈操作。间接寻址可以访问的存储器空间包括内部 RAM 和外部 RAM。

　　(1) 内部 RAM 的低 128 个单元采用 R0、R1 作为间址寄存器。

　　(2) 外部 RAM 的寄存器间接寻址有 2 种形式:一种是采用 R0、R1 作为间址寄存器,可寻址 256 个单元;另一种是采用 16 位的 DPTR 作为间址寄存器,可寻址外部 RAM 的整个 64 KB 地址空间,如图 3-3 所示。

寄存器间接寻址方式	高地址单元(65280 个) (0FFFFH～0100H)	低地址单元(256 个) (00FFH～0000H)
以 R0 或 R1 作间址寄存器		←——→
以 DPTR 作间址寄存器	←——————————————————→	

图 3-3　寄存器间接寻址空间

例如:

　　　　　　MOV @R0,A　　　　;(A)=34H,(R0)=30H,内部 RAM((R0))←(A)

其指令操作过程如图 3-4(a)所示。

　　　　　　MOVX @DPTR,A　;(A)=30H,(DPTR)=2000H,外部 RAM((DPTR))←(A)

其指令操作过程如图 3-4(b)所示。

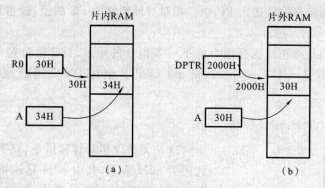

图 3-4 指令操作过程示意图

对于 MCS-52 子系列的单片机,其内部 RAM 是 256 B,其高 128 B 地址与 SFR 的地址是重叠的。在使用上,对 MCS-52 子系列的高 128 B RAM,必须采用寄存器间接寻址方式访问,对 SFR 则必须采用直接寻址方式访问。

5. 变址寻址

变址寻址以 DPTR 或 PC 作基址寄存器,以累加器 A 作变址寄存器(存放地址偏移量),并以二者内容相加形成的 16 位地址作为操作数地址(ROM 中地址)。

$$数据地址＝基地址＋偏移量$$

例如:

```
MOVC A,@A+DPTR        ;(A)←((A)+(DPTR))
MOVC A,@A+PC          ;(A)←((A)+(PC))
```

第 1 条指令的功能是将 A 的内容与 DPTR 的内容相加之和作为操作数地址(即程序存储器的 16 位地址),把该地址中的内容送入累加器 A 中,如图 3-5 所示。第 2 条指令的功能是将 A 的内容与 PC 的内容相加之和作为操作数地址,把该地址中的内容送入累加器 A 中。

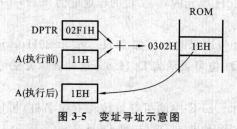

图 3-5 变址寻址示意图

这 2 条指令常用于访问程序存储器中的数据表格,且都为单字节指令。

6. 相对寻址

相对寻址只在相对转移指令中使用,指令中给出的操作数是相对地址偏移量 rel。相对寻址就是将程序计数器 PC 的当前值与指令中给出的偏移量 rel 相加得到的,其结果作为转移地址送入 PC 中。相对寻址能修改 PC 的值,故可用来实现程序的分支转移。

PC 当前值是指正在执行指令的下一条指令的地址。rel 是带符号的 8 位二进制数,取值范围是 $-128 \sim +127$,故 rel 给出了相对于 PC 当前值的跳转范围。例如:

2000H:SJMP 54H

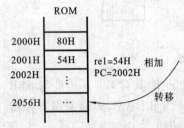

图 3-6 相对寻址示意图

这是无条件相对转移指令、双字节指令,指令代码为 80H、54H,其中 80H 是该指令的操作码,54H 是偏移量。现假设此指令所在地址为 2000H,执行此指令时,PC 当前值为 2000H + 02H,则转移地址为 2000H + 02H + 54H = 2056H。

故指令执行后,PC 的值变为 2056H,程序的执行发生了转移,其寻址方式如图 3-6 所示。

7. 位寻址

在指令的操作数位置上直接给出位地址,这种寻址方式称为位寻址。MCS-51 系列单片机的特色之一是具有位处理功能,可对寻址的位单独进行各种操作,例如:

MOV C,30H   ;(CY)←(位地址 30H)

该指令的功能是把位地址 30H 中的值(0 或 1)传送到位累加器 CY 中。

MCS-51 系列单片机的内部 RAM 有 2 个区域可以位寻址:一个是位寻址区 20H~2FH 单元的 128 位;另一个是字节地址能被 8 整除的 SFR 的相应位。

在 MCS-51 系列单片机中,位地址有以下几种表示方式。

(1)直接使用位地址。对于 20H~2FH 共 16 个单元的 128 位,其位地址编号是 00H~7FH,例如,20H 单元的 0~7 位的位地址为 00H~07H,而 SFR 可寻址的位地址如表 2-4 所示。

(2)用单元地址加位序号表示。如 25H.5 表示 25H 单元的 D5 位(位地址是 2DH),而 PSW 中的 D3 位可表示为 D0H.3。这种表示方法可以避免查表或计算,比较方便。

(3)用位名称表示。SFR 中的可寻址位均有位名称,可以用位名称来表示该位。如可用 RS0 表示 PSW 中的 D3 位,即 D0H.3。

(4)对 SFR 可直接用寄存器符号加位序号表示。如 PSW 中的 D3 位又可表示为 PSW.3。

习惯上,对于 SFR 的寻址位常使用位名称表示其位地址。以上各种寻址方式总结如表 3-1 所示。

表 3-1　寻址方式及其相应寻址空间的关系

寻址方式	利用的变量	寻址范围
立即寻址	#data	ROM
直接寻址	direct	片内 RAM 低 128 B
		SFR
寄存器寻址	R0～R7、A、B、CY、DPTR	片内 RAM
寄存器间接寻址	@R0、@R1、SP	片内 RAM
	@R0、@R1、@DPTR	片外 RAM 及 I/O 口
变址寻址	@A+PC、@A+DPTR	ROM
相对寻址	PC+rel	ROM
位寻址	bit	片内 RAM 中 20H～2FH 的 128 B 可寻址位
		SFR 的 93 个可寻址位

3.2.3　指令系统

1. 数据传送类指令

数据传送类指令是最常用、最基本的一类指令。数据传送类指令的功能是把源操作数传送到目的操作数,指令执行后,源操作数不变,目的操作数被源操作数所代替。这类指令主要用于数据的传送、保存及交换数据等场合。

在 MCS-51 系列单片机的指令系统中,各类数据传送指令共有 29 条。

1) 内部 RAM 数据传送指令

内部 RAM 的数据传送指令共有 16 条,包括累加器、寄存器、SFR、RAM 单元之间的数据相互传送指令。

(1) 以累加器 A 为目的操作数的数据传送指令:

```
MOV A,#data        ;(A)←data
MOV A,direct       ;(A)←(direct)
MOV A,Rn           ;(A)←(Rn)
MOV A,@Ri          ;(A)←((Ri))
```

这组指令的功能是将源操作数所指定的内容送入累加器 A 中。源操作数可以采用立即寻址、直接寻址、寄存器寻址和寄存器间接寻址这 4 种寻址方式进行操作。

(2) 以寄存器 Rn 为目的操作数的数据传送指令:

```
MOV Rn,A           ;(Rn)←(A)
MOV Rn,#data       ;(Rn)←data
MOV Rn,direct      ;(Rn)←(direct)
```

这组指令的功能是将源操作数所指定的内容送到当前工作寄存器组 R0～R7 中的某个寄存器中。源操作数可以采用寄存器寻址、立即寻址和直接寻址这 3 种寻址方式进行操作。

注意 没有"MOV Rn,Rn"指令,也没有"MOV Rn,@Ri"指令。

【例 3-1】 已知(A)＝50H,(R1)＝10H,(R2)＝20H,(R3)＝30H,(30H)＝4FH,执行指令:

```
MOV R1,A              ;(R1)←(A)
MOV R2,30H            ;(R2)←(30H)
MOV R3,#85H           ;(R3)←85H
```

执行后:(R1)＝50H,(R2)＝4FH,(R3)＝85H。

(3) 以直接地址为目的操作数的数据传送指令:

```
MOV direct,A          ;(direct)←(A)
MOV direct,#data      ;(direct)←data
MOV direct1,direct2   ;(direct1)←(direct2)
MOV direct,Rn         ;(direct)←(Rn)
MOV direct,@Ri        ;(direct)←((Ri))
```

这组指令的功能是将源操作数所指定的内容送入由直接地址 direct 所指定的片内存储单元中。源操作数可以采用寄存器寻址、立即寻址、直接寻址和寄存器间接寻址这 4 种寻址方式进行操作。

【例 3-2】 已知(R0)＝60H,(60H)＝72H,现执行如下指令:

```
MOV 40H,@R0          ;(40H)←(60H)
```

指令执行过程如图 3-7 所示。执行结果为:(40H)＝72H。

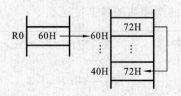

图 3-7 MOV 40H,@R0 执行示意图

(4) 以间接地址@Ri 为目的操作数的数据传送指令:

```
MOV @Ri,A            ;((Ri))←(A)
MOV @Ri,#data        ;((Ri))←data
MOV @Ri,direct       ;((Ri))←(direct)
```

这组指令的功能是把源操作数所指定的内容送入以 R0 或 R1 为地址指针的片内 RAM 单元中。源操作数可以采用寄存器寻址、立即寻址和直接寻址这 3 种方式进行操作。

注意　没有"MOV @Ri,Rn"指令。

【例 3-3】　已知((R1))=30H,(A)=20H,执行指令:

$$MOV @R1,A \qquad ;((30H))←(A)$$

执行结果为:((30H))=20H。

(5) 以 DPTR 为目的操作数的数据传送指令:

$$MOV DPTR,♯data16 \quad ;(DPTR)←data16$$

这是 MSC-51 系列单片机指令系统中唯一的 1 条 16 位立即数传送指令,其功能是将外部存储器(RAM 或 ROM)某单元地址作为立即数送到 DPTR 中,立即数的高 8 位送 DPH,低 8 位送 DPL。

(6) 在学习、使用上述各条指令时,需注意以下几点。

① 要区分各种寻址方式的含义,正确传送数据。

【例 3-4】　若(R0)=30H,(30H)=50H 时,注意以下指令的执行结果:

```
MOV A,R0          ;(A)=30H (1 个字节)
MOV A,30H         ;(A)=50H (2 个字节)
MOV A,♯30H        ;(A)=30H (2 个字节)
MOV 30H,♯0FH      ;(30H)=0FH (3 个字节)
MOV DPTR,♯2000H   ;(DPH)=20H,(DPL)=00H (3 个字节)
```

② 所有传送指令都不影响标志位。这里所说的标志位是指 CY、AC 和 OV。涉及累加器 A 的,将影响奇偶标志位 P。

③ 估算指令的字节数:指令中,凡是既不包含直接地址,又不包含 8 位立即数的指令均为单字节指令;若包含 1 个直接地址或 8 位立即数,则指令字节数为 2;若包含 2 个这样的操作数,则指令字节数为 3。例如:

```
MOV A,@R0         ;1 个字节
MOV A,direct      ;2 个字节
MOV direct,♯data  ;3 个字节
MOV DPTR,♯data16  ;4 个字节
```

2) 访问外部 RAM 的数据传送指令

CPU 与外部 RAM 或 I/O 口进行数据传送,必须采用寄存器间接寻址的方式,并通过累加器 A 来传送。这类指令共有如下 4 条。

```
MOVX A,@DPTR      ;(A)←((DPTR))
MOVX @DPTR,A      ;((DPTR))←(A)
MOVX A,@Ri        ;(A)←((Ri))
```

```
MOVX  @Ri,A          ;((Ri))←(A)
```

前 2 条指令是以 DPTR 作为间址寄存器的,其功能是在 DPTR 所指定的外部 RAM 单元与累加器 A 之间传送数据。由于 DPTR 是 16 位地址指针,因此其寻址范围可达片外 RAM 64 KB 空间。后 2 条指令是以 R0 或 R1 作为间址寄存器的,其功能是在 R0 或 R1 所指定的外部 RAM 单元与累加器 A 之间传送数据。由于 R0 或 R1 是 8 位地址指针,因此其寻址范围仅限于外部 RAM 256 B 单元。

【例 3-5】 试编程,将片外 RAM 的 2000H 单元内容送入片外 RAM 的 0200H 单元中。

解 片外 RAM 与片外 RAM 之间不能直接传送数据,需通过累加器 A 传送;另外,当片外 RAM 地址值大于 FFH 时,需用 DPTR 作为间址寄存器。编程如下:

```
MOV DPTR,♯2000H    ;源数据地址 2000H 送 DPTR
MOVX A,@DPTR       ;从外部 RAM 2000H 单元中取数送 A
MOV DPTR,♯0200H    ;目的地址 0200H 送 DPTR
MOVX @DPTR,A       ;A 中内容送外部 RAM 0200H 单元中
```

3) 程序存储器向累加器 A 传送数据指令

例如:

```
MOVC A,@A+DPTR  ;(A)←((A)+(DPTR))
MOVC A,@A+PC    ;(A)←((A)+(PC))
```

这 2 条指令的功能是从程序存储器中读取源操作数,送入累加器 A 中。源操作数均为变址寻址方式。这 2 条指令都是单字节指令。

这 2 条指令特别适合于读取在 ROM 中建立的数据表格,也称为查表指令。虽然这 2 条指令实现的功能完全相同,但在具体使用中却有一点差异。

第 1 条指令采用 DPTR 作为基址寄存器,在使用前,可以很方便地将 16 位地址(表格首地址)送入 DPTR,实现在整个 64 KB ROM 空间向累加器 A 的数据传送,即数据表格可以存放在 64 KB ROM 的任意位置,因此,这一条指令称为远程查表指令。

第 2 条指令以 PC 作为基址寄存器。在程序中,执行该查表指令时 PC 值是确定的,为下一条指令的地址,而不是表格首地址,这样基址与实际要读取的数据表格首地址就不一致,使得 A+PC 与实际要访问的单元地址不一致,因此,在使用该指令之前,必须用 1 条加法指令进行地址调整。由于 PC 的内容不能随意改变,所以只能借助累加器 A 来进行调整,即通过对累加器 A 加 1 个数,使得 A+PC 和所读 ROM 单元地址保持一致。

【例 3-6】 若在外部 ROM 中 2000H 单元存放 0～9 的平方值 0,1,4,9,…,81,要求根据累加器 A 中的值 0～9,来查找所对应的平方值,并存入 60H 单元中。

解 (1) 用 DPTR 作基址寄存器:

```
MOV DPTR,#2000H        ;表格首地址 2000H 送 DPTR
MOVC A,@A+DPTR         ;根据表格首地址及 A 中的值确定地址,取数送 A
MOV 60H,A              ;存结果到 60H
```

此处(A)+(DPTR)为所查平方值所存地址。

(2) 用 PC 作为基址寄存器,在 MOVC 指令之前先用 1 条加法指令进行地址调整:

```
ADD A,#data           ;(A)+data,作地址调整
MOVC A,@A+PC          ;(A)+data+(PC),确定查表地址,取数送 A
MOV 60H,A             ;存结果到 60H
RET
2000H:DB 0,1,4,9,16,25,36,…,81
```

执行 MOVC 指令时,PC 已指向下一条指令地址,很显然,PC 的内容不是要查找的表格首地址 2000H,二者之间存在地址差,因此需进行地址调整,使其能指向表格首地址,由于 PC 的内容不能随意改变,所以只能借助累加器 A 来调整,故在执行 MOVC 指令之前,先执行对累加器 A 的加法操作,其中#data 的值要根据执行 MOVC 指令后的地址和数据表格首地址之间的地址差确定,也就是由 MOVC 下边的指令与数据表格首地址之间其他指令所占的字节数之和来确定。在本例中,地址差是 03,即 data=03H。

4) 数据交换指令

数据交换指令共有 5 条,可完成累加器和内部 RAM 单元之间的整字节或半字节交换。

(1) 整字节交换指令有 3 条,完成累加器 A 与内部 RAM 单元内容的整字节交换。

```
XCH A,Rn              ;(A)←→(Rn)
XCH A,direct          ;(A)←→(direct)
XCH A,@Ri             ;(A)←→((Ri))
```

(2) 半字节交换指令:

```
XCHD A,@Ri            ;(A3~0)←→((R3~R0))
```

该指令的功能是将累加器 A 的低 4 位和 Ri 间接寻址单元的低 4 位交换,而各自的高 4 位内容都保持不变。

(3) 累加器高低半字节交换指令:

```
SWAP A               ;(A7~A4)←→(A3~A0)
```

由于十六进制数或 BCD 码都是以 4 位二进制数表示的,因此 SWAP 指令主要用于

实现十进制数或 BCD 码的数位交换。

【例 3-7】 试编程,将外部 RAM 1000H 单元中的数据与内部 RAM 6AH 单元中的数据相互交换。

解 数据交换指令只能完成累加器 A 和内部 RAM 单元之间的数据交换,要完成外部 RAM 与内部 RAM 之间的数据交换,需先把外部 RAM 中的数据取到累加器 A 中,交换后再送回到外部 RAM 中。编程如下:

```
MOV DPTR,#1000H      ;外部 RAM 1000H 地址送 DPTR
MOVX A,@DPTR         ;从外部 RAM 1000H 单元中取数送 A
XCH A,6AH            ;A 中内容与 6AH 地址中的内容交换
MOVX @DPTR,A         ;交换结果送外部 RAM 1000H 单元
```

5) 堆栈操作指令

所谓堆栈是在片内 RAM 中按"先进后出,后进先出"原则设置的专用存储区。数据的进栈、出栈由指针 SP 统一管理。堆栈操作指令可实现对数据或断点地址的保护,它有如下 2 条专用指令:

```
PUSH direct          ;(SP)←(SP)+1,((SP))←(direct)
POP direct           ;(direct)←((SP)),(SP)←(SP)-1
```

前一条指令是进栈指令,其功能是先将栈指针 SP 的内容加 1,使它指向栈顶空单元,然后将直接地址 direct 单元的内容送入栈顶空单元。后一条指令是出栈指令,其功能是将 SP 所指的单元内容送入直接地址所指的单元中,然后将栈指针 SP 的内容减 1,使之指向新的栈顶单元。

注意 进栈、出栈指令只能以直接寻址方式来取得操作数,不能用累加器或工作寄存器 Rn 作为操作数。

利用堆栈操作指令还可以完成数据的传送。

2. 算术运算类指令

MCS-51 系列单片机的算术运算类指令共有 24 条,可以完成加、减、乘、除等各种操作,全部指令都是 8 位数运算指令。如果需要作 16 位数的运算,则需编写相应的程序来实现。

算术运算类指令大多数要影响到程序状态字寄存器 PSW 中的溢出标志 OV、进位(借位)标志 CY、辅助进位标志 AC 和奇偶标志 P。利用进位(借位)标志 CY,可进行多字节无符号整数的加、减运算,利用溢出标志 OV 可对带符号数进行补码运算,利用辅助进位标志 AC 可进行 BCD 码运算的调整。

1) 加法指令

```
ADD A,#data          ;(A)←(A)+data
ADD A,direct         ;(A)←(A)+(direct)
```

```
ADD A,Rn              ;(A)←(A)+(Rn)
ADD A,@Ri             ;(A)←(A)+((Ri))
```

这组指令的功能是把源操作数所指出的内容与累加器 A 的内容相加,其结果存放在 A 中。源操作数的寻址方式有立即寻址、直接寻址、寄存器寻址和寄存器间接寻址。该组指令对 PSW 中 CY、AC、OV 和 P 影响情况如下。

进位标志 CY:在加法运算中,如 D7 位向上有进位,CY=1,否则 CY=0。

辅助进位标志 AC:在加法运算中,如 D3 位向上有进位,AC=1,否则 AC=0。

溢出标志 OV:在加法运算中,若 D7、D6 位只有一个向上有进位,则 OV=1;若 D7、D6 同时有进位或同时无进位,则 OV=0。

奇偶标志 P:当 A 中"1"的个数为奇数时,P=1;为偶数时,P=0。

【例 3-8】　设(A)=94H,(30H)=8DH,执行指令"ADD A,30H",操作如下:

$$
\begin{array}{r}
1\,0\,0\,1\,0\,1\,0\,0\\
+\,)\,1\,0\,0\,0\,1\,1\,0\,1\\
\hline
1\ 0\,0\,1\,0\,0\,0\,0\,1
\end{array}
$$

结果(A)=21H;(CY)=1;(AC)=1;(OV)=1;(P)=0。

参加运算的 2 个数,可以是无符号数(0~255),也可以是有符号数(-128~+127)。用户可以根据标志 CY 或 OV 来确定运算结果或判断结果是否正确。无符号数用 CY 表示进位、溢出(不考虑 OV),有符号数用 OV 表示溢出(不考虑 CY)。

例 3-8 中,若把 94H、8DH 看做无符号数,结果中 CY=1,表示运算结果发生了溢出(结果超出了 8 位),此时溢出的含义是向高位产生进位,所以确定结果时不能只看累加器 A 的内容,而应该把 CY 的值加到高位上,这样才可得到正确的结果,即结果为 121H;若把 94H、8DH 看做有符号数(补码表示的),结果中 OV=1,它表示运算结果发生了溢出,A 中的值是错误的结果。因为 2 个负数相加,结果却为正数,很显然是错误的。

2) 带进位加法指令

```
ADDC A,♯data          ;(A)←(A)+data+(CY)
ADDC A,direct         ;(A)←(A)+(direct)+(CY)
ADDC A,Rn             ;(A)←(A)+(Rn)+(CY)
ADDC A,@Ri            ;(A)←(A)+((Ri))+(CY)
```

这组指令的功能是把源操作数所指出的内容与累加器 A 的内容相加,再加上进位标志 CY 的值,其结果存放在 A 中。源操作数的寻址方式分别为立即寻址、直接寻址、寄存器寻址和寄存器间接寻址等 4 种。运算结果对 PSW 标志位的影响与 ADD 指令的相同。

需要说明的是,这里所加的进位标志 CY 的值是在该指令执行之前已经存在的进位标志值,而不是执行该指令过程中产生的进位标志值。

【**例 3-9**】 设(A)＝AEH,(R1)＝81H,(CY)＝1,执行指令"ADDC A,R1",则操作如下：

$$
\begin{array}{r}
10101110\\
10000001\\
+\,)\quad\quad\quad\quad\quad\quad 1 \leftarrow(CY)\\
\hline
1\,00110000
\end{array}
$$

结果：(A)＝30H,(CY)＝1,(OV)＝1,(AC)＝1,(P)＝0。

　　带进位加法指令主要用于多字节数的加法运算。因低位字节相加时可能产生进位,而在进行高位字节相加时,要考虑低位字节向高位字节的进位,因此,在进行高位字节相加时必须使用带进位的加法指令。

【**例 3-10**】 设有 2 个无符号 16 位二进制数,分别存放在 30H、31H 单元和40H、41H 单元(低 8 位先存)中,写出 2 个 16 位数的加法程序,将和存入 50H、51H单元(设和不超过 16 位)。

　　解　由于不存在 16 位数的加法指令,所以只能先加低 8 位,后加高 8 位,而在加高 8 位时要将低 8 位相加的进位一起相加,编程如下：

```
MOV  A,30H        ;取 1 个加数的低字节送 A 中
ADD  A,40H        ;2 个低字节数相加
MOV  50H,A        ;结果送 50H 单元
MOV  A,31H        ;取 1 个加数的高字节送 A 中
ADDC A,41H        ;高字节数相加,同时加低字节产生的进位
MOV  51H,A        ;结果送 51H 单元
```

3) 带借位减法指令

```
SUBB A,＃data     ;(A)←(A)－data－(CY)
SUBB A,direct     ;(A)←(A)－(direct)－(CY)
SUBB A,Rn         ;(A)←(A)－(Rn)－(CY)
SUBB A,@Ri        ;(A)←(A)－((Ri))－(CY)
```

这组指令的功能是将累加器 A 中的数减去源操作数所指出的数和进位位 CY,其结果存放在累加器 A 中。源操作数的寻址方式分别为立即寻址、直接寻址、寄存器寻址和寄存器间接寻址等 4 种。减法指令运算结果对 PSW 中各标志位的影响情况如下。

　　借位标志 CY:在减法运算中,如 D7 位向上需借位,则 CY＝1,否则 CY＝0。

　　半借位标志 AC:在减法运算中,如 D3 位向上需借位,则 AC＝1,否则 AC＝0。

　　溢出标志 OV:在减法运算中,若 D7、D6 位只有一个向上有借位,则 OV＝1;若D7、D6 位同时有借位或同时无借位,则 OV＝0。

　　奇偶标志 P:当 A 中"1"的个数为奇数时,P＝1;为偶数时,P＝0。

　　注意　减法运算只有带借位减法指令,而没有不带借位的减法指令。若要进行

低字节的减法运算,应该先用指令将 CY 清 0,然后执行 SUBB 指令。

需强调的一点是,减法运算在计算机中实际上变成补码相加的运算,下面举例说明。

【例 3-11】 设(A)=DBH,(R4)=73H,(CY)=1,执行指令"SUBB A,R4",则操作如下:

$$
\begin{array}{r}
1\ 1\ 0\ 1\ 1\ 0\ 1\ 1\ (\text{DBH}) \\
0\ 1\ 1\ 1\ 0\ 0\ 1\ 1\ (\text{73H}) \\
-)\qquad\qquad 1\ (\text{CY}) \\
\hline
0\ 1\ 1\ 0\ 0\ 1\ 1\ 1
\end{array}
\qquad
\begin{array}{r}
1\ 1\ 0\ 1\ 1\ 0\ 1\ 1 \\
1\ 0\ 0\ 0\ 1\ 1\ 0\ 1\ (-73\text{H 补码}) \\
+)\ 1\ 1\ 1\ 1\ 1\ 1\ 1\ 1\ (-1\text{补码}) \\
\hline
1\ 0\ 0\ 1\ 1\ 0\ 0\ 1\ 1\ 1
\end{array}
$$

$$\qquad\qquad (\text{a}) \text{ 常规减法} \qquad\qquad\qquad (\text{b}) \text{ 减法变补码相加}$$

结果:(A)=67H,(C)=0,(AC)=0,(OV)=1,(P)=1。

由例 3-11 中两式可见,2 种算法的最终结果是一样的。在此例中,若 DBH 和 73H 是 2 个无符号数,则结果 67H 是正确的;反之,若为 2 个带符号数,则由于产生 OV=1,因此结果是错误的,因为负数减正数其结果不可能是正数,OV=1 就指出了这一错误。

4)加 1 指令

```
INC A              ;(A)←(A)+1
INC direct         ;(direct)←(direct)+1
INC Rn             ;(Rn)←(Rn)+1
INC @Ri            ;(Ri)←((Ri))+1
INC DPTR           ;(DPTR)←(DPTR)+1
```

这组指令的功能是将操作数所指定单元的内容加 1。本组指令除"INC A"指令影响 P 标志外,其余指令均不影响 PSW 标志。

加 1 指令常用来修改操作数的地址,以便使用间接寻址方式。

5)减 1 指令

```
DEC A              ;(A)←(A)-1
DEC direct         ;(direct)←(direct)-1
DEC Rn             ;(Rn)←(Rn)-1
DEC @Ri            ;(Ri)←((Ri))-1
```

这组指令的功能是将操作数所指定单元的内容减 1。

加 1、减 1 指令均不影响 PSW 中的 OV、CY、AC 标志。除"DEC A"指令影响 P 标志外,其余指令均不影响 PSW 标志。

6)乘法指令

```
MUL AB             ;(BA)←(A)×(B)
```

这种指令的功能是把累加器 A 和寄存器 B 中的 2 个 8 位无符号数相乘,所得 16 位乘积的低 8 位放在 A 中,高 8 位放在 B 中。

乘法指令执行后会影响 3 个标志:若乘积小于 FFH(即 B 的内容为 0),则 OV=0,否则 OV=1。CY 总是被清 0。奇偶标志 P 仍按 A 中 1 的奇偶性来确定。

【例 3-12】 已知(A)=80H,(B)=32H,执行指令 MUL AB 后,结果为

$$(A)=00H,(B)=19H,(OV)=1,(CY)=0,(P)=0。$$

7) 除法指令

DIV AB   ;(A)←(A)÷(B)之商,(B)←(A)÷(B)之余数

这种指令的功能是对 2 个 8 位无符号数进行除法运算。其中被除数存放在累加器 A 中,除数存放在寄存器 B 中。指令执行后,商存于累加器 A 中,余数存于寄存器 B 中。

除法指令执行后也影响 3 个标志。若除数为 0(即 B=0)时,则 OV=1,表示除法没有意义;若除数不为 0,则 OV=0,表示除法正常进行。CY 总是被清 0;奇偶标志 P 仍按 A 中 1 的奇偶性来确定。

【例 3-13】 已知(A)=87H(135D),(B)=0CH(12D),执行指令 DIV AB 后,结果为

$$(A)=0BH,(B)=03H,(OV)=0,(CY)=0,(P)=1。$$

8) 十进制调整指令

DA A

该指令的功能是对 A 中刚进行的 2 个 BCD 码的加法结果自动进行修正。该指令只影响进位标志 CY。

有时希望计算机能存储十进制数,而且能进行十进制的运算,这时就要用 BCD 码来表示十进制数。

所谓 BCD 码就是采用 4 位二进制编码表示的十进制数。4 位二进制数共有 16 个编码,BCD 码是取它前 10 个编码 0000~1001 来代表十进制数的 0~9,这种编码称为 8421 BCD 码,简称 BCD 码。1 个字节可以存放 2 位 BCD 码(称为压缩的 BCD 码)。

调整原因:

(1) 相加结果大于 9,进入无效编码区;

(2) 相加结果有进位,跳过无效编码区。

调整方法:进行加"6"修正。

如果 2 个 BCD 码数相加,结果也是 BCD 码,则该加法运算称为 BCD 码加法。在 MCS-51 系列单片机中没有专门的 BCD 码加法指令,要进行 BCD 码加法运算,也要使用加法指令 ADD 或 ADDC。然而,计算机在执行 ADD 或 ADDC 指令时,是

按照二进制规则进行的,对于 4 位二进制数是按逢 16 进位的,而对于 BCD 码是逢 10 进位的,二者存在进位差。因此用 ADD 或 ADDC 指令进行 BCD 码相加时,可能会出现错误。例如:

$$
\begin{array}{r} 0011 \\ +)\ 0101 \\ \hline 1000 \end{array}
\qquad
\begin{array}{r} 0110 \\ +)\ 0101 \\ \hline 1101 \end{array}
\qquad
\begin{array}{r} 1000 \\ +)\ 0101 \\ \hline 1\ 0001 \end{array}
$$

(a) 3+5=8 　　(b) 6+7=13 　　(c) 8+9=17

在上述 3 组运算中,(a)的运算结果是正确的,因为 8 的 BCD 码就是 1000;(b)的运算结果是错误的,因为 13 的 BCD 码应是 00010011,但运算结果却是 1101,BCD 码中没有这个编码;(c)的运算结果也是错误的,因为 17 的 BCD 码应是 00010111,而运算结果是 00010001。

由此可知,当运算结果大于 16 或为 10~16 时,都将出现错误结果,因此要对结果进行修正,这就是所谓的十进制调整问题。

使用"DA A"指令可修正这种错误,它能自动调整运算结果。实际上,计算机在遇到十进制调整指令时,中间结果的修正是由 ALU 硬件中的十进制调整电路自动进行的。因此,用户不必考虑它是怎样调整的。使用时只需在上述加法指令后面紧跟"DA A"指令即可。

注意　在执行"DA A"指令之后,若 CY=1,则表明相加后的和已等于或大于十进制数 100。

【例 3-14】　试编写程序,实现 95+59 的 BCD 码加法,并将结果存入 30H、31H 单元。

```
MOV A, #95        ;95 的 BCD 码数送 A 中
ADD A, #59        ;2 个 BCD 码相加,结果在 A 中
DA A              ;对相加结果进行十进制调整
MOV 30H, A        ;十位、个位的 BCD 码之和送 30H
MOV A, #00H       ;A 清 0
ADDC A, #00H      ;加进位(百位的 BCD 码)
DA A              ;BCD 码相加后,用调整指令
MOV 31H, A        ;存进位
```

第一次执行"DA A"指令的结果为 A=54H,CY=1;最终结果为(31H)=01H,(30H)=54H。

需要指出的是,"DA A"指令只能用在加法指令的后面。若要进行 BCD 码减法运算,也应该进行调整,但 MCS-51 系列单片机不存在十进制减法调整指令,为了进行十进制减法运算,可用加减数的补数来进行,2 位十进制数是对 100 取补的。例如,减法 60-30=30,也可以改为补数相加为

$$60+(100-30)=130$$

丢掉进位后,就得到正确的结果。

在实际运算时,不可能用 9 位二进制数来表示十进制数 100,因为 CPU 是 8 位的。为此,可用 8 位二进制数 10011010(9AH)来代替。因为这个二进制数经过十进制调整就是 10000000。因此,十进制无符号数的减法运算可按以下步骤进行:

(1) 求减数的补数,即 9AH－减数;

(2) 被减数与减数的补数相加;

(3) 对第(2)步的和进行十进制调整,就得到所求的十进制减法运算结果。

这里用"补数"而没有用"补码",这是为了和带有符号位的补码相区别。由于现在操作数都是正数,没有必要再加符号位,故称"补数"更为合适。

【例 3-15】　编写程序实现十进制减法,计算 87－38。

```
CLR C          ;减法之前,先清 CY
MOV A,♯9AH     ;9AH(即 100)送 A 中
SUBB A,♯38H    ;做减法,38 的补数送 A 中
ADD A,♯87H     ;38 的补数与 87 做加法
DA A           ;对相加结果进行调整
```

分析

10011010(94H)	01100010	11101001
－)00111000(38H)	＋)10000111	＋)01100000
01100010	11101001	101001001
(a) 减数求补数	(b) 与被减数相加	(c) 十进制调整

去掉进位,取调整结果的低 8 位,即得结果为十进制数 49,显然这是正确的结果。

3. 逻辑运算及移位类指令

逻辑运算的特点是按位进行操作。逻辑运算包括与、或、异或等 3 种,每种都有 6 条指令。此外还有移位指令,以及对累加器 A 清 0 和求反指令、逻辑运算及移位类指令,共有 24 条。

1) 逻辑与运算指令

```
ANL A,♯data       ;(A)←(A)∧data
ANL A,direct      ;(A)←(A)∧(direct)
ANL A,Rn          ;(A)←(A)∧(Rn)
ANL A,@Ri         ;(A)←(A)∧((Ri))
ANL direct,A      ;(direct)←(direct)∧(A)
ANL direct,♯data  ;(direct)←(direct)∧data
```

这组指令中,前 4 条指令是将累加器 A 的内容和源操作数所指出的内容按位相与,结果存放在 A 中;后 2 条指令是将直接地址单元中的内容和源操作数所指出的

内容按位相与,结果存入直接地址所指定的单元中。

指令应用:将某些位屏蔽(即使之为"0")。

方法:将要屏蔽的位和"0"相与,要保留不变的位和"1"相与。

2) 逻辑或运算指令

```
ORL A,#data          ;(A)←(A)∨data
ORL A,direct         ;(A)←(A)∨(direct)
ORL A,Rn             ;(A)←(A)∨(Rn)
ORL A,@Ri            ;(A)←(A)∨((Ri))
ORL direct,A         ;(direct)←(direct)∨(A)
ORL direct,#data     ;(direct←)(direct)∨data
```

这组指令中,前 4 条指令是将累加器 A 的内容和源操作数所指出的内容按位相或,结果存放在 A 中;后 2 条指令是将直接地址单元中的内容和源操作数所指出的内容按位相或,结果存入直接地址所指定的单元中。

指令应用:将某些位置位(即使之为"1")。

方法:将要置位的位和"1"相或,要保留不变的位和"0"相或。

【例 3-16】　将累加器 A 的低 4 位送到 P1 口的低 4 位输出,而 P1 的高 4 位保持不变。

解　这种操作不能简单地用 MOV 指令实现,而可以借助与、或逻辑运算实现。编程如下:

```
ANL A,#0FH           ;屏蔽 A 的高 4 位,保留低 4 位
ANL P1,#0F0H         ;屏蔽 P1 的低 4 位,保留高 4 位
ORL P1,A             ;通过或运算,完成所需操作
```

3) 逻辑异或运算指令

```
XRL A,#data          ;(A)←(A)⊕data
XRL A,direct         ;(A)←(A)⊕(direct)
XRL A,Rn             ;(A)←(A)⊕)(Rn)
XRL A,@Ri            ;(A)←(A)⊕((Ri))
XRL direct,A         ;(direct)←(direct)⊕(A)
XRL direct,#data     ;(direct)←(direct)⊕data
```

这组指令中,前 4 条指令是将累加器 A 的内容和源操作数所指出的内容按位异或运算,结果存放在 A 中;后 2 条指令是将直接地址单元中的内容和源操作数所指出的内容按位异或运算,结果存入直接地址所指定的单元中。

指令应用:将某些位取反。

方法:将需求反的位和"1"相异或,要保留的位和"0"相异或。

【例 3-17】　试编程,使内部 RAM 30H 单元中的低 2 位清 0,高 2 位置 1,其余 4

位取反。

解　　　　ANL 30H,♯0FCH　　　;30H 单元中低 2 位清 0
　　　　　　　ORL 30H,♯0C0H　　　;30H 单元中高 2 位置 1
　　　　　　　XRL 30H,♯3CH　　　 ;30H 单元中间 4 位变反

4）累加器清 0、取反指令

累加器清零指令如下：

　　　　　　　CLR A　　　　　　　　　;A←0

累加器按位取反指令如下：

　　　　　　　CPL A　　　　　　　　　;A←($\overline{A}$)

清零和取反指令只有累加器 A 才有，它们都是单字节指令；如果用其他方式来达到清 0 或取反的目的，则用的都为双字节的指令。

MCS-51 系列单片机只有对 A 的取反指令，没有求补指令。若要进行求补操作，可按"求反加 1"来进行。

以上所有的逻辑运算指令，对 CY、AC 和 OV 标志都没有影响，只在涉及累加器 A 时，才会影响奇偶标志 P。

5）循环移位指令

移位指令只能对累加器 A 进行移位，共有循环左移、循环右移、带进位的循环左移和带进位的循环右移 4 种。

循环左移指令为

　　　　　　　RL A　　　;(Ai+1)←(Ai),(A0)←(A7)

循环右移指令为

　　　　　　　RR A　　　;(Ai)←(Ai+1),(A7)←(A0)

带进位循环左移指令为

　　　　　　　RLC A　　　;(A0)←(CY),(Ai+1)←(Ai),(CY)←(A7)

带进位循环右移指令为

　　　　　　　RRC A ;(A7)←(CY),(Ai)←(Ai+1),(CY)←(A0)

前 2 条指令的功能分别是将累加器 A 的内容循环左移或右移 1 位，执行后仅影响 PSW 中的 P 标志；后 2 条指令的功能分别是将累加器 A 的内容和进位位 CY 一起循环左移或循环右移 1 位，执行后影响 PSW 中的 CY 标志和 P 标志。

以上移位指令，可用图形表示，如图 3-8 所示。

【**例 3-18**】　设(A)=08H，分析下面程序执行结果。

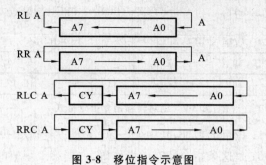

图 3-8 移位指令示意图

(1)　　RL A　　　　　　　　;A 的内容左移 1 位,结果(A)＝10H
　　　　RL A　　　　　　　　;A 的内容左移 1 位,结果(A)＝20H
　　　　RL A　　　　　　　　;A 的内容左移 1 位,结果(A)＝40H

即左移 1 位,相当于原数乘 2(原数小于 80H 时)。

(2)　　RR A　　　　　　　　;A 的内容右移 1 位,结果(A)＝04H
　　　　RR A　　　　　　　　;A 的内容右移 1 位,结果(A)＝02H
　　　　RR A　　　　　　　　;A 的内容右移 1 位,结果(A)＝01H

即右移 1 位,相当于原数除以 2(原数为偶数时)。

4. 控制转移类指令

通常情况下,程序的执行是按顺序进行的,这是 PC 自动加 1 实现的。有时因任务要求,需要改变程序的执行顺序,这时就需要改变程序计数器 PC 中的内容,这种情况称为程序转移。控制转移类指令都能改变程序计数器 PC 的内容。

MCS-51 系列单片机有比较丰富的控制转移指令,包括无条件转移指令、条件转移指令和子程序调用及返回指令。这类指令的特点:自动改变 PC 的内容,使程序发生转移。这类指令一般不影响标志位。

1) 无条件转移指令

MCS-51 系列单片机有 4 条无条件转移指令,提供了不同的转移范围,可使程序无条件地转到指令所提供的地址上去。

(1) 长转移指令。

　　　　LJMP addr16　　　　　　;(PC)←addr16

该指令在操作数位置上提供了 16 位目的地址 addr16,其功能是把指令中给出的 16 位目的地址 addr16 送入程序计数器 PC,使程序无条件转移到 addr16 处执行。16 位地址可寻址 64 KB ROM,所以这条指令可转移到 64 KB 程序存储器的任何位置,故称为长转移指令,长转移指令是三字节指令,依次是操作码、高 8 位地址和低 8 位地址。

(2) 绝对转移指令。

AJMP addr11   ;(PC)←(PC)+2,(PC10~0)←addr11

这是双字节指令,其指令格式如图 3-9 所示。

a10	a9	a8	0	0	0	0	1
a7	a6	a5	a4	a3	a2	a1	a0

图 3-9   绝对转移指令指令格式

指令中提供了 11 位目的地址,其中 a7~a0 在第 2 字节,a10~a8 则占据第 1 字节的高 3 位,而 00001 是这条指令特有的操作码,占据第 1 字节的低 5 位。

绝对转移指令的执行分为如下两步。第一步,取指。此时 PC 自身加 2 指向下一条指令的起始地址(称为 PC 当前值)。第二步,用指令中给出的 11 位地址替换 PC 当前值的低 11 位,PC 高 5 位保持不变,形成新的 PC 值,即转移的目的地址。

11 位地址的范围为 00000000000~11111111111,即可转移的范围是 2 KB。转移可以向前也可以向后,如图 3-10 所示。但要注意的是,转移到的位置必须要与 PC+2 的地址在同一个 2 KB 区域内。例如,AJMP 指令地址为 1FFFH,加 2 以后为 2001H,因此,可以转移的区域为 2000H~27FFH。

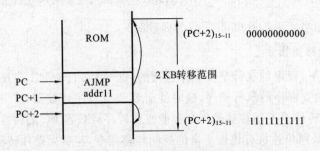

图 3-10   AJMP 指令转移范围

【**例 3-19**】   分析下面绝对转移指令的执行情况。

        1234H:AJMP 0781H

解   在指令执行前,(PC)=1234H;取出该指令后,(PC)+2 形成 PC 当前值,它等于 1236H,即 0001001000110110B,指令执行过程就是用指令给出的 11 位地址 11110000001B 替换 PC 当前值的低 11 位,即新的 PC 值为 1781H,因为地址 1236H 与 1781H 处于同一个 2 KB 地址范围内,所以指令转移到目的地址 1781H 处执行程序。

注意   只有转移的目的地址与 PC 当前值在 2 KB 范围之内,才可使用 AJMP 指令,超出 2 KB 范围,应使用长转移指令 LJMP。

(3) 短转移指令。

        SJMP rel   ;(PC)←(PC)+2,(PC)←(PC)+rel

SJMP 是无条件相对转移指令,该指令为双字节指令,rel 是相对转移偏移量。指令的执行分两步完成:第一步,取指。此时 PC 自身加 2 形成 PC 的当前值;第二步,将 PC 当前值与偏移量 rel 相加形成转移的目的地址送 PC 中,即

$$目的地址 = (PC) + 2 + rel$$

其中,rel 是带符号的相对偏移量,其范围为 $-128 \sim +127$,负数表示向后转移,正数表示向前转移。

这条指令的优点是:指令给出的是相对转移地址,不具体指出地址值。这样,当程序地址发生变化时,只要相对地址不发生变化,该指令就不需要作任何改动。

通常,在用汇编语言编写程序时,在 rel 位置上直接以符号地址形式给出转移的目的地址,而由汇编程序在汇编过程中自动计算和填入偏移量,省去人工计算偏移量的工作。

(4) 变址寻址转移指令(又称散转指令、间接转移指令)。

```
       JMP @A+DPTR          ;(PC)←(A)+(DPTR)
```

该指令采用的是变址寻址方式,其功能是把累加器 A 中的 8 位无符号数与基址寄存器 DPTR 中的 16 位地址相加,所得的和作为目的地址送入 PC。指令执行后不改变 A 和 DPTR 中的内容,也不影响任何标志位。

该指令的特点是转移地址可以在程序运行中加以改变。例如,在 DPTR 中装入多分支转移指令表的首地址,而由累加器 A 中的内容来动态选择应转向哪一条分支,实现由 1 条指令完成多分支转移的功能。

【例 3-20】 设累加器 A 中存有用户从键盘输入的键值 0~3 中的某一个,键处理程序分别存放在 KPRG0、KPRG1、KPRG2、KPRG3 位置处,试编写程序,根据用户输入的键值,转入相应的键处理程序。

```
解      MOV DPTR,♯JPTAB  ;转移指令表首地址 JPTAB 送 DPTR
        RL A              ;键值×2,AJMP 指令占 2 个字节
        JMP @A+DPTR       ;JPTAB+2×键值,和送入 PC 中,则程序转移到表中某
                            一位置去执行 AJMP 指令
JPTAB:AJMP KPRG0
        AJMP KPRG1
        AJMP KPRG2
        AJMP KPRG3
    KPRG0:
        ⋮
    KPRG1:
        ⋮
    KPRG2:
        ⋮
```

KPRG3：

　　　　　⋮

2）条件转移指令

条件转移指令是指当满足某种条件时，转移才进行，而条件不满足时，程序就按原顺序往下执行的指令。条件转移指令有两个共同特点：一是所有的条件转移指令都属于相对转移指令，转移范围相同，都在以 PC 当前值为基准的 256 B 范围内（−128～＋127）；二是计算转移地址的方法相同，即

$$转移地址＝PC \text{ 当前值} ＋ rel$$

（1）累加器判零转移指令。

JZ rel	;若(A)＝0,则转移,(PC)←(PC)+2+ rel
	;若(A)≠0,则按顺序执行,(PC)←(PC)+2
JNZ rel	;若(A)≠0,则转移,(PC)←(PC)+2+ rel
	;若(A)＝0,则按顺序执行,(PC)←(PC)+2

这是一组以累加器 A 的内容是否为 0 作为判断条件的转移指令。JZ 指令的功能是：累加器(A)＝0 则转移，否则就按顺序执行。JNZ 指令的操作正好与之相反。

这 2 条指令都是双字节的相对转移指令，只是在翻译成机器码时，才由汇编程序换算成 8 位相对地址。

（2）比较条件转移指令。

比较条件转移指令共有 4 条，其差别只在于操作数的寻址方式不同。

CJNE A,#data,rel	;若(A)＝data,则(PC)←(PC)+3,(CY)←0
	;若(A)＞data,则(PC)←(PC)+3+rel,(CY)←0
	;若(A)＜data,则(PC)←(PC)+3+rel,(CY)←1
CJNE A,direct,rel	;若(A)＝(direct),则(PC)←(PC)+3+rel,(CY)←0
	;若(A)＞(direct),则(PC)←(PC)+3+rel,(CY)←0
	;若(A)＜(direct),则(PC)←(PC)+3+rel,(CY)←1
CJNE Rn,#data,rel	;若(Rn)＝data,则(PC)←(PC)+3,(CY)←0
	;若(Rn)＞data,则(PC)←(PC)+3+rel,(CY)←0
	;若(Rn)＜data,则(PC)←(PC)+3+rel,(CY)←1
CJNE @Ri,#data,rel	;若((Rn))＝data,则(PC)←(PC)+3,(CY)←0
	;若((Rn))＞data,则(PC)←(PC)+3+rel,(CY)←0
	;若((Rn))＜data,则(PC)←(PC)+3+rel,(CY)←1

该组指令在执行时首先对 2 个规定的操作数进行比较，然后根据比较的结果来决定是否转移：若 2 个操作数相等，则程序按顺序往下执行；若 2 个操作数不相等，则进行转移。指令执行时，还要根据 2 个操作数的大小来设置进位标志 CY（若目的操作数不小于源操作数，则 CY＝0；若目的操作数小于源操作数，则 CY＝1），为进一

步的分支创造条件。通常在该组指令之后,选用以 CY 为条件的转移指令,则可以判别 2 个数的大小。

注意 ① 比较条件转移指令都是三字节指令,因此

$$PC 当前值 = (PC) + 3 (PC 是该指令所在地址)$$

$$转移目的地址 = (PC) + 3 + rel$$

② 比较操作实际就是作减法操作,只是不保存减法所得到的差(即不改变 2 个操作数本身),而将结果反映在 CY 标志上。

③ CJNE 指令将参与比较的 2 个操作数当做无符号数看待,处理并影响 CY 标志。因此 CJNE 指令不能直接用于有符号数大小的比较。

若进行 2 个有符号数大小的比较,则应依据符号位和 CY 标志进行判别比较。

(3) 减 1 条件转移指令。

这是一组把减 1 与条件转移两种功能结合在一起的指令。这组指令共有 2 条:

```
DJNZ Rn,rel        ;(Rn)←(Rn)-1
                   ;若(Rn)≠0,则转移,(PC)←(PC)+2+rel
                   ;若(Rn)=0,则按顺序执行,(PC)←(PC)+2
DJNZ direct,rel    ;(direct)←(direct)-1
                   ;若(direct)≠0,则转移,(PC)←(PC)+3+rel
                   ;若(direct)=0,则按顺序执行,(PC)←(PC)+3
```

这组指令的操作是先将操作数(Rn 或 direct)内容减 1,并保存结果。如果减 1 以后操作数不为 0,则进行转移;如果减 1 以后操作数为 0,则程序按顺序执行。

注意 第 1 条为双字节指令,第 2 条为三字节指令。这 2 条指令与 DEC 指令一样,不影响 PSW 中的标志位。

这 2 条指令对于构成循环程序十分有用,使用中可以指定任何一个工作寄存器或者内部 RAM 单元为计数器。对计数器赋以初值以后,就可以利用上述指令对计数器进行减 1,结果不为 0 就进入循环操作,为 0 就结束循环,从而构成循环程序。

【例 3-21】 试编写程序,将内部 RAM 以 DATA 为起始地址的 10 个单元中的数据求和,并将结果送入 SUM 单元。设和不大于 255。

解 对一组连续存放的数据进行操作时,一般都采用间接寻址,使用 INC 指令修改地址,可使编程简单,利用减 1 条件转移指令很容易编写循环程序,以完成 10 个数相加的操作。

```
    MOV R0,#DATA      ;首地址 DATA 送间址寄存器 R0
    MOV R7,#0AH       ;计数器 R7 送入计数初值 10
    CLR A             ;累加器 A 作累加和,先清 0
LP: ADD A,@R0         ;加 1 个数
    INC R0            ;地址加 1,指向下一地址单元
```

```
        DJNZ R7,LP              ;计数值减 1,不为 0 循环
        MOV SUM,A               ;累加和存入指定单元 SUM 中
        SJMP $                  ;结束
```

【例 3-22】 设单片机的晶振频率为 6 MHz,编写一段延时程序约延时 100 ms 的子程序。

解

```
Delay:MOV R7,#64H              ;设循环计数器初值(100 次)
LOOP:MOV R6,#FAH               ;循环 250 次(250×4 μs=1 ms)
      DJNZ R6,$                ;循环控制
      DJNZ R7,LOOP
      RET
```

因为 $T=\dfrac{12}{6\ \text{MHz}}=2\ \mu\text{s}$,所以 $t=2\ \mu\text{s}+100\times(2\ \mu\text{s}+1\ \text{ms}+2\times2\ \mu\text{s})+4\ \mu\text{s}=$ 100.606 ms$\approx$100 ms。

【例 3-23】 将外部 RAM 的一个数据块传送到内部 RAM,两者的首地址分别为 DATA1 和 DATA2,遇到传送的数据为"＄"字符,停止传送。

解 外部 RAM 向内部 RAM 传送的数据不能直接传送,一定要以累加器 A 作为桥梁,将数据取入 A 中,与"＄"的 ASCII 码 24H 比较,不相等进行传送,相等终止传送。

```
        MOV DPTR,#DATA1         ;外部数据块首地址 DATA1 送 DPTR
        MOV R1,#DATA2           ;内部数据块首地址 DATA2 送 R1
LP:     MOVX A,@DPTR            ;从外部 RAM 取数送入 A
        CJNE A,#24H,LP1         ;与"＄"的 ASCII 码 24H 比较,不相等转 LP1
        SJMP LP2                ;相等,转 LP2
LP1:    MOV @R1,A               ;不是"＄"字符,执行传送
        INC DPTR                ;修改源地址指针
        INC R1                  ;修改目的地址指针
        SJMP LP                 ;转传送下一个数据
LP2:    SJMP $                  ;结束
```

以上条件转移指令都是相对转移指令,转移的范围有限;若要在大范围内实现条件转移,则可将条件转移指令和长转移指令 LJMP 结合起来加以实现。

例如,根据 A 和立即数 80H 比较的结果转移到标号 NEXT1,其转移的距离已超过了 256 B,则可用下述指令来实现:

```
        CJNE A,#80H,NEXT        ;不相等,则转移
                                ;相等,按顺序执行
        SJMP NEXT2              ;处理完,跳到 NEXT2
NEXT:   LJMP NEXT1              ;长转移至 NEXT1
```

CJNE 与 LJMP 这 2 条指令相结合,可以实现在 64 KB 范围内的条件转移。其中的"SJMP NEXT2"指令是在执行完 2 个数是否相等的处理后,转移到继续执行的位置,以免也要去执行 LJMP 指令,造成程序逻辑上的混乱。

3) 子程序调用及返回指令

在程序设计中,常常出现几个地方都需要进行功能完全相同处理的情况,如果重复编写这样的程序段,则程序会变得冗长而杂乱。对此,可以采用子程序,即把具有一定功能的程序段编成子程序,通过主程序调用来使用它,这样不但减少了编程工作量,而且也缩短了程序的长度。

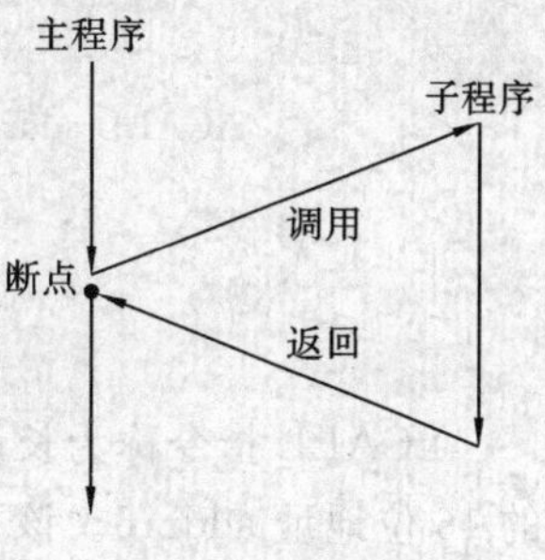

调用子程序的程序称为主程序,主程序和子程序之间的调用关系可用图 3-11 表示。

从图 3-11 中可看出,子程序调用要中断原有指令的执行顺序,转移到子程序的入口地址去执行。与转移指令不同的是:子程序执行完毕后,要返回到原来被中断

图 3-11 主程序和子程序之间调用示意图

的位置,继续往下执行。因此,子程序调用指令必须能将程序中断位置的地址保存起来,一般都是自动将断点地址放在堆栈中保存。堆栈先入后出的存放方式正好适合于存放断点地址,特别适合于子程序嵌套时断点地址的存放。

如果在子程序中再调用其他子程序,称为子程序嵌套,两层子程序嵌套过程如图 3-12(a)所示。图 3-12(b)所示的为两层子程序调用后,堆栈中断点地址的存放情况。先存入断点 1 地址,程序转去执行子程序 1,执行过程中又要调用子程序 2,于是在堆栈中又存入断点 2 地址。存放时,先存地址低 8 位,后存地址高 8 位。从子程序返回时,先取出断点 2 地址,接着执行子程序 1,然后取出断点 1 地址,继续执行主程序。

调用和返回构成了子程序调用的完整过程。为了实现这一过程,必须有调用指令和返回指令。调用指令在主程序中使用,而返回指令则是子程序中的最后一条指令。

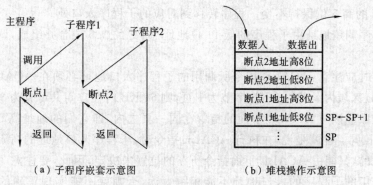

（a）子程序嵌套示意图　　　　（b）堆栈操作示意图

图 3-12 子程序嵌套及堆栈中断点地址存放

（1）子程序调用指令。

MCS-51 系列单片机共有 2 条子程序调用指令。

```
LCALL addr16              ;(PC)←(PC)+3
                         ;(SP)←(SP)+1,(SP)←(PC7~0)
                         ;SP←(SP)+1,(SP)←(PC15~8)
                         ;(PC)←addr16
ACALL addr11             ;(PC)←(PC)+2
                         ;(SP)←(SP)+1,(SP)←(PC7~0)
                         ;(SP)←(SP)+1,(SP)←(PC15~8)
                         ;(PC10~0)←addr11
```

LCALL 指令称为长调用指令，为三字节指令；指令的操作数部分给出了子程序的 16 位地址 addr16。该指令的功能是：先将 PC 加 3，指向下一条指令地址（即断点地址），然后将断点地址压入堆栈，再把指令中的 16 位子程序入口地址装入 PC，使程序转到子程序入口处。

长调用指令可调用存放 64 KB 程序存储器任意位置的子程序，即调用范围为 64 KB。

ACALL 指令称为绝对调用指令，其指令格式如图 3-13 所示。

a10	a9	a8	1	0	0	0	1
a7	a6	a5	a4	a3	a2	a1	a0

图 3-13　ACALL 指令指令格式

指令的操作数部分提供了子程序的低 11 位入口地址，其中 a7～a0 在第 2 字节，a10～a8 则占据第 1 字节的高 3 位，而 10001 是这条指令特有的操作码，占据第 1 字节的低 5 位。

绝对调用指令的功能是：先将 PC 加 2，指向下一条指令地址（即断点地址），然后将断点地址压入堆栈，再把指令中给出的子程序低 11 位入口地址装入 PC 的低 11 位，PC 的高 5 位保持不变。程序转移到对应的子程序入口处。

子程序调用地址由子程序的低 11 位地址与 PC 的高 5 位合并组成，调用范围为 2 KB。

使用时应注意：ACALL 指令所调用的子程序入口地址必须在 ACALL 指令之后的 2 KB 区域内。若以 2 KB 字节为 1 页，则 64 KB 内存空间共可分为 32 页，所调用的子程序应该与 ACALL 下面的指令在同一页之内，即它们的地址高 5 位 a15～a11 应该相同。也就是说，在执行 ACALL 指令时，子程序入口地址的高 5 位是不能任意设定的，只能由 ACALL 下面指令所在的位置来决定，因此，要注意 ACALL 指令和所调用的子程序的入口地址不能相距太远，否则就不能实现正确的调用。例如，当 ACALL 指令所在地址为 2300H 时，其高 5 位是 00100，因此，可调用的范围是 2300H～27FFH。

（2）返回指令。

返回指令也有 2 条：

RET	;(PC15～8)←((SP)),(SP)←(SP)-1
	;(PC7～0)←((SP)),(SP)←(SP)-1
RETI	;(PC15～8)←((SP)),(SP)←(SP)-1
	;(PC7～0)←((SP)),(SP)←(SP)-1

RET 指令被称为子程序返回指令，放在子程序末尾。其功能是从堆栈中自动取出断点地址送入程序计数器 PC，使程序返回到主程序断点处继续执行。

RETI 指令是中断返回指令，放在中断服务子程序的末尾。其功能也是从堆栈中自动取出断点地址送入程序计数器 PC，使程序返回到主程序断点处继续往下执行，同时还清除中断响应时被置位的优先级状态触发器，以告知中断系统已经结束中断服务程序的执行，恢复中断逻辑以接受新的中断请求。

注意　RET 和 RETI 不能互换使用；在子程序或中断服务子程序中，PUSH 指令和 POP 指令必须成对使用，否则，不能正确返回主程序断点位置。

4）空操作指令

NOP	;(PC)←(PC)+1

该指令为单字节指令，不产生任何操作，只是使 PC 的内容加 1，指向下一条指令，它是一条单周期指令，执行时在时间上消耗 1 个机器周期。因此，NOP 指令常用来实现等待或延时。

5. 位操作类指令

MCS-51 系列单片机的特色之一就是具有丰富的布尔变量处理功能。布尔变量即开关变量，它是以位（bit）为单位来进行操作的，也称为位变量。在硬件方面，它有 1 个布尔处理器，实际上是 1 个 1 位微处理器，它是以进位标志 CY 作为位累加器，以内部 RAM 位寻址区中的各位作为位存储器的；在软件方面，它有 1 个专门处理布尔变量的指令子集，可以完成布尔变量的传送、逻辑运算、控制转移等操作。这些指令通常称为位操作指令。

位操作指令的操作对象：一是内部 RAM 中的位寻址区，即 20H～2FH 中的 128 位（位地址 00H～7FH）；二是 SFR 中可以进行位寻址的各位。

位地址在指令中都用 bit 表示，bit 有 4 种表示形式：一是采用直接位地址表示；二是采用字节地址加位序号表示；三是采用位名称表示；四是采用 SFR 加位序号表示。

进位标志 CY 在位操作指令中直接用 C 表示，以便于书写，位操作指令共有 17 条。

1）位变量传送指令

       MOV C,bit   ;(CY)←(bit)
       MOV bit,C   ;(bit)←(CY)

这 2 条指令的功能是在以 bit 表示的位和位累加器 CY 之间进行数据传送，不影响其他标志。

注意 2 个可寻址位之间没有直接的传送指令。若要完成这种传送，可以通过 CY 作为中间媒介来进行。

【例 3-24】 将 40H 位的内容传送到 20H 位。

解 传送可以通过 CY 来进行，但要注意保持原有 CY 的值不被破坏。

       MOV 10H,C   ;暂存 CY 内容
       MOV C,40H   ;40H 位的值送 CY
       MOV 20H,C   ;CY 的值送 20H 位
       MOV C,10H   ;恢复 CY 内容

上述指令均属位操作指令，指令中的地址都是位地址，而不是存储单元的地址。

2）位置位、清 0 指令

       CLR C   ;(CY)←0
       CLR bit   ;(bit)←0
       SETB C   ;(CY)←1
       SETB bit   ;(bit)←1

上述指令的功能是对 CY 及可寻址位进行清 0 或置位操作。

3）位逻辑运算指令

位运算都是逻辑运算，有与、或、非 3 种，共 6 条指令。

       ANL C,bit   ;(CY)←(CY)∧(bit)
       ANL C,/bit   ;(CY)←(CY)∧($\overline{bit}$)
       ORL C,bit   ;(CY)←(CY)∨(bit)
       ORL C,/bit   ;(CY)←(CY)∨($\overline{bit}$)
       CPL C   ;(CY)←($\overline{C}$)
       CPL bit   ;(bit)←($\overline{bit}$)

前 4 条指令的功能是将位累加器 CY 的内容与位地址中的内容（或取反后的内容）进行逻辑与、或操作，结果送入 CY 中，斜杠"/"表示将该位值取出后，先求反，再参加运算，不改变位地址中原来的值。

后 2 条指令的功能是把位累加器 CY 或位地址中的内容取反。

在位操作指令中，没有位的异或运算，如果需要，可通过上述位操作指令实现。

【例 3-25】 设 E、B、D 都代表位地址，试编写程序完成 E、B 内容的异或操作，并

将结果存入 D 中。

解 可直接按 $D = E\bar{B} \vee \bar{E}B$ 来编写。

```
MOV C,B          ;从位地址 B 中取数送 CY
ANL C,/E         ;(CY)←(B)∧(E̅)
MOV D,C          ;暂存入 D 位
MOV C,E          ;取另一个操作数 E
ANL C,/B         ;(CY)←(E)∧(B̅)
ORL C,D          ;进行 EB̅∨E̅B 运算
MOV D,C          ;运算结果存 D 位
```

利用位逻辑运算指令,可以对各种组合逻辑电路进行模拟,即用软件方法来获得组合逻辑电路功能。

4) 位控制转移指令

位控制转移指令都是条件转移指令,它以 CY 或位地址 bit 的内容作为转移的判断条件。

(1) 以 CY 为条件的转移指令。

```
JC rel           ;若(CY)=1,则转移,(PC)←(PC)+2+rel
                 ;若(CY)≠1,则按顺序执行,(PC)←(PC)+2
JNC rel          ;若(CY)=0,则转移,(PC)←(PC)+2+rel
                 ;若(CY)≠0,则按顺序执行,(PC)←(PC)+2
```

(2) 以位状态为条件的转移指令。

```
JB bit,rel       ;若(bit)=1,则转移,(PC)←(PC)+3+rel
                 ;若(bit)≠1,则顺序执行,(PC)←(PC)+3
JNB bit,rel      ;若(bit)=0,则转移,(PC)←(PC)+3+rel
                 ;若(bit)≠0,则顺序执行,(PC)←(PC)+3
JBC bit,rel      ;若(bit)=1,则转移,(PC)←(PC)+3+rel,
                  同时 bit←0
                 ;若(bit)≠1,则顺序执行,(PC)←(PC)+3
```

这组指令的功能是直接寻址位为 1 或为 0 则转移,否则按顺序执行。指令均为三字节指令,所以 PC 要加 3。

注意 JB 和 JBC 指令的转移条件相同,所不同的是 JBC 指令在转移的同时,还能将直接寻址位清 0,即 1 条 JBC 指令的功能相当于 2 条指令的功能。

使用位操作指令可以使程序设计变得更加方便和灵活,在许多情况下可以避免字节屏蔽、测试和转移的操作,使程序更加简洁。

【例 3-26】 试编程,在 80C51 的 P1.7 位输出方波,方波周期为 6 个机器周期。

解　　SETB P1.7　　　　　　　　;使 P1.7 位输出"1"电平

```
        NOP                           ;延时 2 个机器周期
        NOP
        CLR P1.7                      ;使 P1.7 位输出"0"电平
        NOP                           ;延时 2 个机器周期
        NOP
        SETB P1.7                     ;使 P1.7 位输出"1"电平
        SJMP $                        ;暂停
```

若在 P1.7 位输出连续方波,应如何修改程序? 请试编程。

【例 3-27】 试分析,执行完以下程序,程序将转至何处?

解
```
        ANL P1,#00H                   ;(P1)=00H
        JB P1.6,LP1                   ;因 P1.6=0,程序按顺序执行
        JNB P1.0,LP2                  ;因 P1.0=0,程序发生转移,转至 LP2
    LP1:
        ⋮
    LP2:
        ⋮
```

可见,执行完以上程序,程序转至 LP2 处执行。

使用位操作指令可以使程序设计变得更加方便和灵活。

5) I/O 口访问指令使用说明

(1) 可以按口寻址,进行字节操作, 如:

```
        MOV Pm,A
```

(2) 可以按口线寻址,进行位操作, 如:

```
        MOV Pm.n,C
```

注意 MCS-51 系列单片机没有专门的 I/O 指令,均使用 MOV 传送指令来完成。输入时用 MOV 指令读入各口线的引脚状态,输出时用 MOV 指令把输出数据写入各口线电路的锁存器。

在进行引脚数据输入操作之前,必须先向并口电路中的锁存器写入"1",使并口电路内部的场效应管截止,以避免锁存器为"0"状态时对引脚读入的干扰。

3.2.4 伪指令

编写单片机源程序既要用到 3.2.3 小节中介绍的指令,也要用到一些伪指令。伪指令和 80C51 指令系统中的指令有所不同,表现在以下两个方面。

(1) 伪指令仅在汇编过程中起控制作用。在单片机应用系统中只有把汇编语言通过汇编程序翻译成机器语言程序(目标程序)单片机才能识别,这个翻译过程称为汇编。在汇编过程中,必须要提供一些专门的指令,用来对汇编过程进行某种控

制,或者对符号、标号赋值等。也就是说,伪指令是在汇编过程中起控制作用的指令,因此也称为汇编控制指令。

（2）伪指令不能产生可执行的目标代码。80C51 指令通过汇编会产生可执行的目标代码,而伪指令只是协助程序编译工作,不产生可执行的目标代码,不占用存储器地址,因而称之为伪指令。

不同的 MCS-51 汇编程序对伪指令的规定也有所不同,但基本的用法是相似的,下面介绍一些常用的 80C51 伪指令。

1. ORG 伪指令——设置起始地址

ORG 伪指令规定程序存储器中源程序或数据块存放的起始地址。格式为

[标号:] ORG 16 位地址

方括号内的标号是可选项。通常,在汇编语言源程序的开始或数据块的开始设置 1 条 ORG 伪指令,指定该指令后面的程序或数据块的起始地址。若省略 ORG 伪指令,则该程序会自动从地址 0000H 单元开始存放。在源程序中可多次使用 ORG 伪指令,以规定不同程序段或数据块的起始位置,所规定的地址从小到大,不允许重叠。

【例 3-28】 ORG 5000H

解 START:MOV A,♯8AH
⋮

"ORG 5000H"伪指令用于指明"MOV A,♯8AH"从 ROM 的 5000H 开始存放。如果去掉"ORG 5000H"伪指令,则自动从 ROM 的 0000H 开始存放。

2. END 伪指令——汇编结束

END 伪指令指明汇编语言源程序的结束位置,放在源程序的结尾。即使 END 之后还有汇编语言源程序,也不参加汇编,不产生可执行的目标代码,因此 1 个源程序只能有 1 条 END 伪指令。格式为

[标号:] END [表达式]

括号内的标号是可选项。括号内的表达式也是可选项,可以是数值 0,也可以是表达式,表达式的值就是程序的地址并且作为特殊的记录写入 HEX 文件。若这个表达式省略,则 HEX 文件中其值就是 0。1 个源程序必须有 1 条结束伪指令 END,而且只能有 1 条,放在程序的最后。

3. DB 伪指令——定义字节

DB 伪指令用于定义连续的存储区,给该存储区的存储单元赋值。该伪指令的参数即为存储单元的值,在表达式中对单元个数没有限制,只要此条伪指令能容纳在源程序的 1 行内。格式为

[标号:]　DB　表达式

只要表达式不是字符串,每一个表达式的值就都被赋给 1 个字节。若多个表达式出现在 1 条 DB 伪指令中,则它们必须以逗号分开。表达式中有字符串时,以单引号"'"作分隔符,每个字符占 1 个字节,字符串不加改变地被存在各字节中,并不将小写字母转换成大写字母。

【例 3-29】　ORG 2000H

Table1：DB　26H,03H,01000101B
Table2：DB　'5','a','ABC'

经汇编后各存储单元的内容为

(2000H)＝26H　(2001H)＝03H　(2002H)＝45H　(2003H)＝35H
(2004H)＝61H　(2005H)＝41H　(2006H)＝42H　(2007H)＝43H

其中,35H、61H、41H、42H 和 43H 分别是字符 5、a、A、B 和 C 的 ASCII 编码值。

4. DW 伪指令——定义字

DW 伪指令用于定义字数据,按字的形式(2 个字节)把数据存放在存储单元中,其使用方法和 DB 伪指令的类似。格式为

[标号:]　DW　表达式

16 位数据占 80C51 单片机 ROM 的 2 个单元,16 位二进制数的高 8 位先存入低地址字节,低 8 位后存入高地址字节。

【例 3-30】　ORG 2000H

Table：DW 2603H,35H,160

经汇编后各存储单元的内容为

(2000H)＝26H　(2001H)＝03H　(2002H)＝00H　(2003H)＝35H
(2004H)＝00H　(2005H)＝0A0H

5. DS 伪指令——预留存储单元

DS 伪指令是从标号指定的地址单元开始保留若干存储单元作为备用单元的。格式为

[标号:]　DS　表达式

表达式用来指定保留存储单元的数量(以字节为单位)。

【例 3-31】　ORG 1000H

DS　　　08H
DB　　　30H,8AH

汇编以后,从 1000H 保留 8 个单元,然后从 1008H 开始给内存赋值,即 (1008H)＝30H,(1009H)＝8AH。

以上的 DB、DW 和 DS 伪指令都只是对程序存储器起作用,它们不能对数据存储器进行初始化。

6. EQU 伪指令——等值

EQU 伪指令的功能是把 1 个数或特定的汇编符号赋值给规定的字符名称。格式为

       符号名称　EQU　表达式

用 EQU 伪指令赋值后的符号名称,可以用做数据地址、代码地址、位地址或是立即数。由此,给符号名称所赋的值可以是 8 位二进制数,也可以是 16 位二进制数,但使用时必须先赋值、后使用,而不能先使用、后赋值。通常将该伪指令放在程序的开头。

【例 3-32】

       AA EQU R1

       MOV A, AA　　　　　　　　;这里 AA 就是代表了工作寄存器 R1

【例 3-33】

       A10 EQU 10

       DELY EQU 07EBH

       MOV A, A10

       LCALL DELY

       END

其中,A10 为片内 RAM 的 1 个直接地址 10H,而 DELY 为 1 个 16 位地址 07EBH,实际上它是子程序的入口地址。

7. DATA 伪指令——定义数据地址

DATA 伪指令用来给片内 RAM 字节单元地址赋予符号名称,相当于定义 1 个变量。格式为

       符号名称　DATA　表达式

符号名称应以字母开头,同一单元地址可以赋予多个符号。赋值后可用该符号代替表达式表示的片内 RAM 字节单元地址。数值表达式的值应为 0～255。

【例 3-34】

       REGBUF DATA 40H

       PORT0 DATA 80H

汇编后,REGBUF 表示片内 RAM 的 40H 单元,PORT0 表示片内 RAM 的 80H 单元。

注意 DATA 伪指令的功能与 EQU 的类似,但有以下差别:EQU 定义的符号名称必须先定义再使用,而 DATA 定义的符号名称可以后定义先使用;用 EQU 伪指令可以把 1 个汇编符号(如 R0~R7)赋给 1 个名字,而 DATA 只能把数据赋给字符名称;DATA 语句中可以把 1 个表达式的值赋给符号名称,其中的表达式应是可求值的。

8. BIT 伪指令——定义位地址

BIT 伪指令用来将位地址赋予所规定的符号名称。格式为

　　　　符号名称　BIT　位地址

经 BIT 指令定义过的位符号名称不能更改。

【例 3-35】

```
X_ON BIT 60H          ;定义 X_ON 代替绝对位地址 60H
X_OFF BIT 24H.2       ;定义 X_OFF 代替绝对位地址 24H.2
K1 BIT P1.1           ;定义 K1 代替 P1.1
```

3.3　C51 语言对标准 C 语言的扩展

由于 C51 程序设计语言与 ANSI-C 语言没有本质上的区别,所以本书不介绍标准 C 语言的语法规定、程序结构和程序设计方法,重点介绍 C51 语言对标准 C 语言的扩展。

3.3.1　关键字

关键字是程序设计语言保留的特殊标识符,具有固定的名称和含义,在编写程序中不允许将关键字另作他用。在 C51 语言中,除了 ANSI-C 标准的 32 个关键字外,C51 语言还根据 80C51 单片机的特点扩展了如表 3-2 所示的关键字。

表 3-2　C51 语言的扩展关键字

序号	关 键 字	用　　途	说　　明
1	_at_	地址定位	为变量进行存储器空间绝对地址定位
2	alien	函数特性说明	用于声明与 PL/M51 兼容的函数
3	reentrant	再入函数声明	定义一个再入函数
4	_task_	任务声明	定义实时多任务函数
5	_priority_	多任务优先声明	规定 RTX51 或 RTX51 Tiny 的任务优先级

续表

序号	关键字	用途	说明
6	small	存储器模式	指定使用 80C51 内部数据存储器空间
7	compact	存储器模式	指定使用 80C51 外部分页寻址数据存储器空间
8	large	存储器模式	指定使用 80C51 外部数据存储器空间
9	data	存储器类型声明	直接寻址的 80C51 内部数据存储器空间
10	idata	存储器类型声明	间接寻址的 80C51 内部数据存储器空间
11	bdata	存储器类型声明	可位寻址的 80C51 内部数据存储器空间
12	pdata	存储器类型声明	分页寻址的 80C51 外部数据存储器空间
13	xdata	存储器类型声明	80C51 外部数据存储器空间
14	code	存储器类型声明	80C51 程序存储器空间
15	bit	位变量声明	声明一个位变量或位类型函数
16	sbit	位变量声明	定义一个可位寻址变量
17	sfr	特殊功能寄存器声明	声明一个 8 位特殊功能寄存器
18	sfr16	特殊功能寄存器声明	声明一个 16 位特殊功能寄存器
19	interrupt	中断函数声明	定义一个中断服务函数
20	using	寄存器组定义	定义 80C51 的工作寄存器组

3.3.2 数据类型

C51 语言定义了标准 C 语言的所有的数据类型,为了更加有效地利用 80C51 单片机的硬件资源,对标准 C 语言扩展了几个特殊的数据类型。

1. bit 型变量

bit 型变量可以用于定义 1 个位变量,但不能定义位指针、位数组。它的值是 1 个二进制位(0 或 1)。

bit 类型说明符用于定义一般的位变量。它的格式如下:

    bit 位变量名;

在格式中可以加上各种修饰,存储器类型只能是 bdata、data、idata,只能是片内 RAM 的可位寻址区,严格说来只能是 bdata。

【**例 3-36**】 bit 型变量的定义。

    bit bdata x;   / * 正确 * /
    bit data y;   / * 正确 * /

```
        bit xdata z;                    /*错误*/
```

2. sfr 特殊功能寄存器

sfr 特殊功能寄存器占用 1 个字节内存单元,值域为 0~255。利用它可以访问 MCS-51 系列单片机内部的所有特殊功能寄存器。如用 sfr P0＝0x80 这一句定义 P0 为 P0 口在片内的寄存器,在后面的语句中可以用 P0＝255(对 P0 口的所有引脚置高电平)之类的语句操作特殊功能寄存器。

3. sfrl6 16 位特殊功能寄存器

sfr16 用于定义存在于 80C51 单片机内部 RAM 的 16 位特殊功能寄存器。sfr16 型数据占用 2 个内存单元,取值范围为 0~65 535,如定时/计数器 T0 和 T1。

4. sbit 型变量

sbit 型变量可以访问芯片内部 RAM 中的可寻址位或特殊功能寄存器中的可寻址位,如定义:

```
        sbit=0x90;                      /*P1 口的寄存器是可位寻址的,所以可以定义*/
        sbit P1_1＝P1^1;                /*P1_1 为 P1 中的 P1.1 引脚*/
```

这样在以后的程序语句中就可以用 P1_1 实现对 P1.1 引脚的操作。

在 80C51 单片机系统中,经常要访问特殊功能寄存器中的某些位,用关键字 sbit 定义可位寻址的特殊功能寄存器的位寻址对象。定义方法有如下三种。

1) sbit 位变量名＝位地址

将位的绝对地址赋给位变量,位地址必须为 80H~0FFH。

```
        sbit OV＝0xD2;

        sbit AC＝0xD6;
```

2) sbit 位变量名＝特殊功能寄存器名(或已定义的 bdata 类型变量名)^位位置

当可寻址位位于特殊功能寄存器中时,可采用这种方法。位位置是 0~7 范围内的 1 个常数。

```
        sfr PSW＝0xD0;                   /*定义 PSW 为特殊功能寄存器,地址为 0xD0*/
        sbit OV＝PSW^2;                  /*定义 OV 位为 PSW.2,地址为 0xD2*/
        sbit AC＝PSW^6;                  /*定义 AC 位为 PSW.6,地址为 0xD6*/
```

sbit 也可以访问 80C51 单片机片内 20H~2FH 范围内的位对象,允许将具有 bdata 类型的对象放入 80C51 单片机片内可位寻址区。

```
        int bdata value;                /*在位寻址区定义整型变量 value*/
        sbit value_bit0＝value^0;       /*定义为变量 value_bit0 为 value 变量的第 0 位*/
        sbit value_bit12＝value^12;     /*定义为变量 value_bit12 为 value 变量的第 12 位*/
```

3）sbit 位变量名＝字节地址^位位置

此方法以 1 个常数（字节地址）作为基地址，该常数必须为 80H～0FFH，位位置是 0～7 范围内的 1 个常数。

> sbit OV＝0xD0^2；
>
> sbit AC＝0xD0^6；

MCS-51 系列单片机特殊功能寄存器的数量和类型有所不同，编程人员最好将所有 MSC-51 系列单片机成员的特殊功能寄存器定义后放到头文件中，在程序开始处包含该头文件，也可以使用标准库提供的头文件 reg51.h。

3.3.3　变量存储器类型

变量是一种在程序执行过程中，其数值可以变化的量。同标准 C 语言一样，C51 语言规定变量必须先定义后使用。C51 语言对变量进行定义的格式如下：

〔存储种类〕　数据类型　〔存储器类型〕　变量名表

其中，存储种类和存储器类型是可选项。

存储种类是指变量在程序执行过程中的作用范围。变量的存储种类有 4 种，即自动（auto）、外部（extern）、静态（static）和寄存器（register），同标准 C 语言的一样，本书不做详细介绍。

定义变量时，除了说明存储种类外，还允许说明变量的存储器类型。存储器类型和存储种类是完全不同的概念，存储器类型指明该变量所处的单片机的内存空间。

80C51 存储区可分为内部数据存储区、外部数据存储区及程序存储区，各自的寻址方式不同。

C51 语言将内部数据存储区分为三种不同的存储类型，分别用 data、idata 和 bdata 来表示。对存放在低 128 B 直接寻址的变量用 data 说明；对存放在整个内部数据区（256 B）间接寻址的变量用 idata 说明；对存放在 20H～2FH 的位寻址的变量用 bdata 说明。

C51 语言将外部数据存储区分为两种不同的存储类型，分别用 xdata 和 pdata 来表示。xdata 可以指定外部数据存储区 64 KB 内的任何地址，而 pdata 仅指示 256 B（1 页）的外部数据存储区。

C51 语言用 code 来表示程序存储区类型，程序存储区的数据是不可改变的，80C51 的程序存储区不可重写。一般数据存储区可存放数据表、跳转向量和状态表等。程序存储区的对象在编译时就应初始化，否则得不到想要的值。

C51 语言数据存储类型与 80C51 系列单片机实际存储空间的对应关系如表 3-3 所示。

表 3-3　C51 编译器可以识别的存储器类型

存储器类型	描　　述
data	直接寻址的片内数据存储器低 128 B,访问速度最快
bdata	可位寻址的片内数据存储器(地址 20H～2FH,共 16 B),允许位和字节混合访问
idata	间接寻址片内数据存储器 256 B,允许访问片内全部地址
pdata	分页寻址片外数据存储器 256 B,使用指令"MOVX @Rn"访问,需要 2 个指令周期
xdata	寻址片外数据存储器 64 KB,使用指令"MOVX @DPTR"访问
code	寻址程序存储器区 64 KB,使用指令"MOVC @A+DPTR"访问

　　如果在定义变量时省略了存储器类型,C51 编译器会选择默认的存储器类型。默认的存储器类型由 small、compact 和 large 存储器模式指令决定。

　　【例 3-37】　用实例来说明如何定义各种存储器类型变量。

int data value1;	/＊整型变量 value1 被定义在 80C51 单片机内数据存储区中(地址为 00H～7FH)＊/
＊ bit bdata value2;	/＊位变量 value2 被定义在 80C51 单片机内数据存储区的位寻址区中(地址为 20H～2FH)＊/
char idata value3;	/＊字符型变量 value3 被定义在 80C51 单片机内数据存储区中(地址为 00H～FFH),只能用间接寻址方式访问＊/
float pdata value4;	/＊浮点型变量 value4 被定义在 80C51 单片机芯片外数据存储区中(地址为 00H～FFH),只能用间接寻址方式访问＊/
unsigned int xdata value5;	/＊无符号整型变量 value5 被定义在 80C51 单片机芯片外数据存储区中(地址为 0000H～0FFFFH),只能用间接寻址方式访问＊/
char code value6;	/＊字符型变量 value6 被定义在程序存储区中(地址为 0000H～0FFFFH),只能用间接寻址方式访问＊/

3.3.4　存储器模式

　　C51 编译器支持三种存储模式:small、compact 和 large 模式,用来决定变量的默认存储类型、参数传递区和无明确存储类型说明变量的存储类型。变量的存储模式决定了变量在内存中的地址空间,函数的存储模式决定了函数的参数和局部变量在内存中的地址空间。

1. small 模式

small 模式又称为小编译模式。在 small 模式下，所有的默认变量都位于内部 RAM 中（和使用 data 定义存储类型方式的结果一样）。该模式的优势是数据的存储速度很快，在程序设计中尽量使用 small 模式；不足是只能使用 120 B 的存储空间，有 8 B 被寄存器组使用。如果系统所需要的内存小于内部 RAM，则应该以 small 模式编译。

2. compact 模式

compact 模式又称为紧凑编译模式。在 compact 模式下，所有的默认变量都位于外部 RAM 区的 1 页内（和使用 pdata 定义存储类型方式的结果一样）。该存储类型适用于变量不超过 256 B 的情况，这是由寻址方式决定的。compact 模式的效率比 small 模式的低，比 large 模式的高。对数据的寻址是通过 R0 或 R1 进行间接寻址的，如果要使用多于 256B 的变量，则高位字节（指出具体哪一页）可用 P2 口指定。

3. large 模式

large 模式又称为大编译模式。在 large 模式下，所有的默认变量可放在片外 64 KB 的 RAM 中（和使用 xdata 定义存储类型方式的结果一样）。使用数据指针 DPTR 进行间接寻址。优点是空间大，可存变量多；缺点是速度慢。

在程序中，变量的存储模式的确定通过 ♯pragma 与处理命令来实现。函数的存储模式可通过在函数定义式后面带存储模式来说明。如果没有指定，则系统默认为 small 模式。

【例 3-38】 变量和函数的存储模式。

```
♯pragma small
/*变量的存储模式为 small,默认存储器类型为 80C51 片内直接寻址 RAM*/
char k1;                    /*变量 k1 的存储器类型为 data*/
int xdata t1;               /*变量 t1 的存储类型为 xdata*/
♯pragma compact
/*变量的存储模式为 compact,默认存储器类型为 80C51 片外间接寻址 RAM 的
   1 页*/
char k2;                    /*变量 k2 的存储器类型为 pdata*/
float xdata t2;             /*变量 t2 的存储类型为 xdata*/
float sum(float x,float y) large
/*存储模式为 large,函数的参数及局部变量的存储器类型为 xdata*/
{
    return(x+y);
}
int max(int x,int y)
/*默认的存储模式为 small,函数的参数及局部变量的存储器类型为 data*/
```

```
{
    return(x>y? x:y);
}
```

3.3.5　特殊功能寄存器

80C51 系列单片机片内 RAM 的高 128 B 为特殊功能寄存器区,地址为 80H～0FFH。在程序中,特殊功能寄存器用来控制定时/计数器、I/O 口及各种外设。只能采用直接寻址的方式对其按位、字节或字的方式进行访问。

C51 特殊功能寄存器的使用可以通过对特殊功能寄存器进行定义来实现,可以用 sfr 或 sfr16 类型说明符进行定义,定义时需要指明它们所对应的片内 RAM 单元的地址。格式如下:

> sfr　特殊功能寄存器名＝特殊功能寄存器地址常数;
>
> sfr16　特殊功能寄存器名＝特殊功能寄存器低 8 位地址常数;

sfr 用于对 80C51 单片机中单字节的特殊功能寄存器进行定义,sfr16 用于对 80C51 单片机中双字节的特殊功能寄存器进行定义。特殊功能寄存器名一般用大写字母表示。地址用直接地址形式,其地址范围为 80H～0FFH。

【例 3-39】　特殊功能寄存器的定义。

```
sfr P0=0x80;            /* P0 口,地址为 0x80 */
sfr TMOD=0x89;          /* 定时/计数器方式寄存器,地址为 0x89 */
sfr16 T0=0x8A;          /* 定时/计数器 0,T0 的低 8 位地址为 0x8A,高 8 位
                           地址为 0x8B */
```

3.3.6　指针

在 C51 语言中,指针变量的定义形式如下:

> 数据类型说明符 [存储器类型 1] * [存储器类型 2] 指针变量名;

其中:数据类型说明符说明了该指针变量所指向的变量的类型。一个指向整型变量的指针变量不能指向字符型变量。

存储器类型 1 是可选项:带有该选项时,编程者规定了指针指向的存储区域,这种指针称为存储器指针,它是 C51 语言对标准 C 语言的扩展;不带该选项时,定义的指针为通用指针。

存储器类型 2 也是可选项:带有该选项时,声明了指针本身的存储位置;不带该选项时,指针本身则根据不同的存储器模式放在相应的区域。

1.　通用指针

通用指针用 3 个字节进行存储:第 1 个字节为存储器类型,其编码如表 3-4 所

示,由编译时编译模式的默认值确定;第 2 个字节为 16 位偏移地址的低字节;第 3 个字节为 16 位偏移地址的高字节。它的使用方法和标准 C 语言中的相同。

表 3-4 存储器类型的编码值

存储器类型	data	idata	xdata	pdata	code
编码值	0x00	0x00	0x01	0xfe	0xff

例如,存储器类型为 data,地址值为 0x1234 的指针变量在内存中的表示如表 3-5所示。

表 3-5 0x1234 的指针变量在内存中的表示

字节地址	+0	+1	+2
内容	0x00	0x12	0x34

【例 3-40】 下面是 2 个通用指针变量的例子。

> char * string;
> /*定义了指向 char 型变量的指针,而指针变量本身 string 则根据不同的存储器
> 模式存放在相应的区域*/
> char * xdata ptr;
> /*定义了指向 char 型变量的指针,而指针变量本身 ptr 则存放在外部数据存储
> 区域*/

2. 存储器指针

存储器指针用 1 个字节或 2 个字节进行存储,若存储器类型 1 为 idata、data、pdata 的片内数据存储单元,则指针的长度为 1 个字节;若存储器类型 1 为 code、xdata 的片外数据存储单元或程序存储单元,则指针的长度为 2 个字节。

【例 3-41】 下面是 2 个存储器指针变量的例子。

> char data * string;
> /*string 指向 data 区中 char 型变量的指针,而指针变量本身 string 则根据不同
> 的存储器模式存放在相应的区域*/
> char data * xdata ptr;
> /*ptr 是存放在 xdata 区的指针变量,指向 data 区中 char 型变量*/

3. 指针转换

C51 编译器可以在存储器指针和通用指针之间进行转换,应注意以下三个问题。

(1) 当存储器指针作为实参传递给使用通用指针的函数时,指针自动转换。

(2) 存储器指针作为函数的参数,如果没有说明函数原型,则存储器指针经常被转换为通用指针。如果希望调用一个短指针作为参数,可能会发生错误。为了避

免这种错误,可使用预编译命令♯include,用于包含文件和所有外部函数的原型。这样可以确保编译器进行必需的类型转换并检测出类型转换错误。

(3) 可以强行改变指针类型。

3.3.7 绝对地址的访问

在进行 80C51 单片机应用系统程序设计时,往往少不了要直接操作系统的某些存储器地址空间。C51 程序经过编译之后产生的目标代码具有浮动地址,其绝对地址必须经过链接定位后才能确定。为了能够在 C51 程序中直接对任意指定的存储器地址进行操作,可以采用扩展指针、预定义宏、关键字_at_及链接定位控制指令的方式。

1. 通过指针访问

采用指针可实现在 C51 程序中对任意指定的存储器地址进行操作。

【例 3-42】 通过指针实现对绝对地址的访问。

```
♯ define uchar unsigned char
♯ define uint unsigned int
void fun(void)
{
    uchar pdata value;
    uint xdata * ptr1；      / * 定义指向 xdata 存储器空间的指针变量 ptr1 * /
    uchar data * ptr2；      / * 定义指向 data 存储器空间的指针变量 ptr2 * /
    uchar pdata * ptr3；     / * 定义指向 pdata 存储器空间的指针变量 ptr3 * /
    ptr1=0x1050；            / * ptr1 指针赋值,指向 xdata 存储器地址 1050H 单元 * /
    * ptr1=0x7b；            / * 将数据 7bH 送到 xdata 的 1050H 单元 * /
    ptr2=0x70；              / * ptr2 指针赋值,指向 data 存储器地址 70H 单元 * /
    * ptr2=0x40；            / * 将数据 40H 送到 data 的存储器地址 70H 单元 * /
    ptr3=&value；            / * ptr3 指向 pdata 存储区无符号字符型变量 value * /
    * ptr3=0x3b；            / * 等价于 value=0x3b; * /
}
```

2. 使用 C51 运行库中预定义宏访问

C51 编译器提供了一组宏定义,用来对 80C51 系列单片机的 code、data、pdata 和 xdata 空间进行绝对地址访问,且只能以无符号数方式访问,定义了 8 个宏定义,其函数原型如下:

```
♯ define CBYTE ((unsigned char volatile code  * )0)
♯ define DBYTE ((unsigned char volatile data  * )0)
♯ define PBYTE ((unsigned char volatile pdata  * )0)
♯ define XBYTE ((unsigned char volatile xdata  * )0)
```

```
#define CWORD ((unsigned int volatile code  *)0)
#define DWORD ((unsigned int volatile data  *)0)
#define PWORD ((unsigned int volatile pdata  *)0)
#define XWORD ((unsigned int volatile xdata  *)0)
```

这些函数原型放在 absacc.h 文件中。使用时需用预处理命令把头文件包含到文件中,形式为:#include〈absacc.h〉。

CBYTE 以字节形式对 code 区寻址,DBYTE 以字节形式对 data 区寻址,PBYTE 以字节形式对 pdata 区寻址,XBYTE 以字节形式对 xdata 区寻址,CWORD 以字形式对 code 区寻址,DWORD 以字形式对 data 区寻址,PWORD 以字形式对 pdata 区寻址,XWORD 以字形式对 xdata 区寻址。访问形式为

　　　　宏名[地址]

【例 3-43】 使用预定义宏实现对绝对地址的访问。

```
#include〈absacc.h〉            /*包含绝对地址头文件*/
#include〈reg51.h〉            /*包含寄存器头文件*/
#define uchar unsigned char
#define uint unsigned int
void main(void)
{
  uchar value1,value2;
  uint value3;
  value1=XBYTE [0x0002];  /*value1 读外部 RAM 区地址为 0002H 的字节数据*/
  value2=CBYTE[0x0006];   /*value2 读 ROM 区地址为 0006H 的字节数据*/
  value3=XWORD [0x0002]; /*value3 读外部 RAM 区地址 0004H(2*sizeof
                            (unsigned int))的字数据*/
  DBYTE[0X0002]=8;        /*向片内 RAM 区地址 0002H 写入字节数据 8*/
  PWORD[0X0002]=60;      /*向 pdata 存储区地址 0004H(2*sizeof(un-
                            signed int)=4)写入字数据 60*/
     ⋮
  while(1);
}
```

3. 使用 C51 扩展关键字_at_访问

使用_at_关键字可以把变量定位在 MCS-51 系列单片机某个固定的地址空间上。一般格式如下:

　　　　[存储器类型] 数据类型 标识符 _at_ 常数

其中,存储器类型为 bdata、idata、data、xdata 等 C51 能识别的数据类型,如果省略该

选项,则按编译模式 small、compact 或 large 规定的默认存储器类型确定变量的存储器空间;数据类型除了可用 int、long、float 等基本类型外,还可采用数组、结构等复杂数据类型;常数规定变量的绝对地址,必须位于有效的存储器空间之内,使用_at_定义的变量只能为全局变量。注意使用关键字_at_不能对绝对变量进行初始化,位变量及函数不能用该关键字进行指定。

【例 3-44】 通过_at_实现对绝对地址的访问。

```
#include〈reg51.h〉
char xdata LED_Data[50] _at_ 0x8000; /* 在外部 RAM 空间 8000H 处定义一
                                          维数组变量 LED_Data,数组的元素
                                          个数为 50 */
void main(void)
{
    LED_Data[0]=0x23;                   /* 0x8000 地址中的值为 0x23 */
}
```

注意 使用关键字_at_时要注意以下几点:

(1) 在给变量 LED_Data[50]定位绝对地址空间时,不能对其赋初值。

(2) "char xdata LED_Data[50] _at_ 0x8000;"这条语句不能放在主函数中,否则,编译会出现错误。

(3) Keil C51 中地址是自动分配的,所以除非特殊情况,否则不提倡使用绝对地址定位。初学者应特别注意,不要把 C51 当做汇编语言使用。

4. 使用链接定位控制指令访问

此方法利用连接控制指令 code、xdata、pdata、data 和 bdata 对段地址进行指定。如要指定某具体变量地址,则在 C 模块中声明这些变量,并且使用 BL51 链接/定位器的定位指令来指定绝对地址。此方法有一定的局限性,使用相对较少,本书不做详细讨论。

【例 3-45】 分别使用 3 种方法编写下面 3 个函数。

解 (1) 将起始地址为 1000H 的片外 RAM 的 16 B 内容送入起始地址为 2000H 的片外 RAM 中。

(2) 将起始地址为 3000H 的片外 RAM 的 16 B 内容送入起始地址为 50H 的片内 RAM 中。

(3) 将起始地址为 800H 的 ROM 的 16 B 内容送入起始地址为 80H 的片内 RAM 中。

程序如下:

```
#include〈reg51.h〉
#include〈absacc.h〉
```

```
#define uchar unsigned char
#define uint unsigned int
code uchar codedata1[16] _at_ 0x0800;
idata uchar idatadata1[16] _at_ 0x0060;
void movxx(uchar * s_addr,uchar * d_addr,uchar lenth)   /* 使用指针 */
  {
   uchar i;
   for(i=0;i<lenth;i++)
     {
          d_addr[i]=s_addr[i];
     }
  }
void movxd(uint s_addr,uchar d_addr,uchar lenth) /* 使用 C51 运行库中预定义
                                                 宏 */
  {
   uchar i;
   for(i=0;i<lenth;i++)
     {
          DBYTE[d_addr+i]=XBYTE[s_addr+i];
     }
  }
void movcd(uchar lenth)                          /* 使用 C51 扩展关键字_at_ */
  {
   uchar i;
   for(i=0;i<lenth;i++)
     {
          idatadata1[i]=codedata1[i];
     }
  }
void main()
  {
       xdata uchar * xram1;
       xdata uchar * xram2;
       xram1=0x1000;xram2=0x2000;
       movxx(xram1,xram2,8); /* 使用指针完成(1) */
       movxd(0x3000,0x50,8); /* 使用 C51 运行库中预定义宏完成(2) */
       movcd(8);                 /* 使用 C51 扩展关键字_at_完成(3) */
       for(;;);
  }
```

3.3.8　C51 函数的使用

用户用 C51 进行程序设计时,既可以用系统提供的标准库函数,也可以用自己定义的函数。对于系统提供的标准库函数,在使用之前需要通过预处理命令♯include 将对应的标准函数库包含到程序起始位置。而对于用户自定义函数,必须对它进行定义之后才能调用。C51 中函数的定义方式与标准 C 语言的是相同的,由于 C51 在标准 C 语言的基础上扩展了许多专用关键字,因此可以将其应用于函数的定义中。

C51 函数定义的一般格式如下:

〔类型标识符〕函数名(〔形参表列〕)〔{small/compact/large}〕〔reentrant〕
〔interrupt m〕〔using n〕
{
　　声明部分
　　语句部分
}

对上述格式中各组成部分说明如下。

1. 类型标识符

类型标识符说明了函数返回值的类型,用于说明函数最后的 return 语句送回给被调用处的返回值的类型。如果省略,则默认为 int 型。如果一个函数没有返回值,则类型标识符定义为 void。

2. 函数名

函数名是用户给自己定义的函数取的名字,它的命名规则遵循标识符的命名规则。

3. 形参表列

形参表列用于列举在主调函数与被调函数之间进行数据传递的形式参数。在函数定义时要说明其类型。如果函数没有参数传递,在定义时,形参可以没有,也可以用 void,但括号不能省略。

4. small/compact/large 修饰符

small/compact/large 用来指定函数的存储器模式,函数的存储器模式确定了函数的参数和局部变量在内存中的地址空间。在 small 模式下,函数的参数和局部变量位于内部 RAM 区 128 B 中;在 compact 模式下,函数的参数和局部变量都位于外部 RAM 区的 1 页内;在 large 模式下,函数的参数和局部变量位于外部 RAM 区的 64 KB 中。函数存储器模式可以指定为 small、compact、large 模式中的任意一种,也可以不指定,不指定时系统默认为 small 模式。

5. reentrant 修饰符

C51 语言为了节省内部数据空间,为普通函数提供了一种压缩堆栈,即为每个函数设定一个空间存放局部变量。函数中的每个变量都存放在这个空间的固定位置,当此函数被递归调用时,会导致变量被覆盖。

C51 语言允许将函数定义为重入函数。重入函数是可以在函数体内不直接或间接调用其自身的函数。普通函数不允许递归调用,只有重入函数才允许递归调用。若函数被定义为重入函数,C51 编译器编译时就会为重入函数生成一个模拟堆,即在每次函数调用时,局部变量都会被单独保存,所以重入函数可被递归调用和多重调用,而变量不会被覆盖。

关于重入函数,需要注意以下几点。

(1) 重入函数不能传递 bit 类型的参数,不定义局部位变量,不能包括位操作及 80C51 系列单片机的可位寻址区。

(2) 重入函数不能被 alien(用于声明与 PL/M51 兼容的函数)关键字定义的函数所调用。

(3) 编译时,重入函数建立的是模拟堆栈区,重入函数的参数及局部变量放在模拟堆栈区中,使重入函数可以实现递归调用。

(4) 在同一程序中可以定义和使用不同存储器模式的重入函数,任意模式的重入函数不能调用不同存储器模式的重入函数,但可以调用普通函数。

(5) 实际参数可以传递给间接调用的重入函数,无重入属性的间接调用函数不能包含调用参数,但可以使用定义的全局变量来进行参数传递。

6. interrupt m 修饰符

在单片机应用系统中,中断起着举足轻重的作用。C51 中断函数可以用来声明中断和编写中断服务程序。若在函数定义时用了 interrupt m 修饰符,系统编译时会把对应的函数转化为中断函数,根据中断源编号 m 可以得到中断程序在 ROM 中的入口地址。中断源编号 m 的取值范围是 0~31,其中 0~5 是基本中断源编号,其他值预留。C51 编译器从 8m+3 处产生中断向量,该向量包含一个到中断函数入口地址的绝对跳转。表 3-6 所示的是基本中断源编号与入口地址的对应关系。

表 3-6　基本中断源编号与中断向量的对应关系

中断源编号	中断源	中断向量 8m+3
0	外部中断 0	0003H
1	定时/计数器 0 溢出	000BH
2	外部中断 1	0013H
3	定时/计数器 1 溢出	001BH
4	串行口中断	0023H
5	定时/计数器 2 溢出	002BH

1）编写规则

编写 80C51 单片机中断函数时应遵循以下规则。

（1）中断函数没有参数。如果带有了参数，则编译器将报错，中断函数不能进行参数传递。

（2）中断函数没有返回值，一般被定义为 void。如果试图返回一个值，则编译器将报错。但是如果定义函数返回值是 int 类型，将会被编译器忽略。

（3）在任何情况下，都不能直接调用中断函数。编译器检查对中断函数的直接调用，并且直接拒绝这种调用。直接调用中断过程是没有意义的，因为退出中断程序时要执行 RETI 指令，从而影响了 80C51 单片机的硬件中断系统。因为硬件上没有中断请求，所以这个返回指令的结果是不确定，并且通常是致命的。也不要通过函数指针间接地调用一个中断函数。

（4）在中断服务程序中调用的函数使用的寄存器组必须与中断服务程序使用的寄存器组一致，否则就会产生不可预料的后果。

2）产生的影响

interrupt m 修饰符对函数代码产生如下影响。

（1）如果需要，在函数调用的时候将会把 ACC、B、DPH、DPL 和 PSW 的值都保存在堆栈中。

（2）如果不用 using 修饰所用的寄存器组时，则中断中用到的所有工作寄存器都保存在堆栈中。如果中断函数加 using 修饰符，则在调用中断函数时将 PSW 入栈后还要修改 PSW 中的工作寄存器组选择位。

（3）工作寄存器和特殊的寄存器都保存在堆栈中，在中断程序退出时恢复这些寄存器。

（4）中断函数以 80C51 指令 RETI 结束。

7. using n 修饰符

C51 编译器扩展了关键字 using，专门用来选择 80C51 单片机中的工作寄存器组，80C51 单片机有 4 组工作寄存器组：0 组、1 组、2 组和 3 组。每组有 8 个寄存器，分别用 R0～R7 表示。using n 用于指定本函数内部使用的工作寄存器组，其中 n 的取值为 0～3，表示寄存器组号。若函数的首部没有指定 using n，则该函数使用的工作寄存器组由编译器自动选择。

使用 using n 时，要注意以下两点。

（1）加入 using n 后，C51 在编译时自动在函数的开始处和结束处加入以下指令。

```
{
PUSH PSW              ;标志寄存器入栈
MOV PSW,#与寄存器组号 n 相关的常量
```

        ⋮

    POP PSW   ;标志寄存器出栈

    }

    (2) using n 不能用于有返回值的函数,因为 C51 函数的返回值是放在寄存器中的。如果寄存器组改变了,返回值就会出错。

3.4 C51 的库函数

    C51 具有丰富的库函数资源,如 absacc. h、intrins. h、reg51. h、stdio. h、stdlib. h、string. h、stddef. h、stdarg. h、setjmp. h、math. h、ctype. h、assert. h 等,其中大部分函数库与标准 C 语言的函数库兼容,为了能更好地发挥 80C51 的特性,也扩展了部分函数库,如 absacc. h、intrins. h、reg51. h。库函数是以执行代码的形式出现的,供用户在链接定位时使用。用预处理命令♯include 包含相应的头文件后,就可以在程序中使用这些函数了。使用库函数使程序代码简单,结构清晰,易于调试和维护,下面介绍 C51 扩展的库函数。

3.4.1 内部函数 intrins. h

    intrins. h 提供的函数是用汇编语言编写的,编译时产生的是插入代码,而不是产生 ACALL 和 LCALL 指令去调用功能函数。因此内部函数的代码少,效率高。intrins. h 库有 9 个内部函数,分别是_crol_、_cror_、_irol_、_iror_、_lrol_、_lror_、_nop_、_testbit_、_chkfloat_。下面分别介绍这些函数。

1. _crol_

函数原型:unsigned char _crol_(unsigned char val,unsigned char n);。

参数:val 为无符号字符,n 为移动位数。

功能:将无符号字符型变量 val 以位形式循环向左移动 n 位。

返回值:移动后的 val。

2. _cror_

函数原型:unsigned char _cror_(unsigned char val,unsigned char n);。

参数:val 为无符号字符,n 为移动位数。

功能:将无符号字符型变量 val 以位形式循环向右移动 n 位。

返回值:移动后的 val。

3. _irol_

函数原型:unsigned int _irol_(unsigned int val,unsigned char n);。

参数:val 为无符号整数,n 为移动位数。

功能:将无符号整型变量 val 以位形式循环向左移动 n 位。

返回值:移动后的 val。

例如:

```
#include <intrins.h>
void main()
{
unsigned int y;
y=0x00ff;
y=_irol_(y,4);
}
```

4. _iror_

函数原型:unsigned int _iror_(unsigned int val,unsigned char n);。

参数:val 为无符号整数,n 为移动位数。

功能:将无符号整型变量 val 以位形式循环向右移动 n 位。

返回值:移动后的 val。

5. _lrol_

函数原型:unsigned long _lrol_(unsigned long val,unsigned char n);。

参数:val 为无符号长整数,n 为移动位数。

功能:将无符号长整型变量 val 以位形式循环向左移动 n 位。

返回值:移动后的 val。

6. _lror_

函数原型:unsigned long _lror_(unsigned long val,unsigned char n);。

参数:val 为无符号长整数,n 为移动位数。

功能:将无符号长整型变量 val 以位形式循环向右移动 n 位。

返回值:移动后的 val。

7. _nop_

函数原型:void _nop_(void);。

参数:无。

功能:插入 NOP 指令,该函数可用于延时。C51 编译器在_nop_函数工作期间不产生函数调用,即在程序中直接执行了 NOP 指令。

返回值:无。

8. _testbit_

函数原型:bit _testbit_(bit x);。

参数:x 为测试和清除的位。

功能:产生 JBC 指令,该函数测试 1 个位,若该位为 1,则跳转,且该位清 0;否则,程序顺序执行。_testbit_ 只能用于可直接寻址的位,在表达式中使用是不允许的。

返回值:x。

9. _chkfloat_

函数原型:unsigned char_chkfloat_(float value);。

参数:value 为数字。

功能:检查浮点数状态。

返回值:表示状态的字符。字符为 0,表示为标准浮点数;字符为 1,表示浮点数 0;字符为 2,表示正溢出(+INF);字符为 3,表示负溢出(-INF)。

3.4.2　绝对地址访问函数 absacc. h

使用 absacc. h 文件,可以利用三字节通用指针作为抽象指针,为各存储空间提供绝对地址存取技术。方法是把通用指针指向各存储空间的首地址,并将指针强制转换为指向存取对象类型的指针,再利用宏定义说明为数组名即可。存取时利用数组下标变量寻址。

用 ♯define 为各空间的绝对地址定义宏数组名如下:

```
♯define CBYTE ((unsigned char volatile code  * )0)
♯define DBYTE ((unsigned char volatile data  * )0)
♯define PBYTE ((unsigned char volatile pdata  * )0)
♯define XBYTE ((unsigned char volatile xdata  * )0)
♯define CWORD ((unsigned int volatile code  * )0)
♯define DWORD ((unsigned int volatile data  * )0)
♯define PWORD ((unsigned int volatile pdata  * )0)
♯define XWORD ((unsigned int volatile xdata  * )0)
```

对于绝对地址对象的存取,可以用指定下标的抽象数组来实现,也可以用抽象指针来实现。

char 类型:CBYTE[i]　　　　DBYTE[i]　　　PBYTE[i]　　　XBYTE[i]

　　　　　　(* (CBYTE+i)) (* (DBYTE+i)) (* (PBYTE+i)) (* (XBYTE+i))

int 类型:CWORD[i]　　　　DWORD[i]　　　PWORD[i]　　　XWORD[i]

　　　　　　(* (CWORD+i)) (* (WORD+i)) (* (PWORD+i)) (* (XWORD+i))

由于定义的宏数组名为各空间的绝对零地址,所以带下标变量 i 的数组元素就是各空间绝对地址的内容。

上述抽象数组名的宏定义在头文件 absacc. h 中说明。抽象数组与前面介绍过的抽象指针有如下关系:

XWORD[0xff]＝＊(unsigned int volatile xdata ＊)0xff；

【例 3-46】 下列指令在片外 RAM 区访问地址 0x1000。

xval＝XBYTE[0x1000]；
XBYTE[0x1000]＝20；

通过使用 ♯ define 指令,用符号可定义绝对地址,如符号 X10 可与 XBYTE[0x1000]地址相等: ♯ define X10 XBYTE[0x1000]。

3.4.3 特殊功能寄存器函数 reg51.h

文件 reg51.h 规定了 MCS-51 系列的特殊功能寄存器名及其位与地址的对应关系。reg51.h 文件一般放在 C:\KEIL\C51\INC 目录下,INC 文件夹根目录里有不少头文件,还有很多以公司分类的文件夹,里面也都是相关产品的头文件。如果要使用自己写的头文件,使用的时候只需把对应的头文件复制到 INC 文件夹里就可以了。reg51.h 文件中的内容如下:

```
♯ ifndef_REG51_H_
♯ define_REG51_H_
/＊BYTE Register＊/
sfr P0＝0x80；
sfr P1＝0x90；
   ⋮
/＊BIT Register＊/
/＊PSW＊/
sbit CY＝0xD7；
sbit AC＝0xD6；
   ⋮
/＊TCON＊/
sbit TF1＝0x8F；
sbit TR1＝0x8E；
   ⋮
/＊IE＊/
sbit EA＝0xAF；
sbit ES＝0xAC；
   ⋮
/＊IP＊/
sbit PS＝0xBC；
sbit PT1＝0xBB；
   ⋮
```

```
        /* P3 */
        sbit RD=0xB7;
        sbit WR=0xB6;
            ⋮
        /* SCON */
        sbit SM0=0x9F;
        sbit SM1=0x9E;
            ⋮
        #endif
```

【例 3-47】　对 80C51 单片机 P0 口和 P1 口的访问。

```
        #include 〈reg51.h〉
        void main()
        {
            if(P0==0x10) P1=0x50;
        }
```

练习题

3-1　填空题。

（1）一台计算机的指令系统就是它所能执行的_____集合。

（2）以助记符形式表示的计算机指令就是它的_____语言。

（3）在变址寻址中,以_____作变址寄存器,以_____或_____作基址寄存器。

（4）在相对寻址中,寻址得到的结果是_____。

（5）指出画线部分的寻址方式。

① MOV 40H,#20H　　_____,_____

② MOVX @DPTR,A　　_____,_____

③ MOV 20H,C　　_____,_____

④ MOVC A,@A+DPTR　　_____,_____

（6）若(DPTR)=5306H,(A)=49H,执行下列指令:

```
        MOVC   A,@A+DPTR
```

后,送入 A 的是程序存储器_____单元的内容。

（7）假定(SP)=45H,(ACC)=46H,(B)=47H,执行下列指令:

```
        PUSH ACC
        PUSH B
```

后,(SP)=_____,(46H)=_____,(47H)=_____。

(8) 假定(SP)=40H,(39H)=30H,(40H)=60H。执行下列指令:

POP DPH

POP DPL

后,DPTR 的内容为_____,SP 的内容是_____。

(9) 在 R7 初值为 00H 的情况下,"DJNZ R7,rel"指令将循环执行_____次。

(10) 假定 addr11=00100011001B,标号 MN 的地址为 2099H。执行指令:

MN:AJMP addr11

后,程序转移到地址_____去执行。

(11) 假定标号 MN 的地址为 2000H,标号 XY 值为 2022H。执行指令:

MN:SJMP XY

该指令的相对偏移量为_____。

(12) 执行如下指令序列:

MOV C,P1.0

ANL C,P1.1

ORL C,$\overline{P1.2}$

MOV P1.3,C

后,所实现的逻辑运算式为_____。

(13) 欲屏蔽 P1 口的低 4 位,高 4 位保持不变,应执行的指令为_____。

(14) 累加器第 0 位、第 2 位、第 4 位、第 6 位取反,其余位不变,应执行的指令为_____。

(15) 累加器 A 中存放 1 个其值小于 63 的 8 位无符号数,CY 清 0 后执行指令:

RLC A

RLC A

则 A 中数变为原来的_____倍。

3-2 选择题。

(1) MOVX A,@DPTR 指令中源操作数的寻址方式是( )。

A. 寄存器寻址 B. 寄存器间接寻址 C. 直接寻址 D. 立即寻址

(2) 当需要从 MCS-51 系列单片机程序存储器取数据时,采用的指令为( )。

A. MOV A,@R1   B. MOVC A,@A+DPTR

C. MOVX A,@R0   D. MOVX A,@ DPTR

(3) 执行如下 3 条指令后,30H 单元的内容是( )。

  MOV R1,♯30H

  MOV 40H,♯0EH

  MOV @R1,40H

A. 40H   B. 30H   C. 0EH   D. FFH

(4) 对程序存储器的读操作,只能使用( )。

A. MOV 指令   B. PUSH 指令   C. MOVX 指令   D. MOVC 指令

(5) MCS-51 系列单片机中,以下哪条指令的写法是错误的?( )

A. MOV DPTR,♯3F98H   B. MOV R0,♯0FEH

C. MOV 50H,0FC3DH   D. INC R0

(6) 下列指令中错误的是( )。

A. MOV A,R4   B. MOV 20H,R4

C. MOV R4,R3   D. MOV @R4,R3

(7) 产生 $\overline{\text{WR}}$ 信号的指令是( )。

A. MOVX A,@DPTR   B. MOVC A,@A+PC

C. MOVX A,@A+DPTR   D. MOVX @DPTR,A

(8) 执行 MOVX A,@DPTR 指令时,MCS-51 系列单片机产生的控制信号是( )。

A. $\overline{\text{PSEN}}$ B. ALE   C. $\overline{\text{RD}}$ D. $\overline{\text{WR}}$

(9) MCS-51 系列单片机执行完 MOV A,♯08H 后,PSW 的哪一位被置位?( )

A. C   B. F0   C. OV   D. P

(10) 下面哪条指令将 MCS-51 系列单片机的工作寄存器置成 3 区?( )

A. MOV PSW,♯13H   B. MOV PSW,♯18H

C. SETB PSW.4;CLR PSW.3   D. SETB PSW.3;CLR PSW.4

(11) LCALL 指令操作码地址是 2000H,执行完相应子程序返回指令后,PC=( )。

A. 2000H   B. 2001H   C. 2002H   D. 2003H

(12) 当执行完下面的程序后,PC 的值是( )。

  ORG 0000H

  AJMP 0040H

  ORG 0040H

  MOV SP,♯00H

A. 0040H   B. 0041H   C. 0042H   D. 0043H

(13) AJMP 指令的跳转范围是( )。

A. 256 B   B. 1 KB   C. 2 KB   D. 64 KB

(14) 设累加器 A 的内容为 0C9H,寄存器 R2 的内容为 54H,CY=1,执行指令

```
        SUBB A,R2
```

后,结果为( )。

    A. (A)=74H   B. (R2)=74H   C. (A)=75H   D. (R2)=75H

(15) 设(A)=0C3H,(R0)=0AAH,执行指令

```
        ANL A,R0
```

后,结果为( )。

    A. (A)=82H   B. (A)=6CH   C. (R0)=82   D. (R0)=6CH

(16) 有如下程序段:

```
        MOV R0,#30H
        SETB C
        CLR A
        ADDC A,#00H
        MOV @R0,A
```

执行结果是( )。

    A. (30H)=00H   B. (30H)=01H   C. (00H)=00H   D. (00H)=01H

(17) 从地址 2132H 开始有 1 条绝对转移指令 AJMP addr11,指令可能实现的转移范围是( )。

    A. 2000H~27FFH   B. 2132H~2832H

    C. 2100H~28FFH   D. 2000H~3FFFH

(18) 执行返回指令时,返回的断点是( )。

    A. 调用指令的首地址   B. 调用指令的末地址

    C. 返回指令的末地址   D. 调用指令下一条指令的首地址

(19) 下面程序执行完 RET 指令后,(PC)=( )。

```
        ORG 2000H
        LCALL 3000H
        ORG 3000H
        RET
```

    A. 2000H   B. 3000H   C. 2003H   D. 3003H

(20) MOV C,#00H 的寻址方式是( )。

    A. 位寻址   B. 直接寻址   C. 立即寻址   D. 寄存器寻址

(21) 要使 P0 口高 4 位变 0,低 4 位不变,应使用指令( )。

    A. ORL P0,#0FH   B. ORG P0,#0F0H

    C. ANL P0,#0F0H   D. ANL P0,#0FH

(22) 若原来工作寄存器 0 组为当前寄存器组,现要改 2 组为当前寄存器组,则

不能使用指令( )。

    A. SETB PSW.3   B. SETB D0H.4

    C. MOV D0H,#10H   D. CPL PSW.4

(23) 下列指令中不影响标志位 CY 的指令有( )。

    A. ADD A,20H   B. CLR A   C. RRC A   D. INC A

(24) 下列指令中正确的是( )。

    A. MOV P2.1,A   B. JBC TF0,L1

    C. MOVX B,@DPTR   D. MOV A,@R3

3-3 判断题。

(1) MCS-51 系列单片机的相对转移指令最大负跳距是 127 B。   ( )

(2) 当 MCS-51 系列单片机上电复位时,堆栈指针 SP=00H。   ( )

(3) 调用子程序指令(如 CALL)及返回指令(如 RET)与堆栈有关但与 PC 无关。   ( )

    指令字节数越多,执行时间越长。   ( )

(4) 内部寄存器 Rn(n=0~7)可以作为间接寻址寄存器。   ( )

(5) 子程序调用时自动保护断点和现场。   ( )

(6) "MOV A,@R0"指令中@R0 的寻址方式称为寄存器间址寻址。   ( )

(7) "MOV A,30H"这条指令执行后的结果是 A 的值为 30H。   ( )

(8) "MOV A,@R7"将 R7 单元中的数据作为地址,从该地址中取数,送入 A 中。   ( )

(9) "RC A"为循环左移指令。   ( )

(10) "MOV A,30H"采用的是立即寻址方式。   ( )

(11) "JC rel"发生跳转时,目标地址为当前地址加上偏移量 rel。   ( )

(12) "MOV A,@A+DPTR"是查询指令。   ( )

(13) "MUL AB"的执行结果是高 8 位在 A 中,低 8 位在 B 中。   ( )

3-4 程序分析题。

(1) 分析以下程序段运行后的结果。

①   CLR C

           MOV 20H,#99H

           MOV A,20H

           ADD A,#01H

           DA A

           MOV 20H,A

    (20H)=_____   (CY)=_____

②   MOV A,#20H

           MOV R0,#20H

```
        MOV @R0，A
        ANL A，＃0FH
        ORL A，＃80H
        XRL A，@R0
```

(A)＝_____ (20H)＝_____

③
```
        MOV A，＃50H
        MOV B，＃77H
        PUSH ACC
        PUSH B
        POP ACC
        POP B
```

(A)＝_____ (B)＝_____

④
```
        MOV DPTR，＃2314H
        MOV R0，DPH
        MOV 14H，＃22H
        MOV R1，DPL
        MOV 23H，＃56H
        MOV A，@R0
        XCH A，DPH
```

(A)＝_____ (DPTR)＝_____

(2) 程序如下(设数已置于 R0)：

```
        ORG 0030H
        MOV DPTR，＃TAB          ;TAB 为表首地址
        MOV A，R0
        CJNE A，＃10，NEXT
    NEXT：JNC NEXT1
        MOVC A，@A＋DPTR
        SJMP NEXT2
    NEXT1：MOV A，＃0FFH
    NEXT2：SJMP NEXT2
    TAB：  0,1,4,9,16,25,36,49,64,81
```

请说明上述程序执行后的功能。

(3) 设片内 RAM 的(20H)＝40H,(40H)＝10H,(10H)＝50H,(P1)＝0CAH。
分析下列指令执行后片内 RAM 的 20H、40H、10H 单元,以及 P1、P2 中的内容。

```
        MOV R0，＃20H
        MOV A，@R0
```

```
MOV R1,A
MOV A,@R1
MOV @R0,P1
MOV P2,P1
MOV 10H,A
MOV 20H,10H
```

（4）设(A)=83H,(R0)=17H,(17H)=34H,分析当执行完下面的指令段后累加器 A、R0、17H 单元的内容。

```
ANL A, 17H
ORL 17H,A
XRL A,@R0
CPL A
```

3-5 简答题。

（1）简述 MCS-51 汇编语言指令格式。

（2）MCS-51 指令系统主要有哪几种寻址方式？试举例说明。

（3）对访问内部 RAM 和外部 RAM,各应采用哪些寻址方式？

（4）在对片外 RAM 单元的寻址中,用 Ri 间接寻址与用 DPTR 间接寻址有什么区别？

（5）简述 SJMP(短转移)指令和 AJMP(绝对转移)指令的主要区别。

（6）转入主程序段后,编写的第 1 条关键语句应是什么？解释原因。

（7）位地址有哪些表示方式？举例说明如何从指令语句中区分位地址和字节地址？

（8）十进制调整指令 DA A 用在什么场合？为何要采用？

（9）相对于 C 语言而言,C51 特有的数据类型有哪些？

（10）C51 中存储器类型有几种,它们分别表示的存储器区域是什么？

（11）C51 中,bit 位与 sbit 位有什么区别？

（12）在 C51 中,通过绝对地址来访问的存储器有几种？

（13）在 C51 中,中断函数与一般函数有什么不同？

（14）按给定存储类型和数据类型,写出下列变量的说明形式。

① 在 data 区定义字符变量 val1。

② 在 idata 区定义字符变量 val2。

③ 在 xdata 区定义无符号字符型数组 val3[4]。

④ 在 xdata 区定义指向 char 类型的指针 px。

⑤ 定义可位寻址位变量 flag。

⑥ 定义特殊功能寄存器变量 P3。

⑦ 定义特殊功能寄存器变量 SCON。

⑧ 定义 16 位的特殊功能寄存器 T0。

3-6 编程题。

（1）将片内 RAM 30H 单元开始的 15 B 数据传送到片外 RAM 3000H 开始的单元中去。用汇编语言编程实现。

（2）用汇编语言编程统计从片外 RAM 2000H 开始的 100 个单元中"0"的个数，并存放于 R2 中。

（3）片内 RAM 30H 开始的单元中有 10 B 的二进制数，请编程求它们之和（和小于 256）。用汇编语言编程实现。

（4）用查表法编写子程序，将 R3 中的 BCD 码转换成 ASCII 码。用汇编语言编程实现。

（5）片内 RAM 40H 开始的单元内有 10 B 二进制数，编程找出其中的最大值，并存于 50H 单元中。

（6）用汇编语言编程实现将片外 RAM 的 1000H 单元开始的 100 B 数据相加，结果存放于 R7、R6 中。

（7）利用调子程序的方法，进行 2 个无符号数相加。请编写主程序及子程序。用汇编语言编程实现。

（8）若数据块是有符号数，求正数的个数，编程并注释。用汇编语言编程实现。

（9）用查表的方法将 R2 中的 1 位十六进制数转换成相应 ASCII 码并存于 R2 中，0～9 的 ASCII 码为 30H～39H，A～F 的 ASCII 码为 41H～46H。用汇编语言编程实现。

（10）用 C 语言分支结构编程实现，当输入"1"时显示"A"，当输入"2"时显示"B"，当输入"3"时显示"C"，当输入"4"时显示"D"，当输入"5"时，结束。

（11）有 3 个学生，每个学生的信息包括学号、姓名和分数，要求找出分数最高的学生的姓名和成绩。用 C 语言编程实现。

（12）设晶振频率为 6 MHz，试编写 1 ms 延时子程序，并利用该子程序，编写一段主程序，在 P1.0 引脚上输出高电平宽 2 ms、低电平宽 1 ms 的方波信号。

4

MCS-51 系列单片机内部资源及编程

本章学习单片机并行 I/O 口、定时/计数器接口、串行接口和中断系统的概念,要求掌握单片机中断系统的结构、中断源、中断特殊功能寄存器、中断响应过程、串行口功能与结构、工作方式及编程应用、定时/计数器系统的电路结构、特殊功能寄存器的功能和使用方法,理解单片机定时和计数、串行和中断的应用。

在单片机内部结构中,除了 CPU 之外,单片机集成有内部数据存储器、程序存储器、并行 I/O 口、中断控制系统、定时/计数器和串行口等,单片机的大部分功能就是通过对这些资源的充分利用来实现的。

4.1　并行 I/O 口

1. 并行 I/O 口的功能

MCS-51 系列单片机有 4 个 8 位的并行 I/O 口:P0、P1、P2 和 P3 口。这 4 个端口既可以并行输入或输出 8 位数据,又可以按位方式使用,即每一位均能独立做输入或输出用。CPU 通过内部总线与片内的 I/O 口连接,片内 4 个端口可与外设或单片机系统交换信息;或者可由其中的 P0、P2 和 P3 口构成外部总线,扩展外部 I/O,构成更加复杂的系统,满足实际应用的需求。

2. I/O 口编址方式

每一个 I/O 口都需要编址,以便 CPU 分别进行寻址。常用的 I/O 口编址方式有两种:独立编址方式和统一编址方式。独立编址方式中,I/O 口和数据 RAM 分开编址,各自有独立的地址空间,采用不同的控制总线,使用不同的指令分别寻址。统一编址方式中,I/O 口和数据 RAM 共用同一地址空间,寻址方式相同,采用相同的地址、数据和控制总线。MCS-51 系列单片机采用的是统一编址方式。

3. I/O 传递方式

1）无条件传送方式

当 I/O 口或 I/O 连接的外设随时都处于准备好的状态时，CPU 不需要测试外设状态，可随时直接对其进行操作，这种方式称为无条件传送方式。例如，机械开关信号的输入和输出控制指示灯、LED 显示。又如，当与并行的 D/A 转换器连接时，控制周期常常远大于 D/A 转换周期，此时 CPU 可以随时向其内部的寄存器输出数据。

2）查询方式

实际系统中，I/O 口及外设的速度常常低于 CPU 的处理速度，如打印机、A/D 转换器等，CPU 必须在 I/O 口或外设准备好之后，才能进行 I/O 操作。I/O 口或外设的状态可以用适当的方式输入 CPU，CPU 则通过对状态信号的查询，在判别外设准备好之后，对其进行 I/O 操作，这种有条件的传送方式称为查询方式。

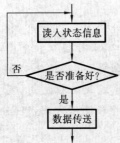

图 4-1　查询方式流程图

查询方式需要由接口不断地读入外设状态，并以软件方法进行测试，是一种硬件和软件结合的数据传送方式。程序查询方式实现简单，通用性强，适合各种设备数据的 I/O 操作。其缺点是，需要占用 CPU 的时间，当外设速度较慢时，系统软件的运行效率较低。查询方式流程图如图 4-1 所示。

【例 4-1】　如图 4-2 所示为单片机应用系统中的声光报警自检电路，其工作过程为当 K_1 闭合时，灯 D_1 闪烁（亮 0.5 s，灭 0.5 s）表示工作正常；当 K_2 闭合时，灯

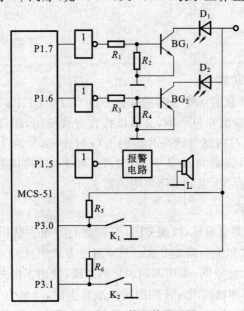

图 4-2　例 4-1 的硬件原理图

D_2 闪烁,并且由喇叭发出报警声。

解 根据题意,系统工作是否正常的信号由单片机的 P3.1 和 P3.0 口输入,而 P1.7 口控制系统正常工作的状态指示,P1.6 口控制系统报警时的状态显示,P1.5 口控制系统报警时的声音。

汇编程序如下:

```
              ORG 0000H
MIAN: MOV P1,#0FFH        ;设置初始状态
L1:   JB P3.0,L1          ;查开关 K1 状态,为 1 等待(断开)
L2:   CPL P1.7            ;若 K1 闭合则 D1 闪烁
      LCALL D500MS         ;延时
      JB P3.1,L2          ;判断 K2 的状态,为 1 等待(断开)
      SETB P1.7           ;若 K2 闭合则 D1 灭
L3:   CPL P1.6            ;灯 D2 闪烁
      CPL P1.5            ;声音报警(响 0.5s,停 0.5s)
      LCALL D500MS         ;延时
      JNB P3.1,L3         ;判断 K2 松开否,继续报警
      SJMP MIAN
D500MS:(略)
      END
```

C51 语言程序如下:

```
#include〈AT89X51.H〉
sbit D1=P1^7;
sbit D2=P1^6;
sbit L1=P1^5;
sbit K1=P3^0;
sbit K2=P3^1;
void delay05s(void)           //延时 0.5s 子程序
{
    unsigned char i,j,k;
    for(i=50;i>0;i--)
        for(j=50;j>0;j--)
            for(k=248;k>0;k--);
}
void main(void)
{
    while(1)
    {
```

```
        P1＝0xFF;              //设置初始状态
        while(K1＝＝1);         //查开关 K1 状态,为 1 等待
        while(K2＝＝1)          //判断 K2 的状态,为 1 等待(断开)
        {
            D1 ^=1;           //若 K1 闭合则 D1 闪烁
            delay05s();        //延时
        }
        D1=1;                 //若 K2 闭合则 D1 灭
        while( K2＝＝0)         //判断 K2 是否松开,继续报警
        {
            D2 ^=1;           //灯 D2 闪烁
            L1 ^=1;           //声音报警(响 0.5s,停 0.5s)
            delay05s() ;       //延时
        }
    }
}
```

3)中断方式

中断方式与查询方式的区别在于外设的状态信号是以中断申请方式输入 CPU 的。当外设准备好时,向 CPU 发出申请中断信号,CPU 响应中断,暂停正在执行的程序,转而执行中断服务程序,在中断服务程序中对外设进行 I/O 操作,中断返回后,再继续执行被中断的程序。

中断方式可提高单片机系统的效率,所以在单片机系统中被广泛采用,特别适合用于电池供电的低功耗系统。但相对于查询方式,中断方式对单片机系统的硬件和软件设计有较高的要求。

4. 并行 I/O 口的应用

【例 4-2】 利用单片机的 P1 口接 8 个发光二极管,P0 口接 8 个开关,编程实现,当开关动作时,对应的发光二极管亮或灭。

解 只需把 P0 口的内容读入后,通过 P1 口输出即可。其原理图如图 4-3 所示。

汇编程序如下:

```
        ORG 0100H
        MOV P0,＃0FFH
LOOP:   MOV A,P0
        MOV P1,A
        SJMP LOOP
```

C51 语言程序如下:

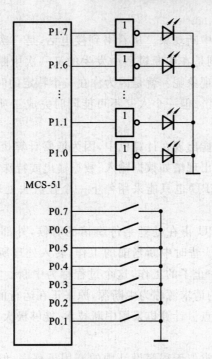

图 4-3　并行 I/O 口应用原理图

```
#include 〈reg51.h〉
void main(void)
{
unsigned char i;
P0=0xFF;
for(;;) { i=P0;P1=i; }
}
```

4.2　中断系统

中断技术是计算机中一个很重要的技术,它既与硬件有关,也与软件有关,正是因为有了"中断",才使计算机的工作更加灵活,效率更高。

4.2.1　中断的概念

中断现象不仅在计算机中存在,在日常生活中也同样存在,请看下例:

正在看书—电话铃响了—在书上做个记号,走到电话旁—拿起电话和对方通话—门铃响了—让打电话的对方稍等一下—去开门,并在门旁与来访者交谈—谈话结束,关好门—回到电话机旁,拿起电话,继续通话—通话完毕,挂上电话—从做记号的地方起继续看书。

这是一个很典型的中断现象。从看书到接电话,是一次中断过程,而从打电话到与门外来访者交谈,则是在中断过程中发生的又一次中断,即所谓中断嵌套。为什么会发生上述的中断现象呢? 就是因为你在一个特定的时刻面临着三项任务:看书、打电话和接待来访者。但一个人又不可能同时完成三项任务,因此只好采用中断方法,穿插着去做。

此种现象同样也可能出现在计算机中,因为通常计算机中只有 1 个 CPU,但在运行程序过程中可能会出现诸如数据输入、数据输出或特殊情况处理等其他的事情要 CPU 去完成,对此,CPU 也只能采用停下一个任务去处理另一任务的中断方法解决。

所谓中断,是指 CPU 正在处理某件事情的时候,外部发生了某一事件,请求 CPU 迅速去处理。CPU 暂时中断当前的工作,转入处理所发生的事件,处理完以后,再回来继续执行被中止了的工作,这个过程称为中断。实现这种功能的部件称为中断系统,产生中断的请求源称为中断源,原来正在运行的程序称为主程序,主程序被断开的位置称为断点。计算机采用中断技术,能够极大地提高工作效率和处理问题的灵活性。

执行中断服务程序类于程序设计中的调用子程序,但两者又有区别,主要区别如表 4-1 所示。

表 4-1　中断服务程序与调用子程序的区别

中断服务程序	调用子程序
随机产生	程序中事先安排好的
保护断点	保护断点
为外设服务和处理各种事件	为主程序服务

在单片机中,中断技术主要用于实时控制。所谓实时控制,就是要求计算机能及时地响应被控制对象提出的分析、计算和控制等请求,使被控对象保持在最佳工作状态,以达到预定的控制效果。这些控制参量的请求都是随机发出的,而且要求单片机必须作出快速响应并及时处理,对此,只有靠中断技术才能实现。

4.2.2　中断结构及控制

中断过程是在硬件的基础上再配以相应的软件实现的。不同的计算机其硬件结构和软件指令是不完全相同的,因此中断系统一般也是不相同的。

MCS-51 系列单片机的中断系统主要由几个与中断有关的特殊功能寄存器、中断入口、顺序查询逻辑电路等组成。MCS-51 系列单片机的中断系统结构框图如图 4-4 所示。

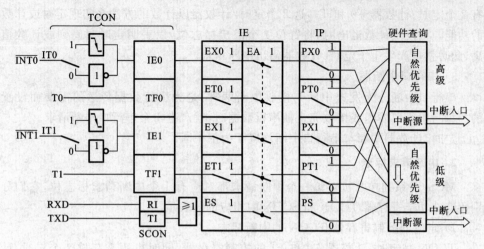

图 4-4　MCS-51 系列单片机的中断系统

由图 4-4 可见,MCS-51 系列单片机的中断系统主要由 5 个中断请求源、4 个与中断有关的特殊功能寄存器、中断入口地址(也称矢量地址)、硬件查询电路等组成。5 个中断源有 2 个中断优先级,每个中断源可以编程为高优先级或低优先级中断,可以实现二级中断服务程序嵌套。

1. 中断源

MCS-51 系列单片机的 5 个中断源可分为 2 个外部中断源、2 个定时/计数器中断及 1 个串行口中断。

1) 外部中断源

外部中断 0:即 $\overline{\text{INT0}}$,其中断请求信号由引脚 P3.2 输入。

外部中断 1:即 $\overline{\text{INT1}}$,其中断请求信号由引脚 P3.3 输入。

外部中断请求有两种信号方式,即电平触发方式和脉冲触发方式。

在电平触发方式下,CPU 在每个机器周期的 $S_5 P_2$ 时刻都要检测 $\overline{\text{INT0}}$(P3.2)和 $\overline{\text{INT1}}$(P3.3)引脚的输入电平,若检测到低电平,则认为是有中断信号,即低电平有效。

在脉冲触发方式下,CPU 也是在每个机器周期的 $S_5 P_2$ 时刻检测 $\overline{\text{INT0}}$(P3.2)和 $\overline{\text{INT1}}$(P3.3)引脚的输入电平,并需连续检测 2 次,若前一次检测为高电平,后一次检测为低电平,即检测到一个下降沿,则认为是有效的中断请求信号,此种触发方式也称为边沿触发方式。

为了保证检测的可靠性,低电平或高电平的宽度至少要保持 1 个机器周期,即12 个振荡周期以上。

2) 定时/计数器中断源

2 个定时/计数器中断源分别为 T0 溢出中断源和 T1 溢出中断源。

定时/计数器中断是为了满足定时或计数的需要而设置的。在单片机芯片内部有 2 个定时/计数器 T0 和 T1,这 2 个定时/计数器以计数的方法来实现定时或计数的功能。当发生计数溢出时,将置位 1 个溢出标志位,以表明定时时间到或计数值满,此时就可产生 1 个定时/计数器溢出中断请求。

3) 串行口中断源

串行口中断分为发送中断与接收中断两种,是为串行数据传送的需要而设置的。每当串行口发送或接收完 1 帧串行数据时,就产生 1 个串行口中断请求。

定时/计数器中断与串行口中断均属于内部中断。

2. 中断请求标志

MCS-51 系列单片机对每一个中断请求都对应有 1 个中断请求标志位,它们分别用特殊功能寄存器 TCON 和 SCON 中相应的位表示。

1) 定时器控制寄存器 TCON 的中断标志

TCON 是定时/计数器 T0 和 T1 的控制寄存器,同时也用来存放 2 个定时/计数器的溢出中断请求标志和 2 个外部中断请求标志。该寄存器的地址为 88H,位地址为 8FH～88H。TCON 寄存器中与中断有关的位定义如表 4-2 所示。其中,各位的含义如下。

表 4-2   定时器控制寄存器 TCON 中与中断有关的位定义

位地址	8FH	8EH	8DH	8CH	8BH	8AH	89H	88H
位符号	TF1	—	TF0	—	IE1	IT1	IE0	IT0

(1) IE0(或 IE1):外部中断 0(外部中断 1)请求标志位。

当 CPU 采样到 $\overline{INT0}$(或 $\overline{INT1}$)端出现有效的中断请求时,IE0(或 IE1)由硬件置 1,表示外部事件请求中断。在中断响应完成后转向中断服务时,由硬件自动清 0。

(2) IT0(或 IT1):外部中断 0(外部中断 1)请求信号方式控制位。

该位由用户设置。当设置 IT0(或 IT1)=1 时,选择脉冲触发方式(或边沿触发方式),负跳变有效;当 IT0(或 IT1)=0 时,选择电平触发方式,低电平有效。

(3) TF0(或 TF1):T0(或 T1)定时计数溢出标志位。

当定时/计数器 T0(或 T1)产生计数溢出时,此位由硬件置 1,表示 T0(或 T1)向 CPU 请求中断。当 CPU 转向中断服务程序时,由硬件自动清 0。

2) 串行口控制寄存器 SCON 的中断标志

SCON 是串行口控制寄存器,其最低 2 位用做串行口中断请求标志。该寄存器的地址是 98H,位地址是 9FH～98H。SCON 寄存器中与中断有关的位定义如表 4-3所示。其中,最低 2 位的含义如下。

表 4-3   串行口控制寄存器 SCON 中与中断有关的位定义

位地址	9FH	9EH	9DH	9CH	9BH	9AH	99H	98H
位符号	—	—	—	—	—	—	TI	RI

（1）RI：串行口接收中断请求标志位。

当单片机接收到 1 帧串行数据时，由硬件置 1，表示向 CPU 请求中断。值得注意的是，在 CPU 转向中断服务程序后，该位必须由软件清 0。

（2）TI：串行口发送中断请求标志位。

当单片机发送完 1 帧串行数据时，由硬件置 1，表示向 CPU 请求中断。在 CPU 转向中断服务程序后，该位必须由软件清 0。

3. 中断允许控制寄存器 IE 和 IP

1）中断允许控制寄存器 IE

单片机对中断源的开放或关闭（屏蔽）是由中断允许控制寄存器 IE 控制的。IE 寄存器的地址是 A8H，位地址是 AFH～A8H。IE 寄存器的内容及位地址如表 4-4 所示。其中，各位的含义如下。

表 4-4　中断允许控制寄存器 IE 的位定义

位地址	AFH	AEH	ADH	ACH	ABH	AAH	A9H	A8H
位符号	EA	—	—	ES	ET1	EX1	ET0	EX0

（1）EA：中断允许总控制位。

EA＝0，表示 CPU 禁止所有中断，即所有的中断请求被屏蔽；EA＝1，表示 CPU 开放中断，但每个中断源的中断请求是允许还是禁止，要由各自的中断允许位控制。

（2）EX0：$\overline{INT0}$ 中断允许控制位。

EX0＝0，禁止 $\overline{INT0}$ 中断；EX0＝1，允许 $\overline{INT0}$ 中断。

（3）EX1：$\overline{INT1}$ 中断允许控制位。

EX1＝0，禁止 $\overline{INT1}$ 中断；EX1＝1，允许 $\overline{INT1}$ 中断。

（4）ET0：T0 中断允许控制位。

ET0＝0，禁止 T0 中断；ET0＝1，允许 T0 中断。

（5）ET1：T1 中断允许控制位。

ET1＝0，禁止 T1 中断；ET1＝1，允许 T1 中断。

（6）ES：串行口中断允许控制位。

ES＝0，禁止串行口中断；ES＝1，允许串行口中断。

中断允许寄存器中各位的状态，可根据要求用指令置位或清 0。

2）中断优先级控制寄存器 IP

MCS-51 系列单片机的中断优先级控制比较简单，因为系统只定义了高、低两个优先级。各中断源的优先级由优先级控制寄存器 IP 进行设定。IP 寄存器地址为 B8H，位地址位为 BFH～B8H。IP 寄存器的内容及位地址如表 4-5 所示。其中，各位的含义如下。

表 4-5 中断优先级控制寄存器 IP 的位定义

位地址	BFH	BEH	BDH	BCH	BBH	BAH	B9H	B8H
位符号	—	—	—	PS	PT1	PX1	PT0	PX0

(1) PX0:外部中断$\overline{INT0}$优先级设定位。

(2) PT0:T0 中断优先级设定位。

(3) PX1:外部中断$\overline{INT1}$优先级设定位。

(4) PT1:T1 中断优先级设定位。

(5) PS:串行口中断优先级设定位。

以上某一控制位若被清 0,则该中断源被定义为低优先级;若被置 1,则该中断源被定义为高优先级。中断优先级控制寄存器 IP 的各个控制位,都可以通过编程来置位或清 0。

中断优先级是为中断嵌套服务的,MCS-51 系列单片机中断优先级的控制原则有如下几点。

(1) 低优先级中断请求不能打断高优先级的中断服务,但高优先级中断请求可打断低优先级的中断服务,从而实现中断嵌套。

(2) 中断一旦得到响应,与它同级的中断请求不能中断它。

(3) 如果同级的多个中断请求同时出现,则按 CPU 查询次序确定哪个中断请求先被响应。查询次序为:外部中断 0→定时/计数器中断 0→外部中断 1→定时/计数器中断 1→串行口中断。

4.2.3 中断响应与撤销

中断处理过程可分为 3 个阶段,即中断响应、中断处理和中断返回。所有计算机的中断处理都有这样 3 个阶段,但不同的计算机由于中断系统的硬件结构不完全相同,因而中断响应的方式有所不同,下面以 MCS-51 系列单片机为例来介绍中断处理过程。

1. 中断响应

中断响应是在满足 CPU 的中断响应条件之后,CPU 对中断源中断请求的回答。在这个阶段,CPU 要完成中断服务程序以前的所有准备工作,这些准备工作是:保护断点和使程序转向中断服务程序的入口地址。

计算机在运行时,并不是任何时刻都会去响应中断请求,而是在中断响应条件满足之后才会响应。

1) CPU 的中断响应条件

(1) 有中断源发出中断申请。

(2) 中断总允许位 EA=1,即 CPU 允许所有中断源申请中断。

（3）申请中断的中断源的中断允许位为 1，即此中断源可以向 CPU 申请中断。

2）CPU 中断响应受阻情况

若满足上述条件，CPU 一般会响应中断，但如果有下列任何一种情况存在，则中断响应会受到阻断。

（1）CPU 正在执行一个同级或高一级的中断服务程序。

（2）当前的机器周期不是正在执行的指令的最后一个周期，即正在执行的指令还未完成前，任何中断请求都得不到响应。

（3）正在执行的指令是返回指令或者对专用寄存器 IE、IP 进行读/写的指令，此时在执行 RETI 或者读/写 IE 或 IP 之后，不会马上响应中断请求，至少在执行 1 条其他指令之后才会响应。

若存在上述任何一种情况，中断查询结果就被取消，否则，在紧接着的下一个机器周期，就会响应中断。

在每个机器周期的 S_5P_2 期间，CPU 对各中断源采样，并设置相应的中断标志位。CPU 在下一个机器周期 S_6 期间按优先级顺序查询各中断标志，如查询到某个中断标志为 1，将在再下一个机器周期 S_1 期间按优先级进行中断处理。中断查询在每个机器周期中反复执行。如果中断响应的基本条件已满足，但由于上述 3 条之一未被及时响应，待上述封锁条件被撤销之后，中断标志却已消失了，则这次中断请求就不会再被响应。

3）中断响应过程

如果中断响应条件满足，且不存在中断阻断的情况，则 CPU 将响应中断。此时，中断系统通过硬件生成长调用指令（LCALL）。此指令将自动把断点地址压入堆栈保护起来（但不能自动保护现场，包括状态字寄存器 PSW 及其他寄存器内容等），然后将对应的中断入口地址装入程序计数器 PC，使程序转向该中断入口地址，执行中断服务程序。在 80C51 单片机中各中断源与之对应的入口地址分配如表 4-6 所示。

表 4-6 80C51 单片机各中断源及其对应的入口地址

中断源	入口地址
外部中断 0	0003H
定时器 T0 中断	000BH
外部中断 1	0013H
定时器 T1 中断	001BH
串行口中断	0023H

使用时，通常在这些入口地址处存放 1 条绝对跳转指令，使程序跳转到用户安排的中断服务程序起始地址上去。

2. 中断处理

中断服务程序从入口地址开始执行,直至遇到指令"RETI"为止,这个过程称为中断处理(又称中断服务)。此过程一般包括两部分内容,一是保护现场,二是处理中断源的请求。

因为一般主程序和中断服务程序都可能会用到累加器、PSW 及其他一些寄存器。CPU 在进入中断服务程序后,用到上述寄存器时,就会破坏它原来存在寄存器中的内容,一旦中断返回,将会造成主程序混乱,因而在进入中断程序后,一般要先保护现场,然后执行中断处理程序,在返回主程序以前,恢复现场。

在编写中断服务程序时需注意以下几点。

(1) 因为各入口地址之间只相隔 8 个字节,一般的中断服务程序是容纳不下的,因此最常用的方法是在入口地址单元处存放 1 条无条件转移指令,这样可使中断服务程序灵活地安排在 64 KB 程序存储器的任何空间。

(2) 若要在执行当前中断程序时禁止更高优先级中断源中断,要先用软件关闭 CPU 中断,或禁止更高中断源的中断,而在中断返回前再开放中断。

(3) 在保护现场和恢复现场时,为了不使现场数据受到破坏或者造成混乱,一般规定在保护现场和恢复现场时,CPU 不响应新的中断请求。这就要求在编写中断服务程序时,注意保护现场之前要关中断,在恢复现场之后再开放中断。

3. 中断返回

中断返回是指中断处理完成之后,计算机返回到原来断开的位置(即断点),继续执行原来的程序。中断返回由专门的中断返回指令 RETI 来实现,该指令的功能是把断点地址取出,送回到程序计数器 PC 中去。另外,它还通知中断系统已完成中断处理,将清除优先级状态触发器。特别要注意不能用 RET 指令替代 RETI 指令。

综上所述,可以把中断处理过程用图 4-5 所示的流程图进行概括。图 4-5 中,保护现场之后的开中断是为了允许有更高级中断打断此中断服务程序。

4. 中断请求的撤销

CPU 响应某中断请求后,TCON 或 SCON 中的中断请求标志应及时清除,否则会引起另一次中断。

对于定时器溢出中断,CPU 在响应中断后,就用硬件清除了有关的中断请求标志 IF0 或 IF1,即中断请求是自动撤销的,无须采取其他措施。

对于边沿触发的外部中断,CPU 在响应中断后,也是用硬件自动清除有关的中断请求标志 IE0 或 IE1 的,即中断请求也是自动撤销的,无须采取其他措施。

对于串行口中断,CPU 在响应中断后,没有用硬件清除 TI、RI,故这些中断不能自动撤销,用户必须在中断服务程序中用软件来清除。

对于电平触发的外部中断,CPU 在响应中断后,虽然也是由硬件自动清除中断申

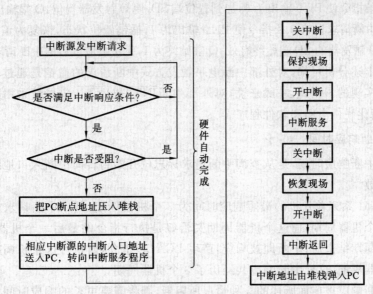

图 4-5　中断处理过程流程图

请标志 IE0 或 IE1，但并不能彻底解决中断请求问题。因为尽管中断标志清除了，但是 $\overline{INT0}$ 和 $\overline{INT1}$ 引脚上的低电平信号可能会保持较长的时间，在下一个机器周期采样时，又会使 IE0 或 IE1 重新置 1，造成重复响应该中断的情况。为此，应该在外部中断请求信号接到 $\overline{INT0}$ 或 $\overline{INT1}$ 引脚的连接电路上采取措施，及时撤销中断请求信号。

　　图 4-6 所示的是可行的方案之一。用 D 触发器锁存外来的中断请求低电平，并通过 D 触发器的输出端 Q 送到 $\overline{INT0}$ 或 $\overline{INT1}$，所以，增加的 D 触发器不影响中断请求；为了撤销中断请求，利用 D 触发器的直接置位端 SD 实现，将 SD 端接单片机的 P1.0。只要 P1.0 输出 1 个负脉冲就可以使 D 触发器置 1，从而撤销低电平的中断请求信号。

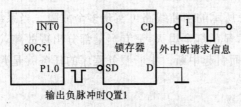

图 4-6　外部中断请求信号撤销电路

　　当有外部中断请求信号时，该中断请求信号经反相加到触发器 CP 端，作为 CP 脉冲。由于 D 端接地，Q 端输出低电平，发出中断请求。在 CPU 响应中断后，应在中断服务程序中安排如下 2 条指令：

```
CLR  P1.0
SETB P1.0
```

第 1 条指令使 P1.0 输出为 0，加到置位端 SD，使 D 触发器置位，Q 端输出高电平，从而撤销中断请求。第 2 条指令使 P1.0 输出为 1，撤销置位状态，恢复为正常工作状态，否则，D 触发器的 SD 端始终有效，Q 端始终为 1，无法响应以后的中断请求。

通过上述分析可知，对外部中断电平触发方式中断请求的撤销是通过软硬件结合的方法实现的。因此，一般来说，对外部中断$\overline{\text{INT0}}$或$\overline{\text{INT1}}$，应尽量采用边沿触发方式，以简化硬件电路和软件程序。

5. 中断响应时间

所谓中断响应时间，是从查询中断请求标志位开始到转向中断入口地址所需的机器周期数。

MCS-51 系列单片机的最短响应时间为 3 个机器周期，其中中断请求标志位查询占用 1 个机器周期，而这个机器周期又恰好是执行指令的最后一个机器周期，在这个机器周期结束后，中断即被响应，产生 LCALL 指令，而执行这条长调用指令需要 2 个机器周期，这样中断响应共经历了 3 个机器周期。

若中断响应被前面所述的 3 种情况所阻断，则将需要更长的响应时间。若中断标志查询时，刚好开始执行 RET、RETI 或访问 IE、IP 的指令，则需要把当前指令执行完再继续执行 1 条指令，才能进行中断响应。执行 RET、RETI 或访问 IE、IP 指令最长需要 2 个机器周期。而如果继续执行的那条指令又恰好是 MUL（乘）、DIV（除）指令，则又需要 4 个机器周期，再加上执行长调用指令 LCALL 指令所需要的 2 个机器周期，从而形成了 8 个机器周期的最长响应时间。

一般情况下，外中断响应时间都是大于 3 个机器周期而小于 8 个机器周期。当然，如果出现同级或高级中断正在响应或服务中需等待的时候，那么响应时间就无法计算了。

4.2.4　中断系统的应用

【例 4-3】　图 4-7 所示的中断线路可实现多个故障。当系统无故障时，4 个故障源输入端全为低电平，显示灯全熄灭，只有当某部分出现故障，其相应的输入线才由低电平变为高电平从而引起中断。中断服务程序的任务就是判定故障源，并进行相应的灯光显示。

汇编程序如下。

```
        ORG   0000H
        AJMP  MA1      ;转向主程序
        ORG   0003H
        AJMP  SERVE    ;转向中断服务程序
MA1:    MOV   P1,#55H  ;全部指示灯灭，并为读入故障信号做准备
        SETB  IT0      ;选取外中断为脉冲触发方式
```

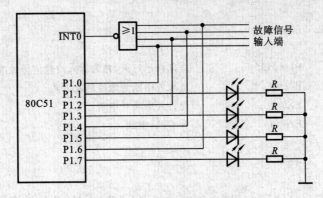

图 4-7 多故障中断系统原理图

```
        SETB   EX0        ;允许外中断 0 中断
        SETB   EA         ;开 CPU 中断
LOOP：  MOV    A,P1
        ANL    A,#55H
        JNZ    LOOP       ;有故障信号转 LOOP
        MOV    P1,#55H    ;无故障信号灯全灭,并为读入故障信号做准备
        SJMP   LOOP       ;等待中断
SERVE：JNB     P1.0,L1    ;中断服务程序,查询故障源,若有故障,将相应的
                           灯点亮
        SETB   P1.1
        SJMP   L2
L1：    CLR    P1.1
L2：    JNB    P1.2,L3
        SETB   P1.3
        SJMP   L4
L3：    CLR    P1.3
L4：    JNB    P1.4,L5
        SETB   P1.5
        SJMP   L6
L5：    CLR    P1.5
L6：    JNB    P1.6,L7
        SETB   P1.7
        SJMP   L8
L7：    CLR    P1.7
L8：    RETI
```

C 语言程序如下。

```
#include 〈AT89X51.H〉
```

```
void main(void)
{
    P1=0x55;                //全部指示灯灭,并为读入故障信号做准备
    IT0=1;                  //选取外中断为脉冲触发方式
    EX0=0;                  //允许外中断 0 中断
    EA=1;                   //开 CPU 中断

    while(1)
    {
        while((P1&0x55)==0) //无故障信号灯全灭,并为读入故障信号做准备
            P1=0x55;


    }
}


void INT0_ISR() interrupt 0 //外部中断 0 中断服务程序
{
    if(P1_0==1)             //中断服务程序,查询故障源,若有故障,将相应的灯
                            //点亮
        P1_1=1;
    else
        P1_1=0;
    if(P1_2==1)
        P1_3=1;
    else
        P1_3=0;
    if(P1_4==1)
        P1_5=1;
    else
        P1_5=0;
    if(P1_6==1)
        P1_7=1;
    else
        P1_7=0;
}
```

【例 4-4】 某工业监控系统,具有温度、压力、pH 值等多路监控功能,中断源的连接如图 4-8 所示。如果 pH 值小于 7,则向 CPU 申请中断,CPU 响应中断后,使 P3.0 引脚输出高电平,经驱动,使加碱管道电磁阀接通 1 s,以调整 pH 值。

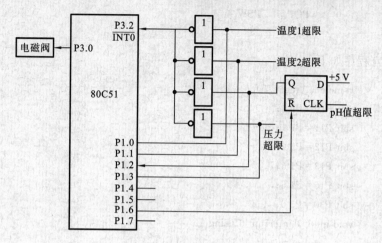

图 4-8 多个外中断源的连接

　　系统监控通过外中断$\overline{\text{INT0}}$来实现，这里就涉及对多个中断源的处理，处理时往往通过中断加查询的方法来实现。多个中断源通过"线或"接于$\overline{\text{INT0}}$上。那么无论哪个中断源提出请求，系统都会响应中断，响应后，进入中断服务程序，在中断服务程序中通过对 P1 口线的逐一检测来确定哪一个中断源提出了中断请求，进一步转到对应的中断服务程序入口位置执行对应的处理程序。这里只针对 pH<7 时的中断构造了相应的中断服务程序 INT02，接通电磁阀延时 1 s 的延时子程序 DELAY 已经构造好了，只需调用即可。

　　汇编程序如下（只涉及中断程序，注意外部中断$\overline{\text{INT0}}$中断允许，且为电平触发）。

	ORG	0003H	;外部中断 0 中断服务程序入口
	JB	P1.0,INT00	;查询中断源,转对应的中断服务子程序
	JB	P1.1,INT01	
	JB	P1.2,INT02	
	JB	P1.3,INT03	
	ORG	0080H	;pH 值超限中断服务程序
INT02：	PUSH	PSW	;保护现场
	PUSH	ACC	
	SETB	PSW.3	;工作寄存器设置为 1 组,以保护原 0 组的内容
	SETB	P3.0	;接通加碱管道电磁阀
	ACALL	DELAY	;调延时 1s 子程序
	CLR	P3.0	;1s 到,关加碱管道电磁阀
	ANL	P1,#0BFH	
	ORL	P1,#40H	;产生 P1.6 的负脉冲,用来撤销 pH<7 的中断请求
	POP	ACC	

```
                POP     PSW
                RETI
```

C 语言程序如下。

```
#include ⟨reg51.h⟩
sbit P10=P1^0;
sbit P11=P1^1;
sbit P12=P1^2;
sbit P13=P1^3;
sbit P16=P1^6;
sbit P30=P3^0;
void int0( ) interrupt 0 using 1
{
    void int00( );
    void int01( );
    void int02( );
    void int03( );
    if (P10==1) {int00( );}          //查询调用对应的函数
    else if (P11==1) {int01( );}
    else if (P12==1) {int02( );}
    else if (P13==1) {int03( );}
}
    void int02( )
{
    unsigned char i;
    P30=1;
    for (i=0;i<255;i++);
    P30=0;
    P16=0;P16=1;
}
```

4.3　定时/计数器

　　在控制系统中,常常要求有一些定时或延时控制,如定时输出、定时检测、定时扫描等;也往往要求有计数功能,能对外部事件进行计数。

　　要实现上述功能,一般可用下面 3 种方法。

　　(1) 软件定时:让 CPU 循环执行一段程序,以实现软件定时。但软件定时占用了 CPU 时间,降低了 CPU 的利用率,因此软件定时的时间不宜太长。

（2）硬件定时：采用时基电路（如 555 定时芯片），外接必要的元器件（电阻和电容），即可构成硬件定时电路。这种定时电路在硬件连接好以后，定时值与定时范围不能由软件进行控制和修改，即不可编程。

（3）可编程的定时器：这种定时器的定时值及定时范围可以很容易地用软件来确定和修改，因而功能强，使用灵活，如 8253 可编程芯片。

80C51 单片机的硬件上集成有 2 个 16 位的可编程定时/计数器，即定时/计数器 0 和定时/计数器 1，简称 T0 和 T1，它们既可以实现定时，也可以对外部事件进行计数，T1 还可以作为串行口的波特率发生器。

4.3.1　硬件结构

定时/计数器的结构如图 4-9 所示，T0 由 TH0 和 TL0 构成，T1 由 TH1 和 TL1 构成。TMOD 用于控制和确定各定时/计数器的功能和工作模式。TCON 用于控制定时/计数器 T0、T1 启动和停止计数，同时包含定时器、计数器的状态。它们属于特殊功能寄存器，这些寄存器的内容靠软件设置。系统复位时，寄存器的所有位都被清 0。

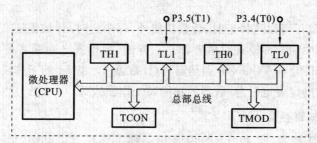

图 4-9　定时/计数器的结构

定时/计数器具有定时和计数 2 种功能。

1. 计数功能

所谓计数，是对外部事件进行计数。计数脉冲必须从规定的引脚 P3.4（T0）或 P3.5（T1）输入。当输入信号发生由 1 至 0 的负跳变时，计数器（TH0、TL0 或 TH1、TL1）的值增 1。在每个机器周期的 S_5P_2 期间，对外部输入信号进行采样。如在第 1 个周期中采样值为 1，而在下一个周期中采样值为 0，则在紧随着的再下一个周期的 S_3P_1 期间，计数器就增 1。由于确认 1 次负跳变要花 2 个机器周期，即 24 个振荡周期，因此外部输入脉冲的最高频率为振荡频率的 1/24。对外部输入脉冲的占空比并没有什么限制，但为了确保输入脉冲的电平在变化之前至少被采样一次，则输入脉冲的高、低电平至少要保持 1 个机器周期。

2. 定时功能

T0、T1 的定时功能也是通过计数实现的。计数脉冲来自于内部电路，每个机器周期使计数器的值增 1。每个机器周期等于 12 个振荡器周期,故计数速率为振荡器频率的 1/12。计数值乘以单片机的机器周期就是定时时间。

定时/计数器的工作原理如图 4-10 所示,定时/计数器的核心部件是加 1 计数器,其输入的计数脉冲有 2 个来源:一个是系统片内振荡器输出脉冲经 12 分频后送来;另一个是 T0 或 T1 端输入的外部脉冲。当控制信号有效时,计数器从 0 或初值开始加 1 计数,每来 1 个脉冲,计数器加 1,当加到计数器为全 1 时,再输入 1 个脉冲,计数器发生溢出,溢出时,计数器回 0,并置位 TCON 中的 TF0 或 TF1,以表示定时时间已到或计数器已满,向 CPU 发出中断申请。

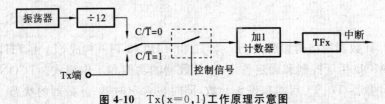

图 4-10   Tx(x=0,1)工作原理示意图

4.3.2   工作模式

T0 和 T1 除了可以选择定时、计数功能外,每个定时/计数器还有 0、1、2、3 等 4 种工作模式,其中前 3 种模式对两者都是一样的,而模式 3 对两者是不同的。特殊功能寄存器 TMOD 和 TCON 分别是定时/计数器 T0 和 T1 的工作模式和控制寄存器,用于控制和确定各定时/计数器的功能及工作模式等。

1. 工作模式寄存器 TMOD

TMOD 用于控制 T0 和 T1 的功能和 4 种工作模式。其中,低 4 位用于控制 T0,高 4 位用于控制 T1。其格式如图 4-11 所示。

(MSB)   (LSB)

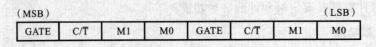

图 4-11   工作模式寄存器 TMOD 的位定义

各位定义如下。

(1) GATE 位:门控位。

GATE=0 时,只要 TR0 或 TR1 置 1,就可以启动定时/计数器,而不管 $\overline{\text{INT0}}$ 或 $\overline{\text{INT1}}$ 的引脚是高电平还是低电平。

GATE=1 时,只有 $\overline{\text{INT0}}$ 或 $\overline{\text{INT1}}$ 引脚为高电平且 TR0 或 TR1 置 1 时,才能启动定时/计数器。

(2) $C/\overline{T}$ 位:定时/计数功能选择位。

$C/\overline{T}=0$,选择定时功能。

$C/\overline{T}=1$,选择计数功能。

（3）M1、M0 位：工作模式选择位。2 位可形成 4 种编码，4 种编码对应于 4 种工作模式，见表 4-7。

表 4-7　定时/计数器 4 种工作模式

M1	M0	工作模式	组成及特点
0	0	模式 0	TLx（x=0,1）中低 5 位与 TRx 中的 8 位构成 13 位计数器。计数溢出时，13 位计数器回 0
0	1	模式 1	TLx 与 THx 构成 16 位计数器。计数溢出时，16 位计数器回 0
1	0	模式 2	TLx 构成 8 位计数器，每当计满溢出时，THx 中的初值自动装载到 TLx 中
1	1	模式 3	T0 分成 2 个 8 位计数器。T1 停止计数

TMOD 寄存器的单元地址是 89H，不能位寻址，只能用字节传送指令设置其内容。

2. 控制寄存器 TCON

TCON 用来控制 T0 和 T1 的启、停，并给出相应的状态，字节地址为 88H，位地址为 88H～8FH，其格式如图 4-12 所示。

（MSB）　　　　　　　　　　　　　　　　　　　　　　　（LSB）

TF1	TR1	TF0	TR0	IE1	IT1	IE0	IT0

图 4-12　控制寄存器 TCON 的位定义

各位定义如下。

（1）TF1：定时器 1 溢出标志位。

当定时/计数器 1 计满溢出时，由硬件置 1。使用查询方式时，此位为状态位，供查询用，查询有效后需由软件清 0；使用中断方式时，此位为中断申请标志位，进入中断服务后由硬件自动清 0。

（2）TR1：定时器 1 运行控制位。

该位靠软件置位或清 0：置位时，定时/计数器启动工作；清 0 时，定时/计数器停止工作。

（3）TF0：定时器 0 溢出标志位，其功能和操作情况同 TF1 的。

（4）TR0：定时器 0 运行控制位，其功能和操作情况同 TR1 的。

3. 定时/计数器的工作模式

1）模式 0

当 M1M0 为 00 时，则 T0 或 T1 便工作在模式 0。图 4-13 表示 T0 或 T1 在模式 0 下的结构图。

模式 0 为 13 位计数器，由 TLx 的低 5 位和 THx 的 8 位构成，TLx 中的高 3 位弃之未用。由图 4-13 可见，当 C/$\overline{T}$＝0 时，多路开关接通内部振荡器的 12 分频输

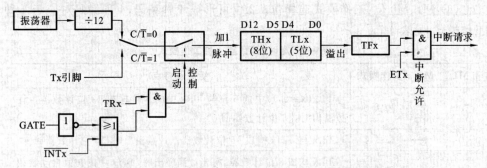

图 4-13 Tx(x＝0,1)工作在模式 0 下的结构(13 位计数器)

出,此时 13 位计数器对机器周期进行计数,即所谓定时器功能。当 $C/\overline{T}=1$ 时,多路开关接通计数引脚 Tx,外部计数脉冲由 T0(P3.4)和 T1(P3.5)输入。当计数脉冲发生负跳变时,计数器加 1,这就是所谓计数器功能。

2) 模式 1

当 M1M0 为 01 时,则 T0 或 T1 工作于模式 1,模式 1 的电路结构和工作情况与模式 0 的几乎相同,唯一的差别是:计数器的位数不同,结构图如图 4-14 所示。模式 1 的计数器是 16 位,TLx 为低 8 位,THx 为高 8 位,组合成 16 位的加 1 计数器。

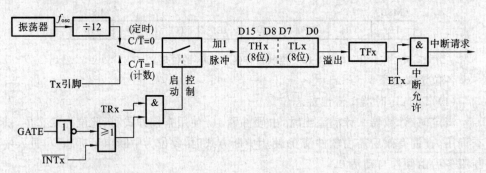

图 4-14 Tx(x＝0,1)工作在模式 1 下的结构(16 位计数器)

3) 模式 2

当 M1M0 为 10 时,T0 或 T1 工作于模式 2。模式 2 是把加 1 计数器配置成一个可以自动重装初值的 8 位计数器,如图 4-15 所示。TLx 作 8 位的加 1 计数器,THx 作 8 位初值计数器,其初值由软件设置。当装入初值和启动定时/计数器工作后,TLx 按 8 位加法计数器工作,TLx 计数溢出时,一方面由硬件使溢出标志 TFx 置 1,另一方面自动把 THx 中的初值装入 TLx 中,使 TLx 从初值开始重新加 1 计数。重装载后 THx 的内容不变。

模式 2 既有优点,又有缺点。优点是定时初值可自动恢复,而模式 0、模式 1 的初值不能自动恢复;缺点是计数范围小。因此,模式 2 适用于需要重复定时,而定时范围不大的应用场合,特别适合于把定时/计数器作为串行口波特率发生器使用。

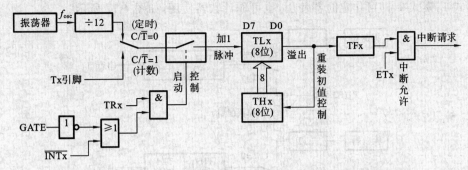

图 4-15　Tx(x＝0,1)工作在模式 2 下的结构(8 位自动重装初值计数器)

4）模式 3

当 M1M0 为 11 时,定时/计数器工作于模式 3。但模式 3 仅适用于 T0,T1 无模式 3。

(1) 在模式 3 下,T0 被分成 2 个独立的 8 位计数器 TL0 和 TH0,如图 4-16 所示。

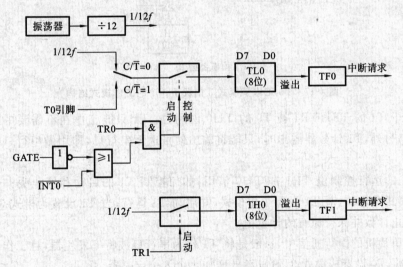

图 4-16　T0 工作在模式 3 下的结构(2 个 8 位计数器)

TL0 使用 T0 原有的控制寄存器资源:C/T̄、GATE、TR0、INT0和 TF0,组成 1 个 8 位的定时/计数器,如图 4-16 所示,它的工作情况与模式 0 和模式 1 下的类似,既可以作定时器使用,也可以作计数器使用。

TH0 借用 T1 的运行控制位 TR1 和溢出标志位 TF1,组成另一个 8 位定时器,如图 4-16 所示,TH0 的启、停受 TR1 控制,TH0 的溢出将置位 TF1,这时的 TH0 占用了 T1 的中断;TH0 只对机器周期计数,故只能作定时器使用。

(2) 当 T0 工作于模式 3 时,如果仍需要 T1 工作,此时 T1 仍可工作于模式 0、模式 1、模式 2，即可作定时器使用，也可作计数器使用，如图 4-17 所示。

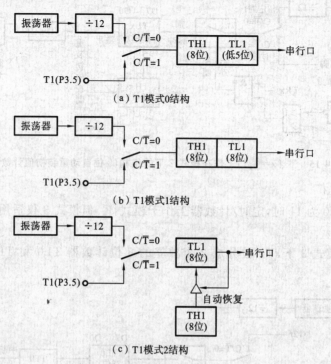

（a）T1模式0结构

（b）T1模式1结构

（c）T1模式2结构

图 4-17 T0 工作于模式 3 情况下，T1 的工作模式结构

由于 T1 的 TF1、TR1 被 T0 的 TH0 占用，故 T1 只能工作在不需要中断控制的场合，另外，T1 计数器溢出时，只能将输出信号送至串行口，即用做串行口波特率发生器。

T1 的运行控制位 TR1 被 TH0 借用，如何控制 T1 的启动和停止呢？在设置 T0 为模式 3 之前，对 T1 设置工作模式，并启动 T1 运行；当 T1 设置为模式 3 时，将使它停止计数并保持原有的计数值。

在单片机的串行通信中，一般是将 T1 作为串行口波特率发生器，且工作于模式 2，这时将 T0 设置成模式 3，可以额外增加 1 个 8 位定时器。

4.3.3 初始化编程及应用

1. 定时/计数器的编程

MCS-51 的定时/计数器是可编程的，可以设定为对机器周期进行计数，实现定时功能，也可以设定为对外部脉冲计数，实现计数功能，有 4 种工作模式，使用时可根据情况选择其中一种。MCS-51 系列单片机定时/计数器初始化过程如下。

（1）根据要求选择工作模式，确定模式控制字，写入模式控制寄存器 TMOD。

（2）根据要求计算定时/计数器的计数值，再由计数器求得初值，写入初值寄存器。

（3）根据需要开放定时/计数器中断。

（4）设置定时/计数器控制寄存器 TCON 的值，启动定时/计数器开始工作。

（5）如等待定时/计数时间到，则执行中断服务程序；如用查询处理，则编写查询程序判断溢出标志，溢出标志等于"1"，则进行相应处理。

2. 定时/计数器的应用

通常利用定时/计数器来产生周期性的波形。其基本思路是：利用定时/计数器来产生周期性的定时，定时时间到则对输出端进行相应的处理。例如，要产生周期性的方波，只需定时时间到对输出端取反 1 次即可。不同的模式下，定时的最大值不同：如定时时间比较短，则选择模式 2，模式 2 形成周期性的定时不需重置初值；如定时时间比较长，则选择模式 0 或模式 1；如定时时间很长，则 1 个定时/计数器不够用，这时可用 2 个定时/计数器或 1 个定时/计数器加软件计数的方法。

【例 4-5】 设系统时钟频率为 12 MHz，用定时/计数器 T0 编程实现从 P1.0 输出周期为 500 μs 的方波。

分析 从 P1.0 输出周期为 500 μs 的方波，只需 P1.0 每 250 μs 取反 1 次即可。当系统时钟为 12 MHz，定时/计数器 T0 工作于模式 2 时，最长的定时时间为 256 μs，满足 250 μs 的定时要求，模式控制字应设定为 00000010B（02H）。系统时钟为 12 MHz，定时 250 μs，计数值 N 为 250，初值 $X=256-250=6$，则 TH0=TL0 =06H。

1）采用中断处理方式的程序

汇编程序如下。

```
            ORG     0000H
            LJMP    MAIN
            ORG     000BH           ;T0 中断处理程序
            CPL     P1.0
            RETI
            ORG     0100H           ;主程序
   MAIN:    MOV     TMOD,#02H       ;选择 T0 的模式 2,定时功能
            MOV     TH0,#06H
            MOV     TL0,#06H
            SETB    EA
            SETB    ET0
            SETB    TR0             ;启动 T0
            SJMP    $
            END
```

C 语言程序如下。

```
# include <reg51.h>                //包含特殊功能寄存器库
    sbit P1_0=P1^0;
void main( )
{
    TMOD=0x02;
    TH0=0x06;TL0=0x06;
    EA=1;ET0=1;
    TR0=1;
    while(1);
}
void time0_int(void) interrupt 1   //中断服务程序
{
    P1_0=! P1_0;
}
```

2）采用查询方式处理的程序

汇编程序如下。

```
        ORG     0000H
        LJMP    MAIN
        ORG     0100H           ;主程序
MAIN: MOV     TMOD,#02H
        MOV     TH0,#06H
        MOV     TL0,#06H
        SETB    TR0
LOOP: JBC     TF0,NEXT        ;查询 T0 计数溢出位
        SJMP    LOOP
NEXT: CPL     P1.0
        SJMP    LOOP
        SJMP    $
        END
```

C 语言程序如下。

```
# include <reg51.h>                //包含特殊功能寄存器库
sbit P1_0=P1^0;
void main( )
{
    TMOD=0x02;
    TH0=0x06;TL0=0x06;
    TR0=1;
```

```
            for(;;)
            {
                    if (TF0) { TF0=0;P1_0=! P1_0;}      //查询计数溢出
            }
    }
```

如果定时时间大于 65 536 μs,则这时用 1 个定时/计数器直接处理不能实现,可用 2 个定时/计数器共同处理或 1 个定时/计数器配合软件计数方式处理。

【例 4-6】 设系统时钟频率为 12 MHz,编程实现从 P1.1 输出周期为 1 s 的方波。

根据例 4-5 的处理过程,这时应产生 500 ms 的周期性定时,定时到对 P1.1 取反就可实现。由于定时时间较长,1 个定时/计数器不能直接实现,可用定时/计数器 T0 产生周期性为 10 ms 的定时,然后用 1 个寄存器 R2 对 10 ms 计数 50 次或用定时/计数器 T1 对 10 ms 计数 25 次实现。系统时钟频率为 12 MHz,定时/计数器 T0 定时 10 ms,计数值 N 为 10 000,只能选模式 1,模式控制字为 00000001B (01H),求初值 X:

$$X=65\ 536-10\ 000=55\ 536=1101100011110000B$$

则 TH0=11011000B=D8H,TL0=11110000B=F0H。

(1)用寄存器 R2 作计数器软件计数的中断处理方式。

汇编程序如下。

```
            ORG     0000H
            LJMP    MAIN
            ORG     000BH
            LJMP    INTT0
            ORG     0100H
MAIN: MOV      TMOD,#01H
            MOV     TH0,#0D8H
            MOV     TL0,#0F0H
            MOV     R2,#00H
            SETB    EA
            SETB    ET0
            SETB    TR0
            SJMP    $
INTT0: MOV     TH0,#0D8H
            MOV     TL0,#0F0H
            INC     R2
            CJNE    R2,#32H,NEXT
            CPL     P1.1
```

```
              MOV    R2,#00H
      NEXT：RETI
              END
```

C 语言程序如下。

```
      # include〈reg51.h〉              //包含特殊功能寄存器库
      sbit P1_1=P1^1;
      char i;
      void main( )
      {
          TMOD=0x01;
          TH0=0xD8;TL0=0xF0;
          EA=1;ET0=1;
          i=0;
          TR0=1;
          while(1);
      }
      void time0_int(void) interrupt 1        //中断服务程序
      {
          TH0=0xD8;TL0=0xF0;
          i++;
          if (i==50) {P1_1=! P1_1;i=0;}
      }
```

(2) 用定时/计数器 T1 计数实现。

定时/计数器 T1 工作于计数方式时,计数脉冲通过 T1(P3.5)输入,设定时/计数器 T0 定时时间到对 T1(P3.5)取反 1 次,则 T1(P3.5)每 20 ms 产生 1 个计数脉冲,那么定时 500 ms 只需计数 25 次。设定时/计数器 T1 工作于模式 2,初值 $X=256-25=231=11100111B=E7H$,$TH1=TL1=E7H$。因为定时/计数器 T0 工作于模式 1,定时方式,则这时模式控制字为 01100001B(61H)。定时/计数器 T0 和 T1 都采用中断方式工作。

汇编程序如下。

```
              ORG    0000H
              LJMP   MAIN
              ORG    000BH
              MOV    TH0,#0D8H
              MOV    TL0,#0F0H
              CPL    P3.5
              RETI
```

```
            ORG     001BH
            CPL     P1.1
            RETI
            ORG     0100H
MAIN: MOV     TMOD,#61H
            MOV     TH0,#0D8H
            MOV     TL0,#0F0H
            MOV     TH1,#0E7H
            MOV     TL1,#0E7H
            SETB    EA
            SETB    ET0
            SETB    ET1
            SETB    TR0
            SETB    TR1
            SJMP    $
            END
```

C 语言程序如下。

```
# include ⟨reg51.h⟩              //包含特殊功能寄存器库
sbit P1_1=P1^1;
sbit P3_5=P3^5;
void main( )
{
    TMOD=0x61;
    TH0=0xD8;TL0=0xF0;
    TH1=0xE7;TL1=0xE7;
    EA=1;
    ET0=1;ET1=1;
    TR0=1;TR1=1;
    while(1);
}
void time0_int(void) interrupt 1    //T0 中断服务程序
{
    TH0=0xD8;TL0=0xF0;
    P3_5=! P3_5;
}
void time1_int(void) interrupt 3    //T1 中断服务程序
{
    P1_1=! P1_1;
}
```

4.4 串行接口

4.4.1 通信的基本概念

CPU 与外界的信息交换称为通信,它既包括单片机与外部设备之间,也包括单片机和单片机之间的信息交换。通信系统包括数据传送端、数据接收端、数据转换接口和传送数据的线路。单片机、PC 机和工作站等都可以作为传送、接收数据的终端设备。数据在传送过程中常常需要经过一些中间设备,这些中间设备称为数据交换设备,负责数据的传送工作。数据在通信过程中,由数据的终端设备传送端送出数据,通过调制解调器把数据转换为一定的电平信号,在线路上进行传输。通信信息被传输到计算机的接收端时,同样,也需要通过调制解调器把电平信号转换为计算机能识别的数据,数据才能进入计算机。

按照工作模式不同,总线接口可分为两种类型:一种是并行总线接口,它在同一时刻可以传输多位数据,而且传输方向还可分为双向与单向;另一种为串行总线接口,是指在同一时刻数据一位一位地顺序传送。现代单片机应用系统广泛采用串行接口扩展技术。串行扩展接线灵活,占用单片机资源少,系统结构简单,极易形成用户的模块化结构,还具有工作电压宽、抗干扰能力强、功耗低、数据不易丢失等优点。

数据通信的基本方式可分为并行通信与串行通信两种。

1. 并行通信

并行通信是指数据的所有位同时进行传送的通信方式。其优点是传送速度快,缺点是需要比较多的传送数据线,有多少位数据就需要多少根线,而且数据传送的距离有限,这在位数较多且传送距离远时就不方便了;并行传输的另一个缺点就是抗干扰能力差,在印刷电路板上,这么多暴露的连接非常容易受到外界和空间信号干扰,只要出现 1 位的误差,系统就会崩溃。在单片机系统中,并行通信常常应用于CPU 与 LED、LCD 显示器的连接,或 CPU 与 A/D、D/A 转换器之间的数据传送等并行接口方面。如图 4-18 所示为 MCS-51 系列单片机与外部设备之间的数据并行通信的连接方法。

2. 串行通信

串行通信是指数据一位一位串行按顺序传送的通信方式,即构成的二进制代码序列在 1 条信道上,以位(码元)为单位,按时间顺序且按位传输的方式。采用串行传输方式可降低传输线路的成本。这是因为串行传输通常最少只要 2 根线就行了,比起并行传输需要十几、几十根线具有明显的优势。典型的串行传输通常由 2 根信号线构成,包括数据信号线和时钟信号线,如图 4-19 所示。

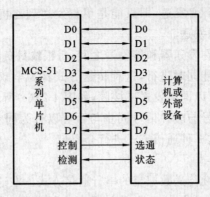

图 4-18 MCS-51 系列单片机与外部设备并行通信连接图

在数据信号线上,电平的高低代表着二进制数据的"1"和"0",每一位数据都占据 1 个固定的时间长度"T"。串行传输的过程就是将这些数据一位接一位地在数据线中进行传送。如图 4-20 中,电平"1"为最先传出,那么经过 8 个 T 后,在 DATA 信号线上依次传出数据为 8 位的 10011010B。

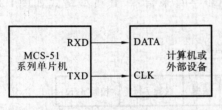

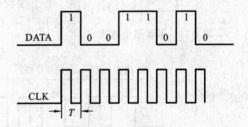

图 4-19 MCS-51 系列单片机与外部设备
串行通信连接图

图 4-20 典型串行传输信号时序图

在串行通信中,按照数据流的方向可分为单工、半双工和全双工等 3 种方式,如图 4-21 所示。

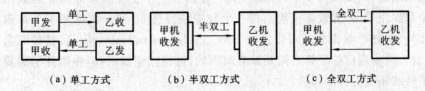

（a）单工方式　　　　（b）半双工方式　　　　（c）全双工方式

图 4-21 通信数据传送方式

单工(simplex)方式是指一方只能接收或发送数据,另一方只能发送或接收数据的方式,如图 4-21(a)所示。例如,甲机作为发送器时,乙机只能作为接收器;或者甲机作为接收器时,乙机只能作为发送器。

如果用 1 根传输线在 2 个方向之间传送数据,很明显 2 个方向上的数据传送不能同时进行。这种传送方式称为半双工(half duplex),如图 4-21(b)所示。半双工方式下,每次只能有 1 个站发送,即只能是甲机发送到乙机,或者由乙机发送到甲机,甲机和乙机不能同时发送。

如果用 2 根传输线在发送器和接收器之间,每根线只负担 1 个方向上的数据传送,很明显,发送和接收能同时进行,这种传送方式称为全双工(full duplex)。全双工方式下,甲机和乙机可以同时发送或接收,如图 4-21(c)所示。

串行通信按数据信号与时钟信号同步与否可以分为同步通信方式和异步通信方式 2 种,下面分别对这 2 种通信方式进行介绍。

1) 串行同步通信方式

同步通信是一种连续传送数据流的串行通信方式。在这种通信方式中,接收器和发送器有各自的时钟,它们的工作是非同步的。同步通信用 1 帧来表示 1 个字符,即 1 个起始位,紧接着是若干个数据位,其传送方式如图 4-22 所示。

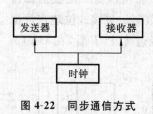

图 4-22 同步通信方式

同步通信是按照数据块传送的,把传送的字符顺序地连接起来,组成数据块。在数据块前面加上特殊的同步字符,作为数据块的起始符号;在数据块的后面加上校验字符,用于校验通信中的错误。在同步传送中,数据块开始处要用 1~2 个同步字符来指示,其典型格式如图 4-23 所示。

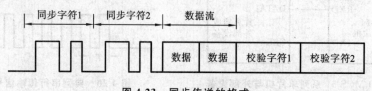

图 4-23 同步传送的格式

在同步通信中,由同步时钟来实现发送和接收的同步。在发送时,接收端检测到同步字符后,便开始接收串行数据位;发送端在发送数据流过程中,若出现没有准备好数据的情况,便用同步字符来填充,一直到下一个字符准备好为止。数据流由一个个数据组成,称为数据模块。每一个数据块可选 5~8 个数据和 1 个奇偶校验位。此外,对整个数据流还可以进行 CRC(cyclic redundancy check,循环冗余校验码)校验。同步通信中字符之间是没有间隔的,通信效率较高,但在硬件上需要插入同步字符或相应的检测部件。

2) 串行异步通信方式

异步通信方式是以字符为单位来传送的,传送的数据是不连续的,不需要同步字符,也不需要发送设备保持数据块的连续性。异步通信方式下,可以准备好一个发送一个,但要发送的每一个数据都必须经过格式化。

异步通信中,每传输 1 帧字符,在字符的前面都必须加上起始位"0",后面加停止位"1",这是一种起止式的通信方式,字符之间没有固定的间隔长度,但占用了传输时间,在要求传送数据量较大的场合,速度就慢得多。

在异步通信中,异步数据发送器先送出 1 个起始位,再送出具有一定格式的串行数据位、奇偶校验位和停止位。在不传送字符时,应插入空闲位,空闲位保持为"1"。接收端不断检测线路的状态,当数据发送器要发送 1 个字符数据时,首先发送 1 个起始位信号"0",数据接收器检测到这个"0",就开始准备接收。所以起始位用于表示字符传送的开始,同时还被用做同步接收端的时钟,以保证以后的接收正确。起始位后面是数据位,数据位可以有 5、6、7 或 8 位数据,数据位从最低位开始传送。数据位之后发送奇偶检验位,它只占据 1 位,通信双方在通信时须约定一致的奇偶校验位或数据位(在没有奇偶检验时)之后发送停止位,停止位有 1 位、1 位半和 2 位,它一定是"1",停止位用来表示 1 个字符数据的结束。数据接收器收到停止位后,知道前一个字符传送结束,同时也为接收下一个字符做准备,如果再收到"0"信号,就表示有新的字符要传送,否则就表示目前的通信结束。

异步通信的数据格式如下:

(1) 1 位起始位,为低电平;

(2) 5～8 位数据位接着起始位,表示要传送的有效数据;

(3) 1 位奇偶校验位(可加也可不加);

(4) 1 位或 1 位半或 2 位停止位,为高电平。

每一个字符由起始位、数据位、校验位和停止位构成,称为 1 帧,其典型的格式如图 4-24 所示。

图 4-24 异步传送的格式

异步通信方式的硬件结构比同步通信方式的简单,不需要传送同步时钟,字符帧长度不受限制。缺点是这种方式传输时间较长,字符帧因包含起始位和停止位而降低了有效数据的传输速率。同步传输方式比异步传输方式速度快,这是它的优势。但同步传输方式也有其缺点,即它必须要用时钟来协调收发器的工作,所以它的设备也较复杂。

3. RS-232C 接口标准

RS-232C 是使用最早、应用最多的一种异步串行通信接口标准,它是美国电子工业协会 EIA(Electronic Industry Association)于 1962 年公布、1969 年最后修订而成的。RS 表示 recommended standard,232 是该标准的标识,C 表示最后一次修订。

到目前为止,该标准仍然在智能仪表、仪器和各种设备及应用中被广泛采用。

从 RS-232C 接口标准的电气特性表中可以看出,尽管 RS-232C 接口标准的信号传输采用电平方式传输,但它不是使用常规的 TTL 电平,并且采用的是负逻辑。RS-232C 接口标准定义的逻辑"1"是从 $-5\sim-15$ V,通常为 -12 V;逻辑"0"是从 $5\sim15$ V,通常为 12 V。而 $-3\sim3$ V 的任何电压都处在未定义的逻辑状态。如果线路上没有信号(空闲态),则电压应保持在逻辑"1"的 -12 V。接收端测到 0 V 电压,将被解释成线路中断或者短路。

RS-232C 接口标准的信号采用大的电压摆幅主要是为了避免通信线路上的噪声干扰。由于 RS-232C 接口标准物理层的信号传输采用的是共信号地的单端传送方式,从而不可避免地导致共模噪声对信号线的影响。对于 TTL 电平来讲,它的逻辑"0"定义为小于 0.8 V,逻辑"1"定义为大于 2.0 V,逻辑"0"、"1"之间的电压差至少大于 1.2 V。因此,如果采用 TTL 电平,那么线路上大约 0.5 V 的噪声电压就可能使信号受到影响。因此 TTL 电平不适合系统之间的长距离信号传输(指采用共信号地单端传送方式的情况),传输距离一般在 $1\sim2$ m。由于在使用打印机和调制解调器等设备的许多场合下,共模噪声很容易达到几伏的电压,因此 RS-232C 接口标准采用了较高的传输电压,以避免通信线路上的噪声干扰。即使采用了高电压,RS-232C 接口标准所能实现的传送距离也只有几十米,而且距离越远,使用的波特率也越低。

为了解决长线通信的问题,弥补 RS-232C 接口标准的不足,现在工程上往往采用 RS-485 接口标准。RS-485 接口标准的物理层采用双端电气接口的双端传输方式,能够有效地防止共模噪声的干扰,传输距离能够达到 1 km。尽管 RS-485 接口标准与 RS-232C 接口标准在传输物理层上有很大的不同,但它还是一个异步通信方式的接口,数据帧的格式与 RS-232C 的相同。因此学习 RS-232C,是掌握和使用异步通信的基础。

4.4.2 串行口功能与结构

1. 功能

MCS-51 系列单片机具有 1 个全双工的串行异步通信接口,可以同时发送和接收数据,发送和接收数据可通过查询或中断方式处理,使用十分灵活。

它有 4 种工作模式,分别是模式 0、模式 1、模式 2 和模式 3。其中:模式 0 是同步移位寄存器方式,一般用于外接移位寄存器芯片扩展 I/O 口;模式 1 是 8 位的异步通信方式,通常用于双机通信;模式 2 和模式 3 是 9 位的异步通信方式,通常用于多机通信。

2. 结构

MCS-51 系列单片机串行口主要由发送数据寄存器、发送控制器、输出控制门、接收数据寄存器、接收控制器、移位寄存器等组成,如图 4-25 所示。

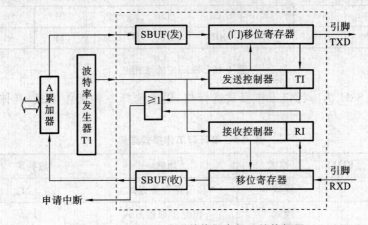

图 4-25 MCS-51 系列单片机串行口结构框图

从用户使用的角度,它由 3 个特殊功能寄存器组成:特殊功能寄存器 SBUF(串行口数据寄存器)、串行口控制寄存器 SCON 和电源控制寄存器 PCON。

串行口数据寄存器 SBUF,字节地址为 99H,实际对应 2 个寄存器:发送数据寄存器和接收数据寄存器。当 CPU 向 SBUF 写数据时,对应的是发送数据寄存器,当 CPU 读 SBUF 时,对应的是接收数据寄存器。

发送数据时,执行 1 条向 SBUF 写入数据的指令,把数据写入串口发送数据寄存器,启动发送过程。在发送时钟的控制下,先发送 1 个低电平的起始位,紧接着把发送数据寄存器中的内容按低位在前、高位在后一位一位地发送出去,最后发送 1 个高电平的停止位。1 个字符发送完毕,串行口控制寄存器中的发送中断标志位 TI 位置位。对于模式 2 和模式 3,在发送完数据位后,要把串行口控制寄存器 SCON 中的 TB8 位发送出去后才发送停止位。

接收数据时,串行数据的接收受到串行口控制寄存器 SCON 中的允许接收位 REN 控制。当 REN 位置 1 时,接收控制器就开始工作,对接收数据线采样,当采样到从"1"到"0"的负跳变时,接收控制器开始接收数据。为了减少干扰的影响,接收控制器在接收数据时,如 1 位的传送时间分为 16 等份,用当中的 7、8、9 这 3 个状态对接收数据线进行采样,3 次采样中,当 2 次采样为低电平,就认为接收的是"0";如 2 次采样为高电平,就认为接收的是"1"。如果接收到的起始位的值不是"0",则起始位无效,复位接收电路。如果起始位为"0",则开始接收其他各数据位。接收的前 8 位数据依次移入输入移位寄存器,接收的第 9 位数据置入串口控制寄存器的 RB8 位中。如果接收有效,则输入移位寄存器中的数据置入接收数据寄存器中,同时控制寄存器中的接收中断位 RI 置 1,通知 CPU 来取数据。

3. 串行口控制寄存器 SCON

SCON 为特殊功能寄存器,字节地址为 98H,可按位寻址,位地址从 98H 到

9FH,SCON 的格式如图 4-26 所示。

D7	D6	D5	D4	D3	D2	D1	D0
SM0	SM1	SM2	REN	TB8	RB8	TI	RI

图 4-26　SCON 的格式

其中:SM0、SM1 为串行口工作模式选择位,用于选择 4 种工作模式,具体如表 4-8 所示。

表 4-8　串行口工作模式选择

SM0	SM1	模式	功能	波特率
0	0	模式 0	移位寄存器方式	$f_{osc}/12$
0	1	模式 1	8 位异步通信方式	可变
1	0	模式 2	9 位异步通信方式	$f_{osc}/32$ 或 $f_{osc}/64$
1	1	模式 3	9 位异步通信方式	可变

SM2 为多机通信控制位。

REN 为允许接收控制位。当 REN=1,则允许接收;当 REN=0,则禁止接收。

TB8 为发送的第 9 位数据位,可用做校验位和地址/数据标识位。

RB8 为接收的第 9 位数据位或停止位。

TI 为发送中断标志位,发送 1 帧结束,TI=1,必须用软件清 0。

RI 为接收中断标志位,接收 1 帧结束,RI=1,必须用软件清 0。

数据由 8+1 位组成,通常附加的 1 位(TB8/RB8)用于奇偶校验。

奇偶校验是检验串行通信双方传输的数据正确与否的措施,并不能保证通信数据的传输一定正确。换言之:如果奇偶校验发生错误,则表明数据传输一定出错了;如果奇偶校验没有出错,则绝不等于数据传输完全正确。

奇校验:8 位有效数据连同 1 位附加位中,二进制"1"的个数为奇数。

偶校验:8 位有效数据连同 1 位附加位中,二进制"1"的个数为偶数。

如果约定发送采用奇校验,即若发送的 8 位有效数据中"1"的个数为偶数,则要人为添加 1 个附加位"1"一起发送;若发送的 8 位有效数据中"1"的个数为奇数,则要人为添加 1 个附加位"0"一起发送。

如果约定接收采用奇校验,即若接收到的 9 位数据中"1"的个数为奇数,则表明接收正确,取出 8 位有效数据即可;若接收到的 9 位数据中"1"的个数为偶数,则表明接收出错,应当进行出错处理。

采用偶校验时,处理方法与奇校验相反。

奇偶校验用法:程序状态字寄存器 PSW 中有 1 个奇偶状态位 P,如图 4-27 所示。其中,P(PSW.0)为奇偶状态位;P=1 表示目前累加器中"1"的个数为奇数;

P=0 表示目前累加器中"1"的个数为偶数;CPU 随时监视着 ACC 的"1"的个数并自动反映在位 P。

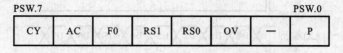

PSW.7							PSW.0
CY	AC	F0	RS1	RS0	OV	—	P

图 4-27 程序状态字寄存器 PSW 的各位定义

4. 电源控制寄存器 PCON

PCON 的字节地址为 87H,无位地址。其中与串行口有关的只有 D7 位,如图 4-28 所示。

D7	D6	D5	D4	D3	D2	D1	D0
SMOD							

图 4-28 PCON 的格式

当 SMOD 位为 1,则串行口模式 1、模式 2、模式 3 的波特率加倍;否则不加倍。

对模式 1:波特率 $B = 2^{SMOD} \times$ (T1 溢出率)/32。

对模式 2:波特率 $B = (2^{SMOD}/64) \times f_{osc}$。

对模式 3:波特率 $B = 2^{SMOD} \times$ (T1 溢出率)/32。

4.4.3 串行口的工作模式

MCS-51 系列单片机的串行口有 4 种工作模式,采取哪种工作模式由串行口控制寄存器 SCON 中的 SM0 和 SM1 决定。

1. 模式 0:同步移位寄存器方式

当 SM0 和 SM1 为 00 时,MCS-51 系列单片机工作于模式 0。它通常用来外接移位寄存器,用做扩展 I/O 口。以模式 0 工作时,波特率固定为 $f_{osc}/12$。工作时,串行数据通过 RXD 输入和输出,同步时钟通过 TXD 输出。发送和接收数据时,低位在前、高位在后,长度为 8 位。模式 0 时序图如图 4-29 所示。

1) 发送过程

在 TI=0 时,当 CPU 执行 1 条向 SBUF 写数据的指令时,如"MOV SBUF,A",就启动了发送过程。经过 1 个机器周期,写入发送数据寄存器中的数据按低位在前、高位在后从 RXD 依次发送出去,同步时钟从 TXD 送出。8 位数据(1 帧)发送完毕后,由硬件使发送中断标志 TI 置位,向 CPU 申请中断。如要再次发送数据,必须用软件将 TI 清 0,并再次执行写 SBUF 指令。模式 0 发送过程时序图如图 4-29(a)所示。

2) 接收过程

在 RI=0 的条件下,将 REN(SCON.4)置"1"就启动接收过程。串行数据通过

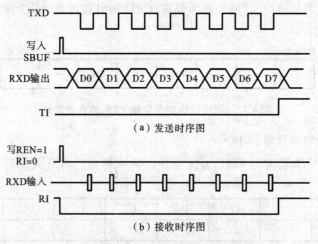

图 4-29　模式 0 时序图

RXD 接收,同步移位脉冲通过 TXD 输出。在移位脉冲的控制下,RXD 上的串行数据依次移入移位寄存器。在 8 位数据(1 帧)全部移入移位寄存器后,接收控制器发出"装载 SBUF"信号,将 8 位数据并行送入接收数据缓冲器 SBUF 中。同时,硬件使接收中断标志 RI 置位,向 CPU 申请中断。CPU 响应中断后,从接收数据寄存器取出数据,然后用软件使 RI 复位,使移位寄存器接收下一帧信息。模式 0 接收过程时序图如图 4-29(b)所示。

2. 模式 1:10 位异步通信方式

当 SM0 和 SM1 为 01 时,MCS-51 系列单片机工作于模式 1。模式 1 为 8 位数据异步通信方式。在模式 1 下,1 帧信息为 10 位:1 位起始位(0)、8 位数据位(低位在前)和 1 位停止位(1)。TXD 为发送数据端,RXD 为接收数据端。波特率可变,由定时/计数器 T1 的溢出率和电源控制寄存器 PCON 中的 SMOD 位决定,即

$$波特率 = 2^{SMOD} \times (T1\ 的溢出率)/32$$

因此在模式 1 时,需对定时/计数器 T1 进行初始化。模式 1 时序图如图 4-30 所示。

1)发送过程

在 TI=0 时,当 CPU 执行 1 条向 SBUF 写数据的指令时,如"MOV SBUF,A",就启动了发送过程。数据由 TXD 引脚送出,发送时钟由定时/计数器 T1 送来的溢出信号经过 16 分频或 32 分频后得到。在发送时钟的作用下,先通过 TXD 端送出 1 个低电平起始位,然后是 8 位数据(低位在前),其后是 1 个高电平的停止位。当 1 帧数据发送完毕后,由硬件使发送中断标志 TI 置位,向 CPU 申请中断,完成 1 次发送过程。模式 1 发送过程时序图如图 4-30(a)所示。

2)接收过程

当允许接收控制位 REN(SCON.4)被置"1"时,接收器就开始工作,由接收器以

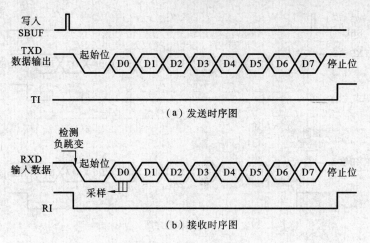

图 4-30 模式 1 时序图

所选波特率的 16 倍速率对 RXD 引脚上的电平采样。当采样到从"1"到"0"的负跳变时,启动接收控制器,开始接收数据。在接收移位脉冲的控制下依次把所接收的数据移入移位寄存器。在 8 位数据及停止位全部移入后,根据以下状态,进行响应操作。模式 1 接收过程时序图如图 4-30(b)所示。

(1) 如果 RI＝0、SM2＝0,则接收控制器发出"装载 SBUF"信号,将输入移位寄存器中的 8 位数据装入接收数据寄存器 SBUF,停止位装入 RB8,并置 RI＝1,向 CPU 申请中断。

(2) 如果 RI＝0、SM2＝1,那么只有停止位为"1"才发生上述操作。

(3) 如果 RI＝0、SM2＝1 且停止位为"0",则所接受的数据不装入 SBUF,数据将会丢失。

(4) 如果 RI＝1,则所接收的数据在任何情况下都不装入 SBUF,数据将会丢失。

无论出现哪种情况,接收控制器都将继续采样 RXD 引脚,以便接收下一帧信息。

3. 模式 2 和模式 3:11 位异步通信方式

模式 2 和模式 3 都为 9 位数据异步通信接口。接收和发送 1 帧信息长度为 11 位,即 1 个低电平的起始位、9 位数据位、1 个高电平的停止位。发送的第 9 位数据放于 TB8 中,接收的第 9 位数据放于 RB8 中。TXD 为发送数据端,RXD 为接收数据端。模式 2 和模式 3 的区别在于波特率不一样,其中模式 2 的波特率只有 2 种,即 $f_{osc}/32$ 或 $f_{osc}/64$;模式 3 的波特率与模式 1 的波特率相同,由定时/计数器 T1 的溢出率和电源控制寄存器 PCON 中的 SMOD 位决定,即波特率＝$2^{SMOD}\times$(T1 溢出率)/32。在模式 1 时,也需要对定时/计数器 T1 进行初始化。模式 2 和模式 3 时序图如图 4-31 所示。

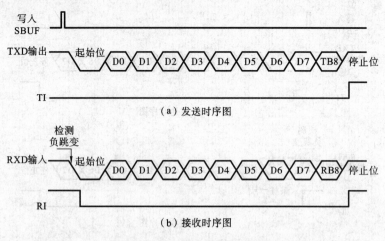

图 4-31　模式 2 和模式 3 时序图

1）发送过程

模式 2 和模式 3 发送的数据位 9 位，其中发送的第 9 位在 TB8 中。在启动发送之前，必须把要发送的第 9 位数据装入 SCON 寄存器中的 TB8 中。准备好 TB8 后，就可以通过向 SBUF 中写入发送的字符数据来启动发送过程，发送时前 8 位数据从发送数据寄存器中取得，第 9 位数据从 TB8 中取得。1 帧信息发送完毕，TI 位置 1。模式 2 和模式 3 发送过程时序图如图 4-31(a)所示。

2）接收过程

模式 2 和模式 3 的接收过程与模式 1 的类似。当允许接收控制位 REN（SCON.4)被置"1"时，启动接收过程，所不同的是接收的第 9 位数据是发送过来的 TB8 位，而不是停止位，接收到后存放到 SCON 中的 RB8 里。对接收是否有判断也是用接收的第 9 位，而不是用停止位。其余情况与模式 1 的相同。模式 2 和模式 3 接收过程时序图如图 4-31(b)所示。

4.4.4　串行口的编程及应用

1. 串行口的初始化编程

在 MCS-51 系列单片机串行口使用之前必须先对它进行初始化编程。初始化编程是指设定串口的工作模式、波特率、启动它发送和接收数据。初始化编程过程如下。

1）串行口控制寄存器 SCON 的确定

根据工作方式确定 SM0 和 SM1 位；对于模式 2 和模式 3 还要确定 SM2 位；如果是接收端，则置允许接收位 REN 为"1"；如果模式 2 和模式 3 发送数据，则应将发送数据的第 9 位写入 TB8 中。

2）设置波特率

对于模式 0，不需要对波特率进行设置。

对于模式 2,设置波特率仅须对 PCON 中的 SMOD 位进行设置。

对于模式 1 和模式 3,设置波特率不仅需对 PCON 中的 SMOD 位进行设置,还要对定时/计数器 T1 进行设置,这时定时/计数器 T1 一般工作于模式 2——8 位可重置方式,初值可采用如下方法求得。

由于 $$波特率 = 2^{SMOD} \times (T1 \ 的溢出率)/32$$

则 $$T1 \ 的溢出率 = 波特率 \times 32/2^{SMOD}$$

而 T1 工作于模式 2 的溢出率又可表示为

$$T1 \ 的溢出率 = f_{osc}/[12 \times (256 - 初值)]$$

所以,T1 的初值 $= 256 - f_{osc} \times 2^{SMOD}/(12 \times 波特率 \times 32)$。

综上所述,比较 4 种工作模式如表 4-9 所示。

表 4-9　4 种工作模式比较

模式	波特率	传送位数	发送端	接收端	用　　途
0	$f_{osc}/12$ (固定不变)	8(数据)	RXD	RXD	接移位寄存器,扩充并行口
1	$2^{SMOD} \times (T1 \ 溢出率)/32$	10(1 位起始位、8 位数据位、1 位停止位)	TXD	RXD	单机通信
2	$2^{SMOD} f_{osc}/64$	11(第 9 位为 1,传送的是地址;第 9 位为 0,传送的是数据)	TXD	RXD	多机通信
3	$2^{SMOD} \times (T1 \ 溢出率)/32$	11 位(同模式 2)	TXD	RXD	多机通信

2. 串行口的应用

MCS-51 系列单片机的串行口在实际使用中通常用于 3 种情况:利用模式 0 扩展并行 I/O 口;利用模式 1 实现点对点的双机通信;利用模式 2 或模式 3 实现多机通信。

1) 利用模式 0 扩展并行 I/O 口

MCS-51 系列单片机的串行口工作在模式 0 时,外接 1 个串入并出的移位寄存器,就可以扩展并行输出口;外接 1 个并入串出的移位寄存器,就可以扩展并行输入口。

【例 4-7】 用 80C51 单片机的串行口外接串入并出的芯片 CD4094 扩展并行输出口,控制 1 组发光二极管,使发光二极管从右至左延时轮流显示。

解　CD4094 是 8 位的串入并出的芯片,带有控制端 STB。当 STB＝0 时,打开串行输入控制门,在时钟信号 CLK 的控制下,数据从串行输入端 DATA 1 个时钟周期一位一位依次输入;当 STB＝1 时,打开并行输出控制门,CD4094 中的 8 位数据并行输出。使用时,80C51 串行口工作于模式 0,80C51 的 TXD 接 CD4094 的 CLK,RXD 接

DATA，STB 用 P1.0 控制，8 位并行输出端接 8 个发光二极管，如图 4-32 所示。

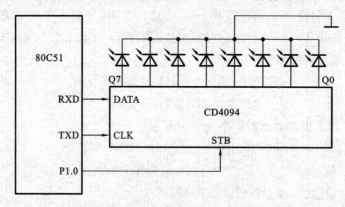

图 4-32　用 CD4094 扩展并行输出口

设串行口采用查询方式，显示的延时依靠调用延时子程序来实现。

汇编程序如下。

```
          ORG    0000H
          LJMP   MAIN
          ORG    0100H
MAIN：MOV   SCON,#00H
          MOV    A,#01H
          CLR    P1.0
START：MOV  SBUF,A
LOOP：JNB   TI,LOOP
          SETB   P1.0
          ACALL  DELAY
          CLR    TI
          RL     A
          CLR    P1.0
          SJMP   START
DELAY：MOV  R7,#05H
LOOP2：MOV  R6,#0FFH
LOOP1：DJNZ R6,LOOP1
          DJNZ   R7,LOOP2
          RET
          END
```

C 语言程序如下。

```
#include〈reg51.h〉        //包含特殊功能寄存器库
```

```
sbit P1_0＝P1^0；
void main（ ）
｛
unsigned char i，j；
SCON＝0x00；
j＝0x01；
for（；；）
    ｛
    P1_0＝0；
    SBUF＝j；
    while（！TI）｛；｝
    P1_0＝1；TI＝0；
    for（i＝0；i＜＝254；i＋＋）｛；｝
    j＝j＊2；
    if（j＝＝0x00）j＝0x01；
    ｝
｝
```

【**例 4-8**】 用 80C51 单片机的串行口外接并入串出的芯片 CD4014 扩展并行输入口,输入 1 组开关的信息。

解 CD4014 是 8 位的并入串出的芯片,带有 1 个控制端 P/S。当 P/S＝1 时,8 位并行数据置入内部的寄存器;当 P/S＝0 时,在时钟信号 CLK 的控制下,内部寄存器的内容按低位在前的排列方式从 QB 串行输出端依次输出。使用时,80C51 串行口工作于模式 0,80C51 的 TXD 接 CD4014 的 CLK,RXD 接 QB,P/S 用 P1.0 控制,另外,用 P1.1 控制 8 并行数据的置入,如图 4-33 所示。

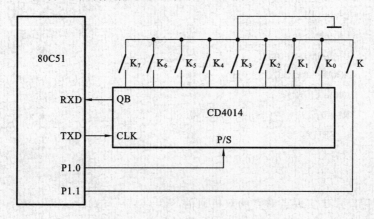

图 4-33 用 CD4014 扩展并行输入口

串行口模式 0 数据的接收,用 SCON 寄存器中的 REN 位来控制,采用查询 RI 的方式来判断数据是否输入。

汇编程序如下。

```
            ORG     0000H
            LJMP    MAIN
            ORG     0100H
MAIN: SETB    P1.1
START:JB      P1.1,START
            SETB    P1.0
            CLR     P1.0
            MOV     SCON,#10H
LOOP: JNB     RI,LOOP
            CLR     RI
            MOV     A,SBUF
              ⋮
```

C 语言程序如下。

```
#include <reg51.h>          //包含特殊功能寄存器库
sbit P1_0=P1^0;
sbit P1_1=P1^1;
void main()
{
unsigned char i;
P1_1=1;
while (P1_1==1) {;}
P1_0=1;
P1_0=0;
SCON=0x10;
while (! RI) {;}
RI=0;
i=SBUF;
    ⋮
}
```

2) 利用模式 1 实现点对点的双机通信

要实现甲与乙 2 台单片机点对点的双机通信,线路只需将甲机的 TXD 与乙机的 RXD 相连,将甲机的 RXD 与乙机的 TXD 相连,地线与地线相连即可。

【例 4-9】 通过串口编程实现将甲机片内 RAM 中 30H～3FH 单元的内容传送到乙机片内 RAM 的 40H～4FH 单元中。线路连接如图 4-34 所示。

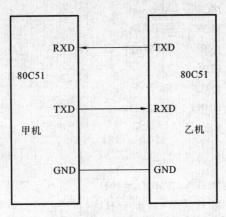

图 4-34 模式 1 双机通信线路图

解 甲、乙 2 台单片机都选择模式 1,即 8 位数据异步通信方式,最高位用于奇偶校验,波特率为 1 200 b/s,甲机发送,乙机接收,因此甲机的串口控制字为 40H,乙机的串口控制字为 50H。

由于选择的是模式 1,波特率由定时/计数器 T1 的溢出率和电源控制寄存器 PCON 中的 SMOD 位决定,则需对定时/计数器 T1 初始化。

设 SMOD＝0,甲、乙 2 台单片机的振荡频率为 12 MHz,波特率为 1 200 b/s。定时/计数器 T1 选择模式 2,则初值为

$$初值 = 256 - f_{osc} \times 2^{SMOD}/(12 \times 波特率 \times 32)$$
$$= 256 - 12\ 000\ 000/(12 \times 1\ 200 \times 32)$$
$$\approx 230$$
$$= E6H$$

根据要求,定时/计数器 T1 的方式控制字为 20H。

汇编语言程序如下。

甲机的发送程序为

```
TSTART:MOV    TMOD,#20H
       MOV    TL1,#0E6H
       MOV    TH1,#0E6H
       MOV    PCON,#00H
       MOV    SCON,#40H
       MOV    R0,#30H        ;首地址
       MOV    R7,#10H        ;个数
       SETB   TR1
```

```
        LOOP：   MOV    A,@R0
                 MOV    C,P
                 MOV    ACC.7,C
                 MOV    SBUF,A
        WAIT：   JNB    TI,WAIT
                 CLR    TI
                 INC    R0
                 DJINZ  R7,LOOP
                 RET
```

乙机接收程序为

```
        RSTART：MOV    TMOD,#20H
                MOV    TL1,#0E6H
                MOV    TH1,#0E6H
                MOV    PCON,#00H
                MOV    R0,#40H              ;首地址
                MOV    R7,#10H              ;个数
                SETB   TR1
        LOOP：   MOV    SCON,#50H
        WAIT：   JNB    RI,WAIT
                CLR    RI
                MOV    A,SBUF
                MOV    C,P
                JC     ERROR               ;C＝1跳
                ANL    A,#7FH
                MOV    @R0,A
                INC    R0
                DJINZ  R7,LOOP
                RET
        ERROR：……
```

C语言程序如下。

甲机发送程序为

```
        #include〈reg51.h〉
        unsigned char data * send_data;   //send_data 被定义为指向 DATA 存储器空间
                                          的指针
        unsigned char i;
        void send（void）
```

```
{
    TMOD=0x20;              //T1 设置为模式 2
    TL1=0xE6;               //T1 定时器初值
    TH1=0xE6;               //T1 定时器重装初值
    ET1=0;                  //禁止 T1 中断
    TR1=1;                  //T1 启动
    SCON=0x40;              //串行口模式 1
    PCON=0x00;              //SMOD 设置为 0
    ES=0;                   //禁止串行口中断
    send_data=0x30;         //send_data 指针赋值,指向 DATA 的 30H 单元
    for(i=0;i<16;i++)
    {
        ACC=send_data[i];
        SBUF=ACC;
        while(TI)TI=0;
    }
}
```

乙机接收程序为

```
#include <reg51.h>
unsigned char data * rev_data;   //rev_data 被定义为指向 DATA 存储器空间
                                 //  的指针
unsigned char i;
void rev (void)
{
    TMOD=0x20;              //T1 设置为模式 2
    TL1=0xE6;               //T1 定时器初值
    TH1=0xE6;               //T1 定时器重装初值
    ET1=0;                  //禁止 T1 中断
    TR1=1;                  //T1 启动
    SCON=0x40;              //串行口模式 1
    PCON=0x00;              //SMOD 设置为 0
    ES=0;                   //禁止串行口中断
    send_rev=0x40;          //rev_data 指针赋值,指向 DATA 的 40H 单元
    for(i=0;i<16;i++)
    {
        while(RI)
        {
```

```
                    rev_data[i]=SBUF;
                    RI=0;
                }
            }
        }
```

3）多机通信

通过 MCS-51 系列单片机串行口能够实现 1 台主机与多台从机进行通信，主机和从机之间能够相互发送和接收信息，但从机与从机之间不能相互通信。

MCS-51 系列单片机串行口工作于模式 2 和模式 3 时，采用 9 位数据异步通信，发送信息时，发送数据的第 9 位由 TB8 取得，接收信息的第 9 位放于 RB8 中，而接收是否有效受 SM2 位的影响：当 SM2＝0 时，无论接收的 RB8 位是 0 还是 1，接收都有效，RI 都置 1；当 SM2＝1 时，只有接收的 RB8 位等于 1 时，接收才有效，RI 才置 1。利用这个特性便可以实现多机通信。

多机通信时，主机每一次都向从机传送 2 个字节信息，先传送从机的地址信息，再传送数据信息，处理时，地址信息的 TB8 位设为"1"，数据信息的 TB8 位设为"0"。

多机通信过程如下。

（1）所有从机的 SM2 位开始都置为 1，都能够接收主机送来的地址。

（2）主机发送 1 帧地址信息，包含 8 位的从机地址，TB8 置 1，表示发送的为地址帧。

（3）由于所有从机的 SM2 位都为 1，从机都能接收主机发送来的地址，从机接收到主机送来的地址后与本机的地址相比较，如接收的地址与本机的地址相同，则使 SM2 位为 0，准备接收主机送来的数据，如果不同，则不作处理。

（4）主机发送数据时 TB8 置为 0，表示为数据帧。

（5）对于从机，由于主机发送的第 9 位 TB8 为 0，那么只有 SM2 位为 0 的从机可以接收主机送来的数据。这样就实现主机从多台从机选择 1 台从机进行通信了。

【例 4-10】 要求设计一个 1 台主机、255 台从机通信的多机通信系统。

解 （1）硬件设计。

多机通信硬件线路图如图 4-35 所示。

PC 机要对某一指定了地址编号的单片机通信，就必须做好联络。

① PC 机处于发送状态，各单片机的串行口均处于接收状态并使其 SM2＝1，做好接收地址信息的准备。

② PC 机发出要通信的那台单片机的地址编号，然后发送通信数据，发地址时必须使第 9 位信息为 1，发数据时必须使第 9 位数据为 0。

③ 各单片机收到 PC 机发来的地址信息后，因为此时各 SM2＝1，所以将引

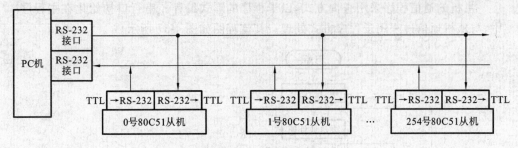

图 4-35 多机通信线路图

起各单片机的中断。在中断服务程序中,判断 PC 机发来的地址是不是自身的地址编号,仅有符合地址编号的那台才使其 SM2＝0,其他不符合者仍是 SM2＝1。

④ 随着 PC 机信息的发出(第 9 位信息为 0),因为符合地址编号的那台单片机此时已是 SM2＝0,所以这台单片机将再次进入中断,并在中断服务程序中接收 PC 机发来的数据。那些地址不符者,不能进入中断(因 SM2＝1),也就不能接收串行口传来的数据。

(2) 软件设计。

① 通信协议。

通信时,为了处理方便,通信双方应制定相应的协议,在本例中主、从机串行口都设为模式 3,波特率为 1 200 b/s,PCON 中的 SMOD 位都取 0,设 f_{osc} 为 12 MHz,定时/计数器 T1 的模式控制字为 20H,初值为 E6H,主机的 SM2 位设为 0,从机的 SM2 开始设为 1,从机地址为 00H~FEH。

另外还制定如下几条简单的协议。

主机发送的控制命令如下。

00H:要求从机接收数据(TB8＝0)。

01H:要求从机发送数据(TB8＝0)。

FFH:命令所有从机的 SM2 位置 1,准备接收主机送来的地址(TB8＝1)。

从机发给主机状态字格式如图 4-36 所示,其中:

ERR＝1,表示从机接收到非法命令;

TRDY＝1,表示从机发送准备就绪;

RRDY＝1,表示从机接收准备就绪。

② 主、从机的通信程序流程。

D7	D6	D5	D4	D3	D2	D1	D0
ERR						TRDY	RRDY

图 4-36 状态控制字

主机的通信程序采用查询方式,以子程序的形式编程。串行口初始化在主程序中,与从机通信过程用子程序方式处理。其流程图如图 4-37 所示。

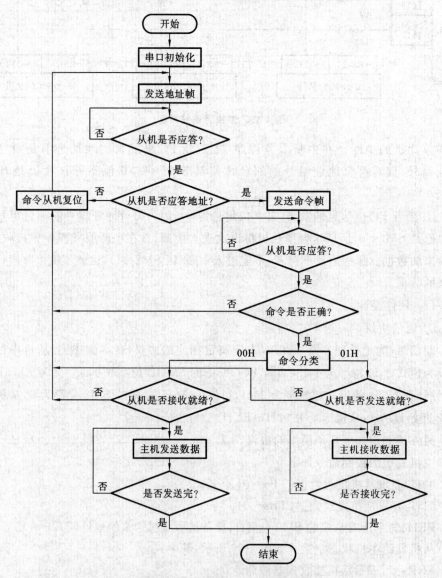

图 4-37　主机通信程序流程图

从机采用中断处理,主程序对串行口和中断系统初始化。中断服务程序实现信息的接收与发送,从机中断服务程序流程图如图 4-38 所示,主程序略。

③ 主机的通信程序设计。

设发送、接收数据块长度为 16 B。这里仅编写主机发 16 B 到 1 号从机的程序和主机从 2 号从机接收 16 B 的程序。

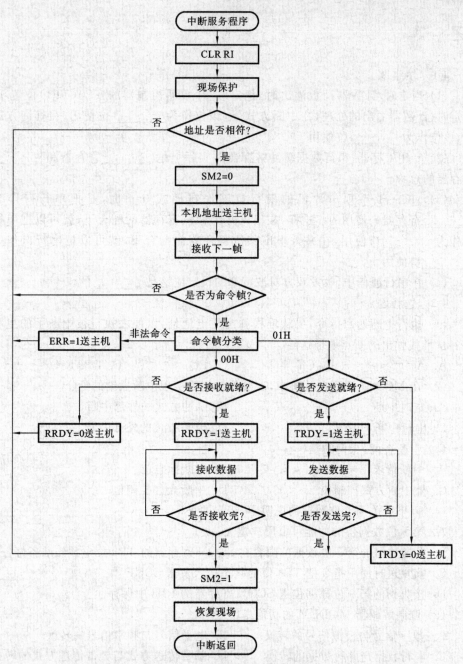

图 4-38 从机中断服务程序流程图

④ 从机的通信程序设计。

从机接收、发送数据块长度为 16 B,所有从机的程序相同,只是不同从机的本机号 SLAVE 不一样。

练习题

4-1 填空题。

(1) 当定时/计数器计数溢出时,把定时/计数器控制器的 TF0(TF1)位置 1。对定时/计数器溢出的处理,在中断方式下,该位作为＿＿＿＿＿＿位使用;在查询方式下,该位作为＿＿＿＿＿＿位使用。

(2) 专用寄存器"串行数据缓冲寄存器",实际上是＿＿＿＿＿＿寄存器和＿＿＿＿＿＿寄存器的总称。

(3) MCS-51 系列单片机的串行口工作在模式 0 下时,是把串行口作为＿＿＿＿＿＿寄存器来使用的。这样,在串入并出移位寄存器的配合下,就可以把串行口作为＿＿＿＿＿＿口使用,在并入串出移位寄存器的配合下,就可以把串行口作为＿＿＿＿＿＿口使用。

(4) 在串行通信中,收发双方对波特率的设定应该是＿＿＿＿＿＿的。

4-2 选择题。

(1) 执行中断返回指令,要从堆栈弹出断点地址,以便去执行被中断了的主程序。从堆栈弹出的断点地址送给(　　)。

A. A　　　　　　B. CY　　　　　　C. PC　　　　　　D. DPTR

(2) 在 MCS-51 系列单片机中,需要外加电路实现中断撤销的是(　　)。

A. 定时中断　　　　　　　　　B. 脉冲方式的外部中断

C. 串行中断　　　　　　　　　D. 电平方式的外部中断

(3) 中断查询,查询的是(　　)。

A. 中断请求信号　　　　　　　B. 中断标志位

C. 外中断方式控制位　　　　　D. 中断允许控制位

(4) 以下有关第 9 位数据的说明中,错误的是(　　)。

A. 第 9 位数据位的功能可由用户定义

B. 发送数据的第 9 位数据位内容在 SCON 寄存器的 TB8 位中预先准备好

C. 帧发送时使用指令把 TB8 位的状态送入发送 SBUF 中

D. 接收到的第 9 位数据位送 SCON 寄存器的 RB8 中保存

(5) 调制解调器 MODEM 的功能是(　　)。

A. 数字信号与模拟信号的转换　　B. 电平信号与频率信号的转换

C. 串行数据与并行数据的转换　　D. 基带传送方式与频带传送方式的转换

4-3 编程题。

(1) 单片机用内部定时方法产生频率为 100 kHz 等宽矩形波,假定单片机的晶振频率为 12 MHz,请编程。

(2) 有晶振频率为 6 MHz 的 MCS-51 系列单片机,使用定时/计数器 T0 以定时方法在 P1.0 输出周期为 400 μs，占空比为 10∶1 的矩形脉冲，以定时工作模式 2 编程实现。

（3）用 T1 模式 2 定时，实现 P1.0 引脚输出占空比为 2∶5，周期为 500 μs 的方波，设单片机的晶振频率为 6 MHz。

（4）间隔 300 ms 先奇数位的灯亮再偶数位的灯亮，循环 3 次；灯分别从两边往中间流动 3 次；再从中间往两边流动 3 次；8 个全部闪烁 3 次；关闭发光二极管，程序停止。

（5）在 XTAL 频率是 12 MHz 的标准 8051 器件上，用 Timer1 产生 10 kHz 定时器滴答中断。

（6）用 80C51 单片机的串行口扩展控制 16 个发光二极管依次发光，画出电路图，用汇编语言和 C 语言分别编写相应程序。

（7）设 80C51 单片机串行口工作于模式 1，已知 $f_{osc}=11.0592$ MHz，定时/计数器 T1 作为波特率发生器，要求波特率为 9 600 b/s，SMOD=1。试编写串行口发送字符中断程序，发送的字符存在内部 RAM 的 40H～5FH 单元中。

（8）若 8051 的串行口工作于模式 3，$f_{osc}=11.059\,2$ MHz，计算出波特率为 9 600 b/s 时，定时/计数器 T1 的定时初值。

5

MCS-51 系列单片机系统功能扩展

通过本章的学习,要求掌握单片机系统扩展技术及应用系统设计方法,学会程序存储器和数据存储器及 I/O 口扩展的方法;掌握 D/A 转换、键盘和显示器与单片机的接口技术,包括其工作原理、技术指标、接口硬件电路和软件编程;注意片内 RAM、I/O 口和系统地址空间的使用、分配,以及一些常用扩展芯片的接口方法和访问控制方法;学会单片机与 DAC0832 和 ADC0809 的接口电路与程序设计方法。

MCS-51 系列单片机在一块芯片上集成了计算机的基本功能部件,功能较强。在大多数智能仪器、仪表、家用电器、小型检测与控制系统中,直接采用一片单片机就能满足需要,使用十分方便。但在一些较大型的应用系统中,其内部集成的功能部件往往不够用,这时就需要在片外扩展一些外围电路、功能芯片和外部设备以满足系统的需要。

MCS-51 系列单片机系统扩展包括存储器扩展、输入/输出(I/O)口扩展、定时/计数器扩展、中断系统扩展和串行口扩展,包含数/模(D/A)和模/数(A/D)转换电路接口技术、单片机与键盘和显示器接口技术。在本章中只介绍应用较多的存储器扩展和 I/O 口扩展、D/A 和 A/D 转换电路接口技术、单片机与键盘和显示器接口技术。

5.1 接口技术中的一般方法

5.1.1 接口指令

MCS-51 系列单片机的 I/O 口没有独立编址,而是与外部数据存储器统一编址的,其最大空间为 64 KB;也没有专用的 I/O 指令,而是通过访问外部数据 RAM 的指令来实现接口数据传送与地址选通的。当然,这就要求通过译码把相应的接口编址于存储空间中。

由此可见,MCS-51 系列单片机只能将 I/O 口作为外部数据存储的指定单元来访问,其接口指令也就是单片机与外部数据 RAM 单元之间的数据传递指令,亦即

```
MOVX A,@Ri(i=0,1)
MOVX @Ri,A(i=0,1)
MOVX A,@DPTR
MOVX @DPTR,A
```

显然,第 1 条与第 3 条指令为输入操作;第 2 条与第 4 条指令为输出操作。要特别注意的是,在这 4 条指令中,接口地址都是 16 位数值。对于前 2 条指令,其 16 位地址由 P2 口的值与 Ri 联合确定;对于后 2 条指令,则由数据指针寄存器 DPTR 直接确定。而采用 C 语言编程时,通过设置一个存储类型为 XBYTE 的变量就可解决上面的问题。例如,单片机要将地址为 0A8BH 端口上的数据输入,用汇编语言有两种方法可以得到相同的输入操作。

第一种:

```
MOV P2,#0AH
MOV R0,#8BH
MOVX A,@R0
```

第二种:

```
MOV DPTR,#0A8BH
MOVX A,@DPTR
```

用 C 语言设计代码如下:

```
        ⋮
#define temp XBYTE[0x0A8B]
unsigned uchar var;
        ⋮
var=temp;
        ⋮
```

输出操作的情况与输入的类似。以端口地址 1FFFH 为例。

第一种:

```
MOV P2,#1FH
MOV R1,#0FFH
MOVX @R1,A
```

第二种:

```
MOV DPTR,#1FFFH
MOVX @DPTR,A
```

5.1.2　接口信号与时序

前已述,MCS-51 系列单片机只能用 MOVX 类指令来实现接口的输入与输出操作,这就决定了接口操作所产生的信号及其时序,如图 5-1 所示,其中图 5-1(a)为"读"时序图,图 5-1(b)为"写"时序图。

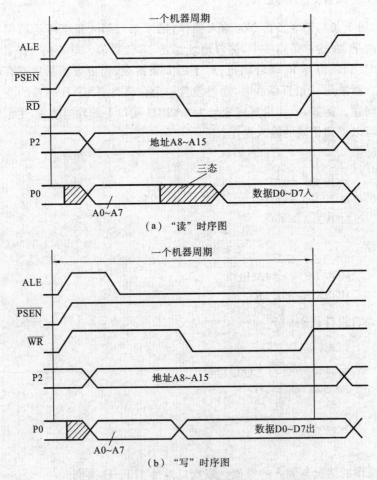

图 5-1　MCS-51 系列单片机外部数据执行指令时序图

由图 5-1 可见,接口信号包括:ALE——地址锁存允许,通过选通地址锁存器,以提供端口的低 8 位地址;P2 口——高 8 位地址端口,提供端口的高 8 位地址;P0口——三态总线端口,提供输入/输出数据及端口的低 8 位地址;$\overline{RD}$——读信号,输入控制;$\overline{WR}$——写信号,输出控制。

图 5-1 也清楚地表明了各接口信号的时序过程。以时钟周期为基础,ALE 下降沿锁存 P0 口上的低 8 位端口地址,在 $\overline{RD}$ 的有效低电平期间,从 P0 口上输入数据。

对于输出操作,则在 $\overline{\text{WR}}$ 的有效低电平期间,数据从 P0 口上输出。

接口操作的时序是由单片机内部结构所确定的,操作者必须严格按照时序进行设计,对于 MCS-51 系列单片机,执行一条输入/输出指令时做一次 I/O 操作,要用 2 个机器周期完成,前一个机器周期用来取指,后一个机器周期完成上述 I/O 操作。

单片机与外围电路、芯片或者外设接口后,可以采用无条件方式、延时等待方式、查询方式和中断方式等 4 种方式完成数据的传输。

无条件方式下,当单片机输入时,单片机与外围电路随时都有准备好了的数据;当单片机输出时,外围电路随时都能接收送来的数据。这样两者之间的数据交换可以立即无条件地进行。

延时等待方式的特点是在进行 I/O 数据交换前,先由单片机发出启动外围电路的信号,作相应延时后,再进行 I/O 数据交换。这样做的原因是让外围电路有足够长的时间准备好 I/O 交换的数据。

查询方式下,用软件来查询外围电路的数据是否做好了准备,如果未准备好,则立即作进一步查询或者隔一段时间再查询,直到准备好数据才进行 I/O 传递。

中断方式则是利用中断来完成 I/O 传递的方式。当外围电路需要与单片机交换数据时,发中断请求信号,单片机在响应中断后,在中断服务程序中完成数据 I/O 交换。

具体采用什么方式进行数据传输要根据外设与单片机的特点来确定,以确保数据传输准确无误。

5.1.3 地址的译码

由于 MCS-51 系列单片机的外部数据 RAM 和 I/O 口统一编址,为了区别不同对象的数据操作,必须使所有外设电路有不同的地址。微处理器系统中确定 I/O 口地址的方法通常有两种:线选法和译码法。

所谓线选法就是把单片机单根地址线直接连到外围电路芯片或外设的片选端,以此获得一个确定的地址信号,由此选通该外围电路。图 5-2 所示的为用线选法作地址选通外围芯片的实例。

图 5-2 中,8031 外接了 3 片数据存储器 2764。各芯片的片选信号均由 8031 的高位地址端口 P2 的单线选通。根据图 5-2 中线选地址的安排,各外围芯片的地址如表 5-1 所示。

线选法接线简单。由于线选线通常都是高位地址线,地址重叠太多,地址空间未能充分利用,所以,只有当单片机外接少量外围电路时,才采用线选法。

译码法利用地址译码器对系统的片外高位地址进行译码,以其译码输出作为存储器芯片的片选信号,将地址划分为连续的地址空间块,避免地址的间断。

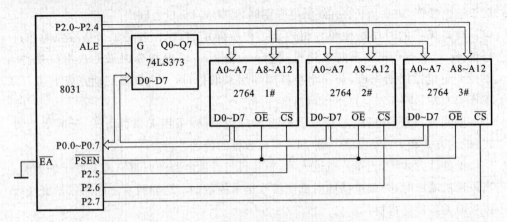

图 5-2　线选法译码地址电路连接图

表 5-1　线选法译码地址

外围器件	地址选择(A15~A0)	片内地址单元数	地址范围
1#	110× ×××× ×××× ××××	8 KB	C000~DFFFH
2#	101× ×××× ×××× ××××	8 KB	A000~BFFFH
3#	011× ×××× ×××× ××××	8 KB	6000~7FFFH

　　译码法仍用低位地址线对每片内的存储单元进行寻址,而高位地址线经过译码器译码后的输出信号作为各芯片的片选信号。译码法又分为完全译码法和部分译码法两种。常用的地址译码器是 3-8 译码器 74LS138。图 5-3 所示的为完全译码法的连接图。

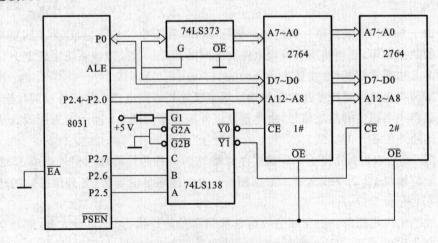

图 5-3　全译码法译码地址电路连接图

　　根据图 5-3,译码地址如表 5-2 所示。

表 5-2　完全译码法译码地址

外围器件	地址选择(A15～A0)	片内地址单元数	地址范围
1♯	000× ×××× ×××× ××××	8 K	0000～1FFFH
2♯	001× ×××× ×××× ××××	8 K	2000～3FFFH

译码法的编码方法与线选法的是一致的,根据译码器的真值表确定译码线(图 5-3 中为 P2.5～P2.7)的取值,以确定外部设备的编码。

了解了单片机与外设的工作时序与编码方式后,要根据具体的情况扩展单片机的外设,增强单片机的功能。单片机外设的扩展主要包括存储设备、I/O 口、键盘、显示设备等的扩展。

5.2　存储器的扩展

5.2.1　存储器扩展概述

1. 存储器扩展能力

MCS-51 系列单片机存储设备的扩展,包括程序存储器的扩展和数据存储器的扩展两类。MCS-51 系列单片机地址总线宽度为 16 位,片外可扩展的存储器最大容量为 64 KB,地址为 0000H～FFFFH。因为程序存储器和数据存储器通过不同的控制信号和指令进行访问,允许两者的地址空间重叠,所以片外可扩展的程序存储器与数据存储器都为 64 KB。

2. 存储器扩展的一般方法

不论何种存储器芯片,其引脚都呈三总线结构,与单片机连接时都是三总线对接。另外,电源线接电源线,地线接地线。

(1) 控制总线:程序存储器,一般来说,具有输出允许控制线 $\overline{OE}$,它与单片机的 $\overline{PSEN}$ 信号线相连。而数据存储器一般都有输出允许控制线 $\overline{OE}$ 和写控制线 $\overline{WE}$,它们分别与单片机的读信号线 $\overline{RD}$ 和写信号线 $\overline{WR}$ 相连。

(2) 数据总线:存储器芯片数据线的数目由芯片的字长决定。连接时,存储器芯片的数据线与单片机的数据总线(P0.0～P0.7)按由低位到高位的顺序顺次相接。

(3) 地址总线:存储器芯片的地址线的数目由芯片的容量决定。容量(Q)与地址线数目(N)满足关系式:$Q = 2^N$。存储器芯片的地址线与单片机的地址总线(A0～A15)按由低位到高位的顺序顺次相接。一般来说,存储器芯片的地址线数目总是少于单片机地址总线的数目,因此连接后,单片机的高位地址线总有剩余。剩余地址线一般作为译码线,译码输出与存储器芯片的片选信号线 $\overline{CS}$ 相接。片选信号线与单片机系统的译码输出相接后,就可确定存储器芯片的地址范围。

3. 扩展存储器所需芯片的数目

存储器扩展包括扩展存储器字长和扩展存储器容量。

若所选存储器芯片字长与单片机字长一致,则只需扩展容量。所需芯片数目按式(5-1)确定:

$$\text{芯片数目} = \frac{\text{系统扩展容量}}{\text{存储器芯片容量}} \tag{5-1}$$

若所选存储器芯片字长与单片机字长不一致,则不仅需要扩展容量,还需要扩展字长。所需芯片数目按式(5-2)确定:

$$\text{芯片数目} = \frac{\text{系统扩展容量}}{\text{存储器芯片容量}} \times \frac{\text{系统字长}}{\text{存储器芯片字长}} \tag{5-2}$$

4. 总线扩展驱动能力问题

当单片机外接芯片较多,超出总线负载能力时,必须加总线驱动器。

(1)常用的单向总线驱动器有 74LS244 和 74LS245 等,用于地址总线驱动,如图 5-4 所示。

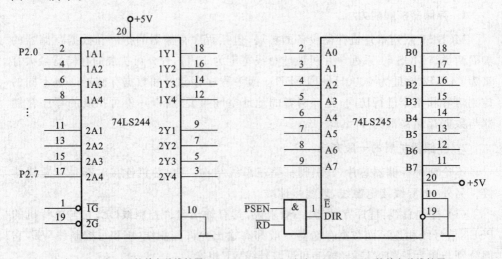

(a)MSC-51 P2口的单向总线扩展　　　　　　(b)MSC-51 P0口的单向总线扩展

图 5-4　地址总线驱动器

(2)常用的双向总线驱动器有 74LS255 等,用于数据总线驱动。

5.2.2　程序存储器的扩展

8051 和 8751 单片机内有 4 KB 的程序存储器,仅当此容量不满足用户系统的要求时,才需要片外扩展程序存储器。而 8031 单片机内无程序存储器,使用时必须扩展,只有这样才能构成最小微机系统。根据应用系统对程序存储器容量要求的不同,常用的扩展芯片包括 2 KB 的 EPROM 2716、4 KB 的 EPROM 2732、8 KB 的 EPROM 2764 及 16 KB 的 EPROM 27128 等。

程序存储器扩展电路的安排应满足单片机从外存取指令的时序要求。下面先简要讨论单片机从外存取指的时序,如图 5-5 所示,然后分析扩展电路的安排方法。

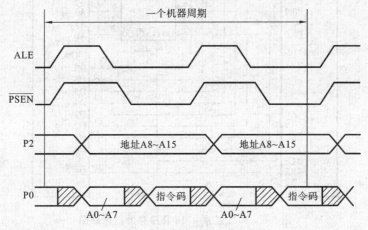

图 5-5　从外存取指时序

从外存取指的操作信号包括 ALE、$\overline{PSEN}$、P2 和 P0。其中,P2 提供指令地址的高 8 位地址(A8～A15)。所以根据设计需要,如需扩展 2 KB 的存储空间时,只需使用 A8～A10 这 3 条高位地址线,而扩展 4 KB 的存储空间时,需要 4 条高位地址线(A8～A11)等等。P0 口分时输出低 8 位指令地址 A7～A0,输入外存中读入的指令 D0～D7,并且在这两种操作之间呈现高阻态。

由图 5-5 可见,地址锁存允许信号 ALE 的下降沿正好对应着 P0 口输出低 8 位地址 A7～A0 的操作,而程序存储器允许信号 $\overline{PSEN}$ 的上升沿正好对应着 P0 口从程序存储器读入指令码的操作。所以,程序存储器的扩展要由 ALE、$\overline{PSEN}$、P2 和 P0 在一定的电路配合下共同实现。根据以上取指时序的要求,8031 单片机扩展存储器 2716 的电路见图 5-6。

图 5-6 中,74LS373 为 8D 透明锁存器,其中主要特点在于,控制 G 为高电平时,输出 Q0～Q7 复现输入 D0～D7 的状态(透明),G 为下降沿时,D0～D7 的状态被锁存在 Q0～Q7 上。利用这一特点,在把 ALE 和 G 相连后,ALE 的下降沿正好把 P0 口上此时出现的低 8 位指令地址 A7～A0 锁存在 74LS373 的输出端上,从而给出从 2716 取指令码的低 8 位地址。指令码的高 3 位地址 A8～A10 则直接由 P2.0～P2.2 提供。$\overline{PSEN}$ 与 2716 的输出允许信号 $\overline{OE}$ 相连,$\overline{PSEN}$ 的上升沿前 $\overline{OE}$ 有效,2716 中 A0～A10 指定了地址单元中的指令码,从 2716 的 D0～D7 输出,被正好处于读入状态的 P0 口输入单片机内执行。

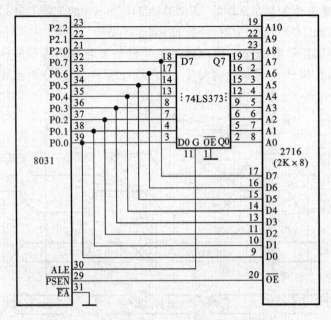

图 5-6 8031 扩展 2716 程序存储器电路图

单片机扩展 2732、2764 和 27128 等 EPROM 的扩展方法和电路与图 5-6 所示的基本相同,差别仅在于不同的芯片可扩展的存储容量大小不同,因而提供高 8 位地址的 P2 口线的数量各不相同。

有两点值得注意。

(1) ALE 和 $\overline{\text{PSEN}}$ 信号在每个机器周期中有 2 次有效,因而单片机在每一个机器周期中可取指 2 次。因此,凡是三字节指令至少都需要 2 个机器周期才可能被执行,对于取出来的多余的指令字节(实际上是提前取出的下一指令的头一个字节),机器自动予以丢弃。另外,由于 ALE 以 1/6 的时钟频率出现在引脚上,因而它又常用来作为外部电路的时钟信号或内部电路(例如定时器)的定时脉冲。

(2) 在前面曾讨论过,执行 MOVX 类从外部数据存储器读/写数据的指令时,要由 P2 口提供数据存储器的高 8 位地址,并且用 $\overline{\text{RD}}/\overline{\text{WR}}$ 选通。因此,当取出 MOVX 类指令的机器码后,下一个机器周期 $\overline{\text{PSEN}}$ 和 ALE 不再有效,此时,P2 口提供 MOVX 指令中的高 8 位地址,$\overline{\text{RD}}/\overline{\text{WR}}$ 有效,P0 口输入/输出 MOVX 指令中的数据。由此可见,MOVX 类指令都需要 2 个机器周期才能被执行。

扩展的外部程序存储器的编程可采用 MOVC 指令来完成,也可利用 C 语言采用访问 CBYTE 类型的存储变量来完成。

5.2.3 数据存储器的扩展

在 MCS-51 系列单片机中,扩展的外部设备与片外数据存储器统一编址,即外部设备占用片外数据存储器的地址空间。因此,片外数据存储器同外部设备总的扩展空间是 64 KB。8031 单片机内只有 128 B 数据 RAM,当应用中需要更大容量的 RAM 时,只能在片外扩展,可扩展的最大容量为 64 KB。常用扩展芯片有 Intel 公司的 2 KB 的 6116、8 KB 的 6264 和 32 KB 的 62256 等。根据图 5-1 所示 RAM 读/写操作时序的特点可以设计扩展外部 RAM 的电路。图 5-7 所示的是 8031 单片机与静态 RAM 6264 的扩展电路图。

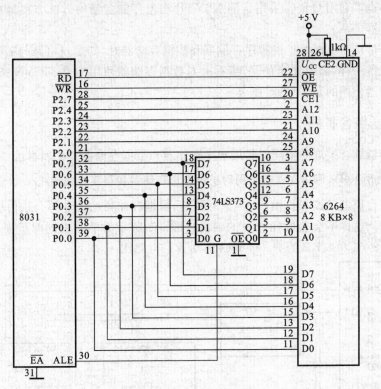

图 5-7 8031 扩展 6264 外部数据 RAM

由图 5-7 可见,由于 MCS-51 单片机的低位地址线与数据总线采用分时复用的方法,所以扩展时采用透明锁存器 74LS373 完成数据线与地址线的分时复用。由 ALE 把 P0 口输出的低 8 位地址 A0～A7 锁存在 74LS373,P2 口的 P2.0～P2.5 直接输出高 5 位地址 A8～A12,单片机的 $\overline{RD}$ 和 $\overline{WR}$ 分别与 6264 的输出允许 $\overline{OE}$ 和写信号 $\overline{WE}$ 相连,执行读操作指令时,$\overline{WR}$ 及 $\overline{WE}$ 有效,P0 口提供的要写入 RAM 的数据经 D0～D7 写入 6264 的指定地址单元中。

单片机 8031 扩展了外部数据 RAM 后,读/写外部数据 RAM 的操作指令有如下 4 条。

读:

  MOVX A,@Ri

> MOVX　　A，@DPTR

写：

> MOVX　　@Ri，A
> MOVX　　@DPTR，A

其中，Ri 为工作寄存器组中的 R0 和 R1。

同样也可利用 C 语言采用访问 XBYTE 类型存储变量的方法方便地操作外部数据存储器。

当单片机需要同时扩展程序存储器和数据存储器时，其接口电路与需要独立扩展时的基本一样，需要注意的是，编程时对数据存储器使用的是 MOVX 指令，而对程序存储器使用的是 MOVC 指令。

5.2.4　存储器综合扩展

存储器综合扩展是指同时扩展程序存储器和数据存储器。扩展方法如下。

1. 利用 ROM 和 RAM 芯片同时扩展数据存储器和程序存储器

程序存储器的读操作由 $\overline{\text{PSEN}}$ 信号控制，数据存储器的读和写分别由 $\overline{\text{RD}}$ 和 $\overline{\text{WR}}$ 信号控制。这样不会造成操作上的混乱。图 5-8 所示为单片机同时扩展 8 KB 的 EPROM 2764 和 8 KB 的 RAM 6264 各 1 片的电路图。

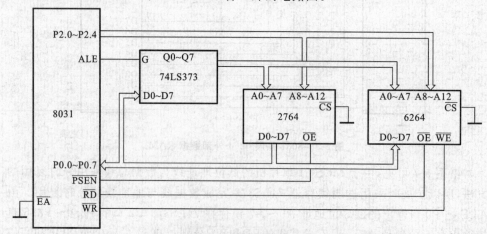

图 5-8　单片机同时扩展两种存储器电路图

2. 通过扩展可读/写存储器同时扩展数据存储器和程序存储器

（1）利用 EEPROM 芯片扩展，速度较慢。比如可扩展 2816 或 2817 等。

EEPROM 既能作为程序存储器又能作为数据存储器，将程序存储器与数据存储器的空间合二为一。如图 5-9 所示，片外存储器读信号 = $\overline{\text{PSEN}} \cdot \overline{\text{RD}}$。

（2）通过改造 RAM 存储芯片，比如可改造 6116 等。

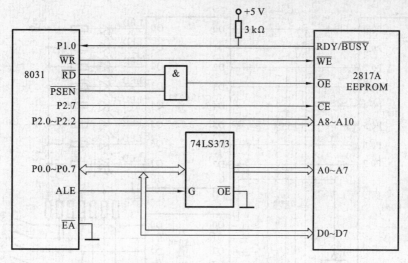

图 5-9　EEPROM 芯片综合扩展电路

5.3　I/O 口的扩展

MCS-51 系列单片机有 4 个 8 位并行 I/O 口：P0、P1、P2 和 P3。由于 P0 是地址/数据总线口，P2 是输出高 8 位地址的动态端口，P3 是双功能多用端口，因此在构成单片机系统后通常只有 P1 静态口空出并具有通用功能。这对稍微大一点的单片机系统来说，往往不能满足应用上的要求。为此，常需要在单片机外部扩展 I/O 口。

常用的 I/O 口扩展芯片包括 8255、8155 和 8243 等，它们都是具有多通道的并行 I/O 扩展芯片。如果只需扩展一个通道的 I/O 口，也可直接用缓冲器和锁存器来实现。

5.3.1　简单 I/O 口的扩展

当单片机需要扩展的端口数量不多时，可利用缓冲器和锁存器直接在总线上扩展 I/O 口。一种常用的电路如图 5-10 所示。

图 5-10 所示电路利用 74LS373 和 74LS244 扩展简单 I/O 口，其中 74LS373 扩展并行输出口，74LS244 扩展并行输入口。74LS373 是一个带输出三态门的 8 位锁存器，8 个输入端为 D0～D7，8 个输出端为 Q0～Q7，G 为数据锁存控制端，G 为高电平时，把输入端的数据锁存于内部的锁存器，OE 为输出允许端，G 为低电平时，把锁存器中的内容通过输出端输出。74LS244 是单向数据缓冲器，带两个控制端 1G 和 2G，当它们为低电平时，输入端 D0～D7 的数据输出到 Q0～Q7。

图 5-10 中，扩展的输入口接了 $S_0～S_7$ 共 8 个开关，扩展的输出口接了 $LED_0～LED_7$ 共 8 个发光二极管，如果要实现 $S_0～S_7$ 开关的状态通过 $LED_0～LED_7$ 发光二极管显示，则相应的汇编程序为

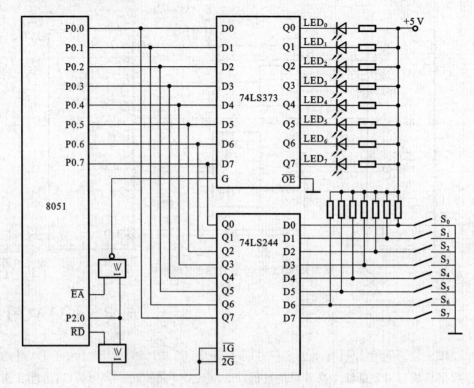

图 5-10 用缓冲器和锁存器扩展 I/O 口

```
LOOP:MOV     DPTR,#0FEFFH
     MOVX    A,@DPTR
     MOVX    @DPTR,A
     SJMP    LOOP
```

如果用 C 语言编程,相应程序段为

```
#include <absacc.h>           //定义绝对地址访问
#define uchar unsigned char
    ⋮
uchar i;
i=XBYTE[0xfeff];
XBYTE[0xfeff]=i;
    ⋮
```

5.3.2 可编程 I/O 口的扩展

在复杂的 MCS-51 单片机系统中,常采用可编程的器件实现 I/O 口的扩展,这些常用的芯片主要有 8155 和 8255A 等功能芯片。8155 与 8255A 的编程及设计方式基本一致,本节以 8255A 为例介绍可编程 I/O 口的扩展。

1. 8255A 的内部结构

8255A 的内部结构如图 5-11 所示。

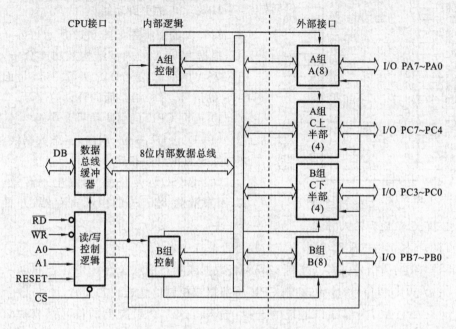

图 5-11 8255A 的内部结构

由图 5-11 可见,8255A 芯片的特征如下。

(1) 3 个数据端口 PA、PB 和 PC 这 3 个端口均可看做是 I/O 口,它们的结构和功能稍有不同。

PA 口是独立的 8 位 I/O 口,它的内部有对数据输入/输出的锁存功能。

PB 口也是独立的 8 位 I/O 口,仅对输出数据有锁存功能。

PC 口可以看做是 1 个独立的 8 位 I/O 口,也可以看做是 2 个独立的 4 位 I/O 口,仅对输出数据进行锁存。

(2) A 组和 B 组的控制电路 这是 2 组根据 CPU 命令控制 8255A 工作方式的电路。这些控制电路内部设有控制寄存器,可以根据 CPU 送来的编程命令来控制 8255A 的工作方式,也可以根据编程命令来对 PC 口的指定位进行置位/复位的操作。A 组控制电路用来控制 PA 口及 PC 口的高 4 位;B 组控制电路用来控制 PB 口及 PC 口的低 4 位。

(3) 数据总线缓冲器 这是 8 位的双向的三态缓冲器。作为 8255A 与系统总线连接的界面,输入/输出的数据、CPU 的编程命令及外设通过 8255A 传送的工作状态等信息,都是通过它来传输的。

(4) 读/写控制逻辑 读/写控制逻辑电路负责管理 8255A 的数据传输过程。

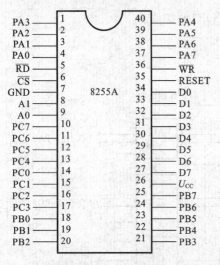

图 5-12　8255A 引脚图

它接收片选信号 $\overline{CS}$ 及系统读信号 $\overline{RD}$、写信号 $\overline{WR}$、复位信号 RESET,还有来自系统地址总线的端口地址选择信号 A0 和 A1。

2. 8255A 的引脚功能

8255A 的引脚图如图 5-12 所示。

根据 8255A 的内部结构及功能分析,可把 8255A 的引脚信号分为两组:一组是面向 CPU 的信号,另一组是面向外设的信号。

1) 面向 CPU 的引脚信号及功能

(1) D0~D7:8 位,双向,三态数据线,用来与系统数据总线相连。

(2) RESET:复位信号,高电平有效,输入,用来清除 8255A 的内部寄存器,并置 A 口、B 口、C 口均为输入方式。

(3) $\overline{CS}$:片选,输入,用来决定芯片是否被选中。

(4) $\overline{RD}$:读信号,输入,控制 8255A 将数据或状态信息送给 CPU。

(5) $\overline{WR}$:写信号,输入,控制 CPU 将数据或控制信息送到 8255A。

(6) A1、A0:内部端口地址的选择,输入。这 2 个引脚上的信号组合决定对 8255A 内部的哪一个端口或寄存器进行操作。8255A 内部共有 4 个端口,即 A 口、B 口、C 口和控制口,2 个引脚的信号组合选中端口如表 5-3 所示。$\overline{CS}$、$\overline{RD}$、$\overline{WR}$、A1 和 A0 这几个信号的组合决定了 8255A 的所有具体操作。

表 5-3　8255A 的操作功能表

$\overline{CS}$	$\overline{RD}$	$\overline{WR}$	A1	A0	操　作	数据传送方式
0	0	1	0	0	读 A 口	A 口数据→数据总线
0	0	1	0	1	读 B 口	B 口数据→数据总线
0	0	1	1	0	读 C 口	C 口数据→数据总线
0	1	0	0	0	写 A 口	数据总线数据→A 口
0	1	0	0	1	写 B 口	数据总线数据→B 口
0	1	0	1	0	写 C 口	数据总线数据→C 口
0	1	0	1	1	写控制口	数据总线数据→控制口

2) 面向外设的引脚信号及功能

(1) PA0~PA7:A 组数据信号,用来连接外设。

(2) PB0~PB7:B 组数据信号,用来连接外设。

（3）PC0～PC7：C 组数据信号，用来连接外设或者作为控制信号。

3. 8255A 的工作方式

8255A 有三种工作方式，用户可以通过对控制口的编程来设置。

（1）方式 0：简单输入/输出——查询方式。

（2）方式 1：选通输入/输出——中断方式。

（3）方式 2：双向输入/输出——中断方式（只有 A 口才有）。

8255A 有两个控制字：工作方式控制字和 C 口按位置位/复位控制字。

工作方式控制字结构如图 5-13 所示。

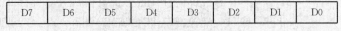

| D7 | D6 | D5 | D4 | D3 | D2 | D1 | D0 |

图 5-13　工作方式控制字

D7 位为特征位，D7＝1 表示为工作方式控制字。D6、D5 用于设定 A 组的工作方式。D4、D3 用于设定 A 口和 C 口的高 4 位是输入还是输出。D2 用于设定 B 组的工作方式。D1、D0 用于设定 B 口和 C 口的低 4 位是输入还是输出。

C 口按位置位/复位控制字与工作方式控制字共用同一地址单元，其结构如图 5-14 所示。

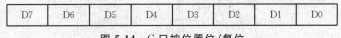

| D7 | D6 | D5 | D4 | D3 | D2 | D1 | D0 |

图 5-14　C 口按位置位/复位

D7 位为特征位，D7＝0 表示为 C 口按位置位/复位控制字。D6、D5、D4 这 3 位不用。D3、D2、D1 这 3 位用于选择 C 口当中的某 1 位。D0 用于置位/复位设置，D0＝0 则复位，D0＝1 则置位。

工作方式的选择可通过向控制口写入控制字来实现。

在不同的工作方式下，8255A 3 个 I/O 口的排列示意图如图 5-15 所示。

1）方式 0

方式 0 是一种简单的输入/输出方式，没有规定固定的应答联络信号，可用 A、B、C 这 3 组端口的任一位充当查询信号，其余 I/O 口仍可作为独立的端口和外设相连。PA、PB、PC 这 3 个端口均可工作在方式 0 的模式，主要运用于同步传送和查询传送方式。

2）方式 1

方式 1 是一种选通 I/O 方式，PA 口和 PB 口仍作为 2 个独立的 8 位 I/O 数据通道，可单独连接外设，通过编程分别设置它们为输入或输出。而 C 口则要有 6 位（分成 2 个 3 位）分别作为 A 口和 B 口的应答联络线，其余 2 位仍可工作在方式 0 下，通过编程设置为输入或输出。

图 5-16 给出了 8255A 的 A 口和 B 口选用方式 1 的输入组态。

C 口的 PC3～PC5 用做 A 口的应答联络线，PC0～PC2 则用做 B 口的应答联络

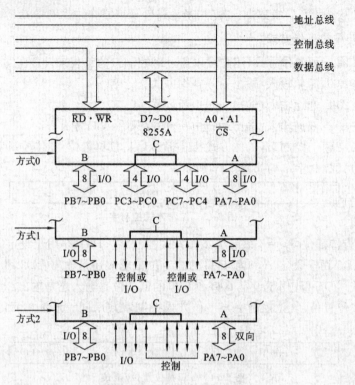

图 5-15　8255A 工作方式图

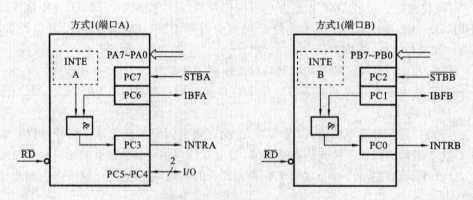

图 5-16　8255A 方式 1 输入组态

线,余下的 PC6~PC7 则可作为方式 0 使用。

应答联络线与各端口的关系如表 5-4 所示,其功能如下。

(1) $\overline{STB}$:选通输入,用来将外设输入的数据打入 8255A 的输入缓冲器。

(2) IBF:输入缓冲器满,作为 STB 的回答信号。

(3) INTR:中断请求信号,INTR 置位的条件是 STB 为高电平,且 IBF 和 INTE 为高电平。

(4) INTE:中断允许,对 A 口来讲,是由 PC4 置位来实现的,对 B 口来讲,则是由 PC0 置位来实现的,应事先将其置位。

表 5-4 应答联络线与各端口的关系

应答联络线 \ 端口	A 口	B 口
$\overline{STB}$	PC4	PC2
IBF	PC5	PC1
INTR	PC3	PC0
INTE	PC4 置 1	PC2 置 1

方式 1 的输出组态如图 5-17 所示。

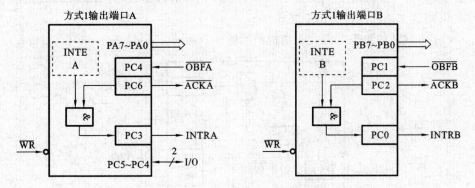

图 5-17 8255A 方式 1 的输出组态

其应答信号功能如下:C 口的 PC3、PC6、PC7 用做 A 口的应答联络线,PC0～PC2 则用做 B 口的应答联络线,余下的 PC4～PC5 则可工作于方式 0,如表 5-5 所示。

表 5-5 应答联络线与各端口的关系

应答联络线 \ 端口	A 口	B 口
$\overline{OBF}$	PC6	PC2
$\overline{ACK}$	PC7	PC1
INTR	PC3	PC0
INTE	PC6 置 1	PC2 置 1

应答联络线的功能如下。

(1) $\overline{OBF}$:输出缓冲器满,在 CPU 已将要输出的数据送入 8255A 时有效,用来通知外设可以从 8255A 取数。

(2) $\overline{ACK}$:响应信号,作为对 $\overline{OBF}$ 的响应信号,表示外设已将数据从 8255A 的输

出缓冲器中取走。

（3）INTR：中断请求信号，INTR 置位的条件是 ACK 为高电平，且 OBF 和 INTE 为高电平。

（4）INTE：中断允许，对 A 口来讲，由 PC6 的置位来实现，对 B 口来讲，则仍由 PC2 的置位来实现。

3）方式 2

方式 2 为双向选通 I/O 方式，只有 A 口才有此方式。这时，C 口有 5 根线用做 A 口的应答联络线，其余 3 根线可工作于方式 0，也可用做 B 口方式 1 的应答联络线。

方式 2 就是方式 1 的输入与输出方式的组合，各应答信号的功能也相同。而 C 口余下的 PC0～PC2 正好可以充当 B 口方式 1 的应答联络线，若 B 口不用或工作于方式 0，则这 3 条线也可工作于方式 0。

（1）方式 2 的组态　方式 2 结构图如图 5-18 所示。

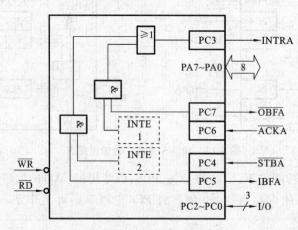

图 5-18　8255A 方式 2 结构图

（2）方式 2 的应用场合　方式 2 是一种双向工作方式，如果一个并行外部设备既可以作为输入设备，又可以作为输出设备，并且输入、输出动作不会同时进行，则可采用该工作方式。

（3）方式 2 和其他方式的组合　方式 2 和方式 0 输入的组合：控制字为 11XXX01T。方式 2 和方式 0 输出的组合：控制字为 11XXX00T。方式 2 和方式 1 输入的组合：控制字为 11XXX11X。方式 2 和方式 1 输出的组合：控制字为 11XXX10X。其中，X 表示与其取值无关，而 T 表示视情况可取 1 或 0。

4. 8255A 与 MCS-51 单片机的接口

8255A 与单片机 80C51 的接口电路如图 5-19 所示，图中包含数据线、地址线和控制线的连接。

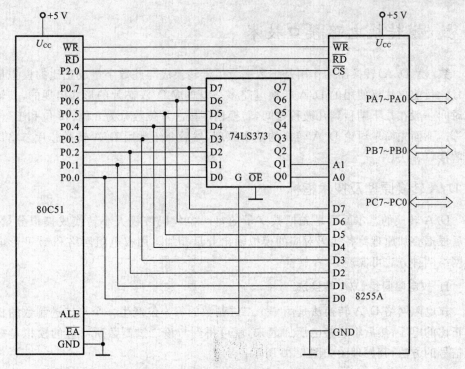

图 5-19 8255A 与 80C51 接口电路图

在图 5-19 中,8255A 的数据线与 80C51 的数据总线 P0.0~P0.7 相连,读 $\overline{RD}$、写 $\overline{WR}$ 信号线对应相连,8255A 的地址线 A0、A1 分别与 74LS373 的 Q0 和 Q1 相连,片选信号 $\overline{CS}$ 与 80C51 的 P2.0 相连。则 8255A 的 A 口、B 口、C 口和控制口的地址分别是 FEFCH、FEFDH、FEFEH 和 FEFFH。

如果设定 8255A 的 A 口为方式 0 输入,B 口为方式 0 输出,则初始化程序如下。

汇编程序段:

```
MOV    A,#90H
MOV    DPTR,#0FEFFH
MOVX   @DPTR,A
```

C 语言程序段:

```
#include <reg51.h>
#include <absacc.h>          //定义绝对地址访问
  ⋮
XBYTE[0xfeff]=0x90;
  ⋮
```

5.4 数/模转换电路接口技术

数/模(D/A)转换器的作用是把数字量信号转换成与此数字量成正比的模拟量信号。目前单片机使用的 D/A 转换电路多是以集成 D/A 芯片的形式出现的,其转换时间一般在几十纳秒到几微秒之间,转换精度按芯片位数分为 8 位、12 位和 16 位的等。下面先简单讨论 D/A 转换的基本原理,然后介绍常用 D/A 转换芯片与单片机的接口方法。

5.4.1 D/A 转换原理及技术指标

D/A 转换的基本原理是先把数字量的每一位代码按权大小转换成模拟分量,然后根据叠加原理将各代码对应的模拟输出分量相加。用权电阻网络和倒 T 形电阻网络两种方法可实现 D/A 转换。

1. 权电阻网络 D/A 转换法

权电阻网络 D/A 转换法是用一个二进制数的每一位产生一个与二进制数的权成正比的电压,然后将这些电压加起来,就可得到与该二进制数所对应的模拟量电压信号的方法,其原理图如图 5-20 所示。

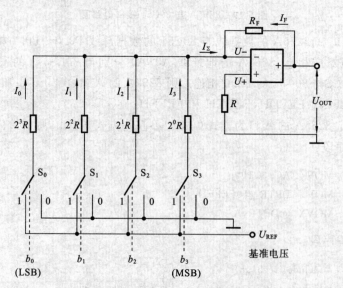

图 5-20 权电阻 D/A 转换原理图

图 5-20 所示的是 4 位二进制数的 D/A 转换器原理简图。它包括:1 个 4 位切换开关、4 个加权电阻的网络、1 个运算放大器和 1 个比例反馈电阻 R_F。加权电阻的阻值按 8:4:1 的比例配置。相应的增益分别为 $-R_F/8R$、$-R_F/4R$、$-R_F/2R$ 和

$-R_F/R$。切换开关由二进制数来控制,当二进制数的某一位为 1 时,对应的开关闭合,否则开关断开。当开关闭合时,输入电压 U_R 加在该位的电阻上,于是在放大器的输出端产生 $U_{\text{OUT}}=-U_R(R_F/2^nR)$。选用不同的加权电阻网络,就可得到不同编码数的 D/A 转换器。

2. 倒 T 形电阻网络 D/A 转换法

图 5-21 所示的是倒 T 形解码网络的原理电路形式。其中 $D_3D_2D_1D_0$ 为 4 位数字量输入。当 $D_i(i=0,1,2,3)$ 为高电平时,转换开关向右接通,否则转换开关向左接通。

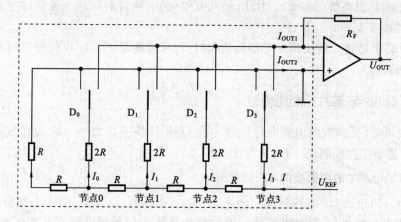

图 5-21 倒 T 形电阻网络 D/A 转换原理图

由图 5-21 可见,无论 $D_i(i=0,1,2,3)$ 为高电平还是低电平,根据运放的虚短特性,分析这个混联电路可以发现,从节点 0、1、2、3 往左看的等效电阻均为 $2R$,因此有

$$I_3=\frac{U_{\text{REF}}}{2R}, \quad I_2=\frac{U_{\text{REF}}}{4R}, \quad I_1=\frac{U_{\text{REF}}}{8R}, \quad I_0=\frac{U_{\text{REF}}}{16R} \tag{5-1}$$

也就是,当 $D_i=1$(即高电平)时,$I_i(i=0,1,2,3)$ 流经 R_F,使得 U_{OUT} 的绝对值升高,而当 $D_i=0$(即低电平)时,$I_i(i=0,1,2,3)$ 直接流入地,对 U_{OUT} 毫无影响,即

$$U_{\text{OUT}}=R_F\frac{U_{\text{REF}}}{16R}\sum_{i=0}^{3}2^iD_i \tag{5-2}$$

并且有

$$I_{\text{OUT1}}+I_{\text{OUT2}}=I \tag{5-3}$$

由式(5-2)可见,模拟量输出 U_{OUT} 显然与数字量输入的数值 $\sum_{i=0}^{3}2^iD_i$ 成正比,从而实现了 D/A 转换。

以上仅以 4 位 D/A 转换解码网络为例进行分析,对比更多位的 D/A 转换方法,就会发现权电阻网络电路中的电阻离散性大,网络中最大电阻值与最小电阻值

之比为 $2^{n-1}:1$（n 为输入二进制数的位数）。这在集成电路的生产上是不容易实现的，尤其是当 n 值较大时。而倒 T 形电阻网络电路中只需两种阻值的电阻，即 R 和 $2R$，在集成电路的生产中很容易实现这一点。所以，倒 T 形电阻解码网络是目前使用得最多的 D/A 转换电路。

D/A 转换器的主要技术指标如下。

（1）分辨率　分辨率是 D/A 转换器对输入量变化敏感程度的描述，与输入数字量的位数有关。如果数字量的位数为 n，则 D/A 转换器的分辨率为 2^{-n}。

（2）建立时间　建立时间是描述 D/A 转换速度的参数，具体是指从输入数字量变化到输出达到终值误差 $\pm 1/2$LSB（最低有效位）时所需的时间。通常以建立时间来表明转换速度。

（3）转换精度　转换精度是指满量程时 D/A 转换器的实际模拟输出值和理论值的接近程度。

5.4.2　DAC0832 与单片机的接口

DAC0832 是目前应用较为广泛的 8 位 D/A 转换芯片之一。它具有与微机接口简便、易于操作控制、使用灵活等优点。

1. DAC0832 的内部结构与引脚信号

DAC0832 的内部结构框图如图 5-22 所示，由图可见，DAC0832 主要由 2 个 8 位寄存器与 1 个 D/A 转换器组成。这种结构使输入的数据能够有 2 次缓冲，因而在操作上十分方便与灵活。

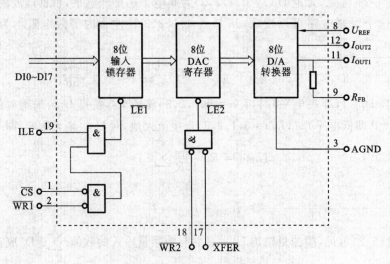

图 5-22　DAC0832 内部结构

DAC0832 采用 20 脚双列直插塑封形式，如图 5-23 所示。

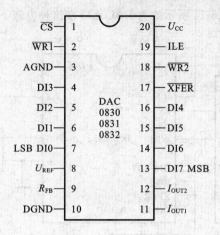

图 5-23　DAC0832 引脚图

各引脚信号及说明如下。

（1）DI0～DI7：8 位数据输入线，TTL 电平。

（2）ILE：数据锁存允许控制信号线，高电平有效。

（3）$\overline{\text{CS}}$：片选信号输入线，低电平有效。

（4）$\overline{\text{WR1}}$：输入寄存器的写选通输入线，低电平有效。当 $\overline{\text{CS}}$ 为"0"时，ILE 为"1"，$\overline{\text{WR1}}$ 有效时，DI0～DI7 状态锁存到输入寄存器。

（5）$\overline{\text{XFER}}$：数据传输控制信号线，低电平有效。

（6）$\overline{\text{WR2}}$：DAC 寄存器写选通输入线，低电平有效。当 $\overline{\text{XFER}}$ 为"0"且 $\overline{\text{WR2}}$ 有效时，输入寄存器中的数据被传送到 DAC 寄存器中。

（7）I_{OUT1}：电流输出线，当输入全为"1"时，I_{OUT1} 最大。

（8）I_{OUT2}：电流输出线，其值和 I_{OUT1} 值之和为一常数。

（9）R_{FB}：反馈信号输入线，可外接反馈电阻，使运算放大器输出电压满足大小要求。

（10）U_{CC}：电源电压线，范围为 +5～+15 V。

（11）U_{REF}：基准电压输入线，范围为 −10～+10 V。

（12）AGND：模拟地，为模拟信号和基准电源的参考地。

（13）DGND：数字地，为工作电源地和数字逻辑地。

2. DAC0832 与单片机的接口

根据对 DAC0832 的输入寄存器和 DAC 寄存器的不同控制方法，DAC0832 可有 3 种工作方式：单缓冲方式、双缓冲方式和直通方式。直通方式简单直观，下面仅介绍单缓冲和双缓冲方式及其应用。

1）单缓冲方式

在这种方式下，将二级寄存器的控制信号并接，输入数据在控制信号作用下，直接进入 DAC 寄存器中,图 5-24 所示的为 DAC0832 在这种方式下与 8051 的接口方法。

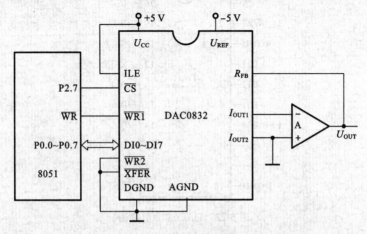

图 5-24 DAC0832 按单缓冲方式与 8051 连接

在图 5-24 中,ILE 接+5 V,片选信号$\overline{CS}$连接到地址线 P2.7 上,输入寄存器和 DAC 寄存器的地址可为 7FFFH。写选通线$\overline{WR1}$与 8051 的写信号$\overline{WR}$连接,CPU 对 DAC0832 执行一次写操作,则把一个数据直接写入 DAC 寄存器,DAC0832 的输出模拟信号随之对应变化。

根据图 5-24,可以编出许多种波形输出的 D/A 转换程序,例如,生成锯齿波、三角波、矩形波、阶梯波等。关于锯齿波的程序如下。

汇编语言程序如下。

```
START:ORG 2000H
       MOV DTPR,＃00FEH      ;选中 DAC0832
       MOV A,＃00H
LP:    MOVX @DPTR, A         ;向 DAC0832 输出数据
       INC A                 ;累加器加 1
       SJMP LP
```

若要改变锯齿波的频率,只需在 SJMP LP 前插入延时程序即可。

C 语言程序如下。

```
＃include ＜absacc. h＞            //定义绝对地址访问
＃define uchar unsigned char
＃define DAC0832 XBYTE[0x7FFF]
void main( )
{
  uchar i;
  while(1)
```

```
        {
            for (i=0;i<0xff;i++)
            {DAC0832=i;}
        }
    }
```

2) 双缓冲方式的应用

DAC0832 亦可方便地工作于双缓冲器工作方式。当 8 位输入锁存器和 8 位 DAC 寄存器分开控制导通时,DAC0832 工作于双缓冲方式。在双缓冲方式下,单片机对 DAC0832 的操作分两步:第一步,使 8 位输入锁存器导通,将 8 位数字量写入 8 位输入锁存器中;第二步,使 8 位 DAC 寄存器导通,8 位数字量从 8 位输入锁存器送入 8 位 DAC 寄存器。第二步只使 DAC 寄存器导通,在数据输入端写入的数据无意义。

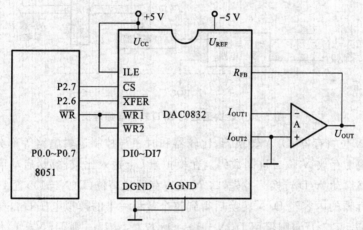

图 5-25 DAC0832 **按双缓冲方式与** 8051 **连接**

图 5-25 所示的为 DAC0832 工作在双缓冲器模式下的连接方式,DAC0832 的片选信号 $\overline{CS}$ 通过与单片机的高位地址线 P2.7 连接,控制输入寄存器的选通,而 DAC0832 的 $\overline{XFER}$ 信号与单片机的高位地址线 P2.6 连接,控制 DAC 寄存器的选通。在双缓冲方式下,DAC0832 的输入寄存器和 DAC 寄存器的地址分别为 7FFFH 和 BFFFH。

5.5 模/数转换电路接口技术

模/数(A/D)转换是把模拟量信号转化成与其大小成正比的数字量信号。A/D 转换电路的种类很多,根据转换原理,目前常用的 A/D 转换电路主要分成逐次逼近式和双积分式。下面先讨论 A/D 转换电路的基本原理和主要参数,然后介绍目前常用的 A/D 转换器与单片机的接口方法。

5.5.1　A/D 转换原理

1. 逐次逼近式转换原理

逐次逼近式转换的基本原理是用一个计量单位使连续量整量化(简称量化),即用计量单位与连续量比较,把连续量变为计量单位的整数倍,略去小于计量单位的连续量部分。这样所得到的整数量即数字量。显然,计量单位越小,量化的误差也越小。可见,逐次逼近式的转换原理即"逐位比较"。图 5-26 所示的为一个 N 位逐次逼近式 A/D 转换器原理图。

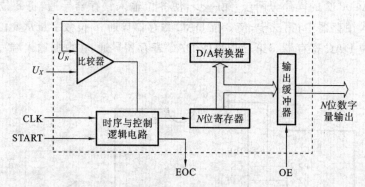

图 5-26　逐次逼近式 A/D 转换器原理图

它由 N 位寄存器、D/A 转换器、比较器和时序与控制逻辑电路等部分组成。N 位寄存器用于存放 N 位二进制数码。在模拟量 U_X 送入比较器后,启动信号通过控制逻辑电路启动 A/D 转换。首先,将 N 位寄存器最高位(D(N−1))置 1,其余位清 0,N 位寄存器的内容经 D/A 转换后得到整个量程一半的模拟电压 U_N,与输入电压 U_X 比较。若 $U_X \geqslant U_N$,则保留 D(N−1)=1;若 $U_X < U_N$,则 D(N−1)位清 0。然后,控制逻辑电路使寄存器下一位(D(N−2))置 1,与上次的结果一起经 D/A 转换后与 U_X 比较,重复上述过程,直到判断出 D0 位是取 1 还是 0 为止,此时控制逻辑电路发出转换结束信号 EOC。这样经过 N 次比较后,N 位寄存器的内容就是转换后的数字量数据,在输出允许信号 OE 有效的条件下,此值经输出缓冲器读出。整个转换过程就是一个逐次比较逼近的过程。

常用的逐次逼近式 A/D 器件有 ADC0809 和 AD574A 等。

2. 双积分式转换原理

双积分式 A/D 转换器采用了间接测量原理,即将被测电压值 U_X 转换成时间常数,通过测量时间常数得到未知电压值。其原理如图 5-27(a)所示。它由电子开关、积分器、比较器、计数器、逻辑控制门等部件组成。

所谓双积分就是进行一次 A/D 转换需要二次积分。转换时,逻辑控制门通过电子开关把被测电压 U_X 加到积分器的输入端,积分器从零开始,在固定的时间 T_0

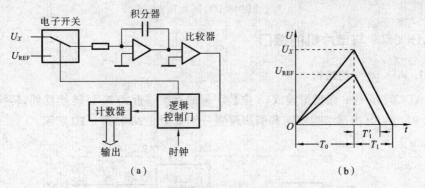

图 5-27　双积分式 A/D 转换器原理

内对 U_X 积分(称为定时积分),积分输出终值与 U_X 成正比。接着逻辑控制门将电子开关切换到极性与 U_X 相反的基准电压 U_{REF} 上,进行反向积分,由于基准电压 U_{REF} 恒定,所以积分输出将按 T_0 期间积分的值以恒定的斜率下降,当比较器检测积分输出过零时,积分器停止工作。通过反相积分时间 T_1 计算出 U_X,即

$$U_X = \frac{T_1}{T_0} \cdot U_{REF} \tag{5-4}$$

反相积分时间 T_1 由计算器对时钟脉冲计算得到。图 5-27(b)示出了两种不同输入电压($U_X > U_{REF}$)的积分情况,显然 U_{REF} 值小,在 T_0 定时积分期间,积分器输出终值也就小,而下降斜率相同,故反相积分时间 T_1' 也就小。

由于双积分方法的二次积分时间比较长,因此 A/D 转换速率慢,而精度可以做得比较高。对周期变化的干扰信号积分为零,抗干扰性能也比较好。

目前国内外双积分 A/D 转换芯片很多,常用的为 BCD 码输出,有 MC14433 ($3\frac{1}{2}$ 位)、ICL7135($4\frac{1}{2}$ 位)、ICL7109(12 位二进制)等。

3. A/D 转换器的主要参数

转换时间与分辨率是 A/D 转换器的两个主要技术指标。

A/D 转换器完成一次 A/D 转换所需要的时间即为转换时间。显然它反映了 A/D 转换的快慢。实际应用中,只要满足微机系统的要求,并不一定要用速度快的转换器。逐次逼近式 A/D 转换器的转换时间一般为微秒级,而双积分式的一般为毫秒级。

分辨率是指最小的量化单位,这与 A/D 转换器的位数有关,位数越多,分辨率越高。例如,A/D 转换器 AD574 的分辨率为 12 位,即该转换器的输出可以用 2^{12} 二进制数进行量化,其分辨率为 1 LSB 位。

BCD 码输出的 A/D 转换器一般用位数表示分辨率,例如,MC14433 双积分式 A/D 转换器的分辨率为 $3\frac{1}{2}$ 位。其满刻度为 1 999,用百分数表示的分辨率为

$$1/1\,999 \times 100\% = 0.05\%$$

5.5.2 ADC0809 与单片机的接口

1. ADC0809 的结构

ADC0809 是 8 路模拟输入、8 位数字量的逐次逼近式 A/D 转换器件,转换时间约为 100 μs,其内部结构框图和引脚配置分别如图 5-28 和图 5-29 所示。

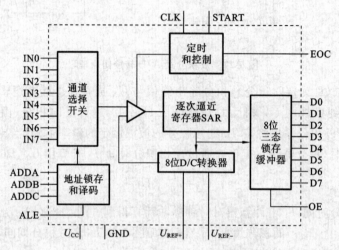

图 5-28 ADC0809 内部结构图

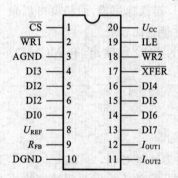

图 5-29 ADC0809 引脚图

其中,多路开关为 8 路模拟量输入端,最多允许 8 路模拟量分时输入,共用 1 个 A/D 转换器。8 路模拟开关的切换由地址锁存器和译码电路控制,3 根地址线 A、B、C 通过 ALE 锁存。改变地址,可以切换 8 路模拟通道,选择不同的模拟量输入,其通道选择的地址编码如表 5-6 所示。

A/D 转换结果通过三态输出锁存器输出,三态输出锁存器允许直接与系统数据总线相连。OE 为输出允许信号,可与系统读信号 $\overline{RD}$ 相连。EOC 为转换结束信号,表示一次 A/D 转换已完成,可以作为中断请求信号,也可被程序查询,以检测转换是否结束。

表 5-6 ADC0809 通道选择编码

ADDC	ADDB	ADDA	通道
0	0	0	IN0
0	0	1	IN1
0	1	0	IN2

续表

ADDC	ADDB	ADDA	通道
0	1	1	IN3
1	0	0	IN4
1	0	1	IN5
1	1	0	IN6
1	1	1	IN7

U_{REF+} 和 U_{REF-} 是基准参考电压,决定了输入模拟量的范围。CLK 为时钟信号输入端。START 为启动转换信号,用来控制启动 A/D 转换。

2. ADC0809 的接口方法

图 5-30 所示的是 ADC0809 与 8051 单片机的接口电路图。

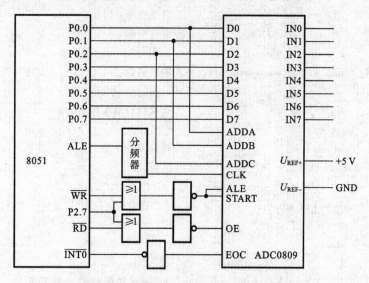

图 5-30　ADC0809 与单片机接口电路图

ADC0809 的数据线 D7~D0 直接与单片机的总线 P0 相连。模拟输入通道地址 A、B、C 由 P0.0~P0.2 提供。时钟 CLK 由单片机的 ALE 取得。START、ALE 和 OE 分别由单片机的 $\overline{WR}$、$\overline{RD}$ 和 P2.7 经或门和非门后接入。这种安排主要是满足 ADC0809 的信号电平与时序的要求。由于 EOC 通过非门接入单片机的 $\overline{INT0}$ 脚,故设计时既可采用延时等待的方法来读取 A/D 转换的结果,也可采用中断的方式来读取 A/D 转换的结果。

【例 5-1】　以中断方式采集图 5-30 所示电路中 8 路模拟信号的数字量,并将结果按顺序存入片内 RAM 40H~47H 单元中。

```
#include ⟨reg51.h⟩
#include ⟨absacc.h⟩              //定义绝对地址访问
#define uchar unsigned char
#define IN0 XBYTE[0x0000]       //定义 IN0 为通道 0 的地址
static uchar data x[8];          //定义 8 个单元的数组,存放结果
uchar xdata * ad_adr;            //定义指向通道的指针
uchar i=0;
void main(void)
{
    IT0=1;                       //初始化
    EX0=1;
    EA=1;
    i=0;
    ad_adr=&IN0;                 //指针指向通道 0
    * ad_adr=i;                  //启动通道 0 转换
    for(;;){;}                   //等待中断
}
void int_adc(void) interrupt 0   //中断函数
{
x[i]= * ad_adr;                  //接收当前通道转换结果
i++;
ad_adr++;                        //指向下一个通道
if(i<8)
{
    * ad_adr=i;                  //8 个通道未转换完,启动下一个通道返回
}
else
{
    EA=0;EX0=0;                  //8 个通道转换完,关中断返回
}
}
```

5.6 单片机与键盘接口技术

5.6.1 键盘结构与工作原理

在微机系统中,键盘是一种最常用的外设,它由多个开关组合而成。可以用来制造键盘的按键开关有好多种,最常用的有机械式、薄膜式、电容式和霍尔效应式等

4 种。机械式开关较便宜,但压键时会产生触点抖动,即在触点可靠地接通前会通断多次,而且长期使用其可靠性会降低。薄膜式开关可做成很薄的密封单元,不易受外界潮气或环境污染,常用于微波炉、医疗仪器或电子秤等设备的按键开关。电容式开关没有抖动问题,但需要特制电路来测电容的变化。霍尔效应式开关是另一种无机械触点的开关,具有很好的密封性,平均寿命高达 1 亿次甚至更高,但开关机制复杂,价格很贵。计算机上的键盘一般都用机械式开关。

键盘是一组按键的集合,它是最常用的单片机输入设备,操作人员可以通过键盘输入数据或命令,实现简单的人机通信。按键是一种常开型按钮开关,平时(常态)按键的 2 个触点处于断开状态,按下按键时它们才闭合(短路)。键盘分编码键盘和非编码键盘:闭合键的识别由专用的硬件译码实现,并能产生键编号或键值的称为编码键盘,如 BCD 码键盘、ASCII 码键盘等;而缺少这种键盘编码电路,要靠自编软件识别的称为非编码键。

1. 键盘操作特点

键盘中每个按键都是一个常开开关电路,如图 5-31(a)所示。当键 K 未被按下(即断开)时,P1.1 输入高电平;当 K 闭合时,P1.1 输入低电平。通常的按键所用的开关为机械弹性开关,当机械触点断开、闭合时,电压信号波形如图 5-31(b)所示。由于机械触点的弹性作用,一个按键开关在闭合时不会马上稳定地接通,在断开时也不会马上断开。因而在闭合及断开的瞬间均伴随有一连串的抖动,如图 5-31(b)所示。抖动时间长短由按键的机械特性决定,一般为 5~10 ms,这是一个很重要的时间参数,在很多场合都要用到。

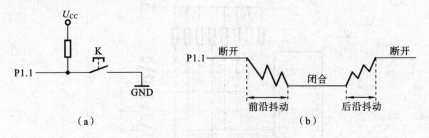

图 5-31　按键工作原理示意图

按键闭合稳定时间的长短由操作人员的按键动作决定,一般为零点几秒至数秒。

按键抖动会引起一次按键被误读多次,为了确保单片机对按键的一次闭合仅作一次处理,必须去除按键抖动,在按键闭合稳定时取按键状态,并且必须判别至按键释放稳定后再作处理。消除按键抖动的方法有采用硬件和软件两种。

通常在按键数较少时,可用硬件方法消除按键抖动。如图 5-32 所示的 R-S 触发器电路为常用的硬件去抖电路。

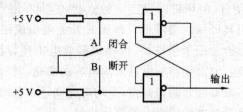

图 5-32   R-S 触发器去抖电路

图 5-32 中用 2 个与非门构成一个 R-S 触发器。当按键未按下时,输出为 1;当按键按下时,输出为 0。此时即使按键的机械性能使按键因弹性抖动而产生瞬时断开(抖动跳开 B),只要按键不返回原始状态 A,双稳态电路的状态就不改变,输出保持为 0,不会产生抖动的波形。也就是说,即使 B 点的电压波形是抖动的,但经双稳态电路之后,其输出为正规的矩形波,这一点通过分析 R-S 触发器的工作过程很容易得到验证。

如果按键数较多,则常用软件方法消除按键抖动,即检测出按键闭合后执行一个延时程序,产生 5～10 ms 的延时,让前沿抖动消除后再一次检测按键的状态,如果仍保持闭合状态电平,则确认为真正有按键按下。当检测到按键释放后,也要给 5～10 ms 的延时,待后沿抖动消失后才能转入该按键的处理程序。

2. 独立式键盘及其工作原理

独立式键盘的各按键互相独立地接通一条输入数据线,如图 5-33 所示。这是最简单的键盘结构,该电路为查询方式电路。

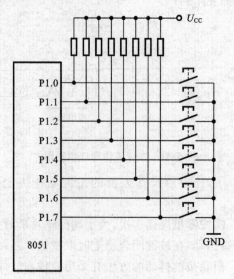

图 5-33   独立式键盘

当任何一个按键按下时,与之相连的输入数据线即被置 0(低电平),而不按时该线为 1(高电平)。要判别是否有按键按下,用单片机的位处理指令十分方便。

独立式键盘结构的优点是电路简单;缺点是当按键数较多时,要占用较多的 I/O 口线。图 5-33 所示查询方式键盘的处理程序比较简单,程序中没有使用散转指令, 省略了软件的去抖动措施,只包括按键查询、按键功能程序转移。P0F~P7F 为功能 程序入口地址标号,其地址间隔应能容纳 JMP(通常用 LJMP)指令字节,PROM0~ PROM7 分别为每个按键的功能程序。

程序清单如下(I/O 为 P1 口)。

```
              ORG 1500H
     START:MOV A,#0FFH          ;输入时先置 P1 口全 1
              MOV P1,A
              MOV A,P1             ;键状态输入
              JNB ACC.0,P0F       ;0 号键按下转 P0F 标号地址
              JNB ACC.1,P1F       ;1 号键按下转 P1F 标号地址
              JNB ACC.2,P2F       ;2 号键按下转 P2F 标号地址
              JNB ACC.3,P3F       ;3 号键按下转 P3F 标号地址
              JNB ACC.4,P4F       ;4 号键按下转 P4F 标号地址
              JNB ACC.5,P5F       ;5 号键按下转 P5F 标号地址
              JNB ACC.6,P6F       ;6 号键按下转 P6F 标号地址
              JNB ACC.7,P7F       ;7 号键按下转 P7F 标号地址
              LJMP START          ;无键按下返回
     P0F:     LJMP PROM0
     P1F:     LJMP PROM1
              ⋮                   ;入口地址表
     P7F:     LJMP PROM7
     PROM0:……                    ;0 号键功能程序
              ⋮
              LJMP START          ;0 号键执行完返回
     PROM1:……
              ⋮
              LJMP START
              ⋮
     PROM7:……
              ⋮
              LJMP START
              END
```

由此程序可以看出,各按键的按下判断由软件设置了优先级,优先级顺序依次 为 0~7。

3. 行列式键盘及其工作原理

为了减少键盘与单片机接口时所占用 I/O 口线的数目，在按键数较多时，通常都将键盘排列成行列矩阵式，如图 5-34 所示。

+5 V
CPU数据总线
D3~D0
行输出口
O0
O1
O2
O3
列输入口
I0
I1
I2
I3

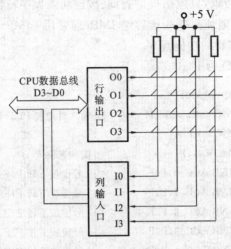

图 5-34　矩阵式键盘原理图

每一水平线（行线）与垂直（列线）的交叉处不相通，而是通过一个按键来连通。这种行列矩阵结构只需 N 个行线和 M 个列线即可组成有 $M\times N$ 个按键的键盘。

开始
是否有键按下?
是
否
调用6 ms延时子程序
调用12 ms延时子程序
否
是否有键按下?
是
判闭合键，编码入栈保护
否
闭合键是否释放?
是
编码→A
返回

图 5-35　判断有无键按下

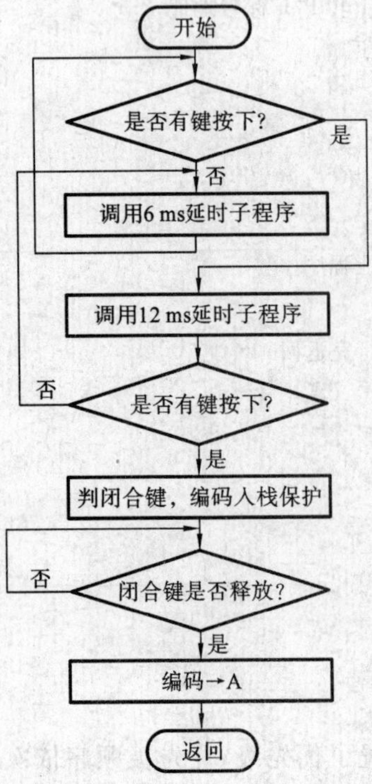

在这种行列矩阵式非编码键盘的单片机系统中，键盘处理程序首先执行确认有无按键按下的程序段，程序框图如图 5-35 所示。

在确认有稳定的按键按下后，就要识别哪一个按键被按下。对按键的识别通常采用逐行（逐列）扫描查询法。

以图 5-36 所示的 4×8 键盘为例说明采用扫描查询法识别某一个按键被按下的工作过程。

首先判别键盘中有无按键按下。由单片机 I/O 口向键盘送（输出）扫描字，然后读入（输入）行线状态来判断。其方法是：向列线（图中垂直线）输出全扫描字 00H，即把全部列线置为低电平，然后将行线的电平状态读入累加器 A 中。如果有按键按下，则总会有 1 根行线被拉至低电平，从而使行输入不全为 1。

其次判断键盘中哪一个按键按下，在列线逐列

置低电平后,检查行输入状态。其方法是:依次给列线送低电平,然后查所有行线状态;如果全为 1,则所按下的按键不在此列;如果不全为 1,则所按下的按键必在此列,而且是在与低电平行线相交的交点上的那个按键。

最后确定键盘上每个按键的键值。按键赋值的最直接办法是将行、列线按二进制顺序排列,当某一按键按下时,键盘扫描程序执行至该列置 0 电平,读出各行状态为非全 1 状态,这时的行、列数据组合成键值。如图 5-36 所示键盘,如果第 $j(j=0,1,\cdots,7)$ 列为 0,通过延时去抖后,第 i 行 $(i=0,1,2,3)$ 为 0,则按键的键值 N 为:$N=i\times8+j$。

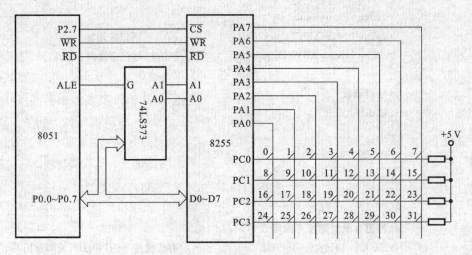

图 5-36 8255A 扩展的 4×8 矩阵式键盘

5.6.2 键盘扫描的控制方式

在单片机系统中,为了节省硬件,通常采用行列矩阵式非编码键盘,单片机对它的控制通常有以下三种方式。

(1) 程序控制扫描方式,即利用程序连续地对键盘进行扫描的方式。

(2) 定时扫描方式,即单片机定时地对键盘进行扫描的方式。

(3) 中断扫描方式,即按键的按下引起中断后,单片机对键盘进行扫描的方式。

通常根据单片机系统的硬件结构与按键数目的多少来选择工作方式。下面着重介绍常用的程序控制扫描方式和中断扫描方式。

1. 程序控制扫描方式

以图 5-36 所示的 8255 扩展 I/O 口组成的 4×8 行列矩阵式键盘为例,介绍程序控制扫描工作方式的工作过程和扫描子程序。

(1) 判断键盘上有无键按下。其方法为:PA 口输出全扫描字 00H,读 PC 口状态,若 PC0~PC3 为全 1,则键盘无按键按下,若不全为 1,则有按键按下。

（2）去按键的机械抖动影响。在判断有按键按下后，软件延时一段时间（5～10 ms）再判断键盘状态，如果仍为有按键按下状态，则认为有一个稳定的按键按下，否则按有按键抖动处理。

（3）判别闭合键所对应的键号，对键盘的列线进行扫描。

针对图 5-36 所示行列式键盘，利用 C 语言设计的键盘扫描程序如下。

```c
include<reg51.h>
#include<absacc.h>
#define uchar unsigned char
#define uint unsigned int
#define LScan XBYTE[0x7f00]          //PA 口,列扫描地址
#define HScan XBYTE[0x7f02]          //PC 口,行扫描地址

//延时函数
void delay(uint i)
{
    uint j;
    for(j=i;j>0;j--)
    { ; }
}
//检测有无按键按下的函数
uchar CheckKey()                     //有按键按下返回 0xff,无则返回 0
{
    uchar i;
    LScan=0x00;
    i=(HScan & 0x0f);
    if(i==0x0f) return(0);
    else return(0xff);
}
//键盘扫描子函数
uchar KeyScan()                      //无按键返回 0xff,有则返回键码
{
    uchar ScanCode;
    uchar CodeValue;
    uchar k;
    uchar i,j;
    if(CheckKey()==0) return(0xff);  //无按键,返回 0xff
    else
    {
```

```
        delay(200);                    //延时
        if(CheckKey()==0)
        return(0xff);                  //无按键,返回 0xff
    else
    {
        ScanCode=0x01;                 //设置列扫描码,初始值最低位为 0
        for(i=0;i<8;i++)               //逐列扫描 8 次
        {
            k=0x01;                    //行扫描码赋初值
            LScan=~ScanCode;           //送列扫描码
            CodeValue=i;
//键码就是 i 的值,第 0 行的每列键码为 0,1,2,…,7,和 i 值一致
        for(j=0;j<4;j++)
        {
            if((HScan & k)==0)         //是否在当前列
            {
                while(CheckKey()!=0);  //若是,则等待按键释放
                return(CodeValue);     //返回键码
            }
            else
//否则,键码加 8,同一列的每一行上的键码恰好相差 8
            {                          //列扫描码 k 右移一位,扫描下一行
                CodeValue+=8;
                k<<=1;
            }
        }
        ScanCode<<=1;                  //每一行都扫描完,列扫描码右移一
                                       //位,扫描下一列

        }
    }
}


main()
{
    uchar Key;
    XBYTE[0x7f03]=0x81;                //8255 初始化,设置 A 口输出,C 口低
                                       //4 位输入

    while(1)
```

```
            {
                Key＝KeyScan( );
            }
        }
```

2. 中断扫描方式

为了提高 CPU 效率,还可以采用中断扫描工作方式,即只有在键盘有按键按下时才产生中断请求,进入中断服务程序后对键盘进行扫描,并作相应处理。

在键盘扫描程序中,求得键值或键号只是手段,最终目的是使程序转移到相应的地址去完成该按键对应的操作。一般对数字键是直接将该按键送到显示缓冲区进行显示,对功能键则需找到该功能键处理程序入口地址,并转去执行该功能键的命令。因此,在求得键号后,还必须找到功能键处理程序入口。

5.7 单片机与显示器接口技术

显示器常用做单片机最简单的输出设备,用于显示单片机的运行结果与运行状态等。常用的显示设备有 LED 和 LCD,它们都具有耗电少、成本低、线路简单、寿命长的优点,广泛应用于单片机的数字量显示场合。本节以 LED 为例,简单介绍其结构、工作原理及与单片机的接口技术。

5.7.1 LED 显示器的结构与原理

LED 显示器是由发光二极管显示字段的显示器件,也称为数码管。其结构如图 5-37 所示。

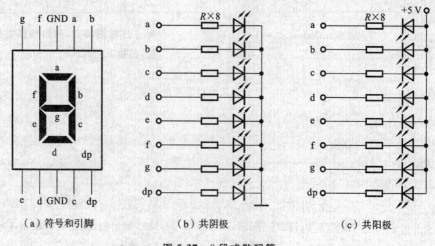

      (a) 符号和引脚   (b) 共阴极   (c) 共阳极

图 5-37　8 段式数码管

在单片机应用系统中通常使用的是 8 段式 LED 数码管显示器,它有共阴极和共阳极两种,如图 5-37 所示,图中所接电阻为外接电阻,以限制流经发光二极管的电流大小。所要显示的数据与表 5-7 提供的码段一一对应。

表 5-7　LED 码段对应表

显示字符	共阴极字段码	共阳极字段码	显示字符	共阴极字段码	共阳极字段码
0	3FH	C0H	C	39H	C6H
1	06H	F9H	D	5EH	A1H
2	5BH	A4H	E	79H	86H
3	4FH	B0H	F	71H	8EH
4	66H	99H	P	73H	8CH
5	6DH	92H	U	3EH	C1H
6	7DH	82H	T	31H	CEH
7	07H	F8H	Y	6EH	91H
8	7FH	80H	L	38H	C7H
9	6FH	90H	8.	FFH	00H
A	77H	88H	"灭"	00H	FFH
B	7CH	83H			

LED 显示器的显示分为静态显示和动态显示两种。

5.7.2　LED 静态显示接口

LED 静态显示时,其公共端直接接地(共阴极)或接电源(共阳极),各段选线分别与 I/O 口线相连。要显示字符,直接在 I/O 线送相应的字段码。静态显示可采用串入并出的移位寄存器来驱动数码管并显示数字量;也可采用并行 I/O 口,但数码管越多,所占用的 I/O 口的资源越多,系统的硬件电路越复杂。图 5-38 所示的为 LED 数码管与单片机的静态接口电路图。

5.7.3　LED 动态显示接口

LED 动态显示的基本做法是分时轮流选通数码管的公共端,使得各数码管轮流导通,在选通相应的 LED 后,即在显示字段上得到显示字型码。这种方式不但能提高数码管的发光率,并且由于各数码管的字段线是并联使用的,从而大大简化了硬件线路。同时,由于人的视觉滞留,只要循环的周期足够快,看起来所有的数码管都是同时显示的,似乎不存在先后显示的问题。图 5-39 所示的为 8 位 LED 动态显示电路,其中 8 个数码管的段选信号线分别并联在 CPU 的数据总线上,而 8 个数码管的片选信号线则分别与 CPU 的地址线连接,便于分时选择不同的数码管。

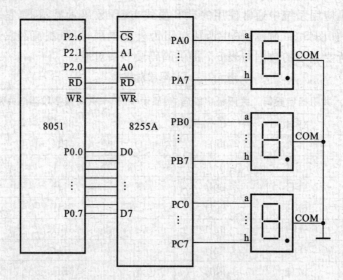

图 5-38　8255A 实现 LED 数码管静态显示

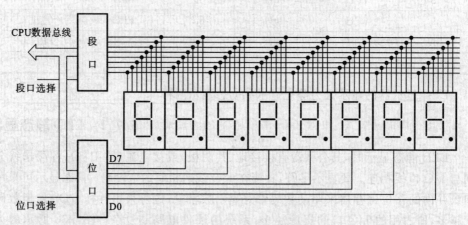

图 5-39　8 位 LED 数码管动态显示

【例 5-2】　图 5-40 所示的为 6 位共阴极显示器通过 8255A 和 8051 的接口电路。8255A 的 PA、PB、PC 及控制口的地址分别为 0BCFFH、0BDFFH、0BEFFH、0BFFFH。8255A 的 PB 口为显示器的段口，PA 口为显示器的位口。

软件译码动态显示汇编语言程序如下（设 8 个数码管的显示缓冲区为片内 RAM 的 57H～50H 单元）：

```
DISPLAY:MOV A,#10000000B        ;8255A 初始化
        MOV DPTR,#7F03H         ;使 DPTR 指向 8255A 控制寄存器端口
        MOVX @DPTR,A
        MOV R0,#57H             ;动态显示初始化,使 R0 指向缓冲区首址
        MOV R3,#7FH             ;首位位选字送 R3
```

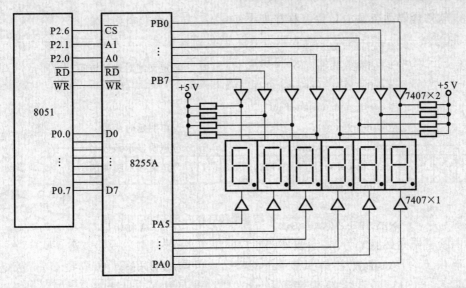

图 5-40　8051 通过 8255A 与 LED 显示器接口电路

```
           MOV A,R3
LD0: MOV DPTR,#7F01H        ;使 DPTR 指向 PB 口
           MOVX @DPTR,A        ;选通显示器高位(最右端一位)
           DEC DPTR            ;使 DPTR 指向 PA 口
           MOV A,@R0           ;读要显示的数
           ADD A,#0DH          ;调整距段选码表首的偏移量
           MOVC A,@A+PC        ;查表取得段选码
           MOVX @DPTR,A        ;段选码从 PA 口输出
           ACALL DL1           ;调用 1ms 延时子程序
           DEC R0              ;指向缓冲区下一单元
           MOV A,R3            ;位选码送累加器 A
           JNB ACC.0,LD1       ;判断 8 位是否显示完毕,显示完返回
           RR A                ;未显示完,把位选字变为下一位选字
           MOV R3,A            ;修改后的位选字送 R3
           AJMP LD0            ;循环实现按位序依次显示
LD1:RET
TAB:DB 3FH,06H,5BH,4FH,66H,6DH,7DH,07H ;共阴极字段码表
DB: 7FH,6FH,77H,7CH,39H,5EH,79H,71H
DL1:MOV R7,#02H                 ;延时子程序
DL: MOV R6,#0FFH
DL0:DJNZ R6,DL0
           DJNZ R7,DL
           RET
```

软件译码动态显示 C 语言程序如下：

```c
#include <reg51.h>
#include <absacc.h>                    //定义绝对地址访问
#define uchar unsigned char
#define uint unsigned int
void delay(uint);                      //声明延时函数
void display(void);                    //声明显示函数
uchar disbuffer[8]={0,1,2,3,4,5,6,7};  //定义显示缓冲区
void main(void)
{
XBYTE[0x7f03]=0x80;                    //8255A 初始化
while(1)
{display();                           //设显示函数
}
}
//延时函数
void delay(uint i)                     //定义延时函数
{uint j;
for (j=0;j<i;j++){ }
}
//显示函数
void display(void)                     //定义显示函数
{uchar
codevalue[16]={0x3f,0x06,0x5b,0x4f,0x66,0x6d,0x7d,0x07,0x7f,0x6f,0x77,
0x7c,0x39,0x5e,0x79,0x71};             //0~F 的共阴极字段码表
uchar chocode[8]={0xfe,0xfd,0xfb,0xf7,0xef,0xdf,0xbf,0x7f};  //位选码表
uchar i,p,temp;
for (i=0;i<8;i++)
{
p=disbuffer[i];                        //取当前显示的字符
temp=codevalue[p];                     //查得显示字符的字段码
XBYTE[0x7f00]=temp;                    //送出字段码(PA 口)
temp=chocode[i];                       //取当前的位选码
XBYTE[0x7f01]=temp;                    //送出位选码(PB 口)
delay(20);                             //延时 1ms
}
}
```

练习题

5-1 试画出 8051 单片机扩展片外 8 KB 程序存储器 2764 EPROM 的电路图。

5-2 用 74LS138 设计译码电路,利用 8051 单片机的 P0 口和 P2 口译出地址为 2000H～3FFFH 的片选信号。

5-3 设计一个以 8051 为中心的系统,要求外部程序存储器为 10 KB,外部数据存储器为 6 KB,系统共用 20 条 I/O 口线,试画出硬件结构原理图。

5-4 利用 8031 单片机的 P1 口,设计一个可扫描 16 个按键的电路,并用中断法扫描键盘。

5-5 利用 8031 单片机和 DAC0832 D/A 转换器,设计一个能输出 $U_{PP} = 10$ V 的正弦信号电路。

5-6 利用单片机与 DAC0832 接口实现双极性变换,使输出正弦波的幅值与频率数字可调。

5-7 设计 8051 与 ADC0808 和 DAC0832 的接口电路,要求有 3 路模拟量输入、3 路模拟量输出,并编写相应的程序,使从 ADC0808 输入的数据从 DAC0832 输出。

5-8 8051 单片机最小系统中,皆有 1 片 DAC0832,其地址为 BFFFH,输出电压为 0～10 V,画出电路框图,并编写程序,使 DAC0832 输出矩形波,其占空比为 1：4。

5-9 利用 8051 单片机和 8255A 设计一个 8×8 矩阵键盘,画出完整的电路图,并编程检测出按键的键值。

6

单片机串行总线接口

本章主要介绍总线的定义、工作原理、分类、技术指标和特点,重点介绍串行总线接口,包括 UART、I²C、SPI、CAN 和 1-Wire 等,重点介绍各总线的基本结构和特性、时序与传输协议,举例说明通信过程,完成硬件接口与软件编程。

随着单片机系统的应用和微机网络的发展,通信功能越来越显示出其重要性。当今单片机向嵌入式系统发展是一个趋势,相应地,其接口技术的发展趋势是由并行外围总线接口向串行外围总线接口发展。采用串行接口与总线方式为主的外围扩展技术具有更方便、灵活、电路系统简单及占用 I/O 资源少等优点。随着半导体集成电路技术的发展,采用标准串行总线通信协议(如 UART、I²C、SPI、CAN 和 1-Wire 等)的外围芯片大量出现,而且串行传输速度(可达到 1～10 Mb/s)也在不断地提高。正是由于串行接口和串行通信的应用已成为单片机嵌入式系统的重要组成部分,因此,这里逐一介绍现今常用的串行接口,包括 UART、I²C、SPI、CAN 和 1-Wire(串行通信接口的基本知识在 4.4 节中已介绍,这里略)。

6.1 总线概述

6.1.1 定义

总线(bus)是计算机各种功能部件之间传送信息的公共通信干线,它是由导线组成的传输线束。总线是一种内部结构,它是 CPU、内存和输入/输出设备传递信息的公用通道,主机的各部件通过总线相连接,外部设备通过相应的接口电路再与总线相连接,从而形成计算机硬件系统。

6.1.2 工作原理

当总线空闲(其他器件都以高阻态形式连接在总线上),且一个器件要与目的器件通信时,发起通信的器件驱动总线,发出地址或数据。其他以高阻态形式连接在总线上的器件如果收到(或能够收到)与自己相符的地址信息,即接收总线上的数据。发送器件完成通信,将总线让出(输出变为高阻态)。

6.1.3 分类

1. 按功能和规范来分

1) 片总线

片总线(C-bus,chip bus)又称元件级总线,是把各种不同的芯片连接在一起构成特定功能模块(如 CPU 模块)的信息传输通路。

2) 内总线

内总线(I-bus,internal bus)又称系统总线或板级总线,是微机系统中各插件(模块)之间的信息传输通路,例如 CPU 模块和存储器模块或 I/O 接口模块之间的传输通路。

3) 外总线

外总线(E-bus,external bus)又称通信总线,是微机系统之间或微机系统与其他系统(仪器、仪表、控制装置等)之间信息传输的通路,如 EIA RS-232C、IEEE-488 等。

其中的系统总线,即通常意义上所说的总线,一般含有三种不同功能的总线,即数据总线 DB(data bus)、地址总线 AB(address bus)和控制总线 CB(control bus)。

有的系统中,数据总线和地址总线是复用的,即总线在某些时刻出现的信号表示数据,而在另一些时刻出现的信号表示地址;而有的系统是分开的。如 MCS-51 系列单片机的地址总线和数据总线是复用的,而一般 PC 中的则是分开的。

数据总线用于传送数据信息。数据总线是双向三态形式的总线,即它既可以把 CPU 的数据传送到存储器或 I/O 口等其他部件,也可以将其他部件的数据传送到 CPU。数据总线的位数是微机的一个重要指标,通常与微处理的字长相一致。例如,MCS-51 系列单片机的微处理器字长为 8 位,其数据总线宽度也是 8 位。需要指出的是,数据的含义是广义的,它可以是真正的数据,也可以是指令代码或状态信息,有时甚至是一个控制信息,因此,在实际工作中,数据总线上传送的并不一定仅仅是真正意义上的数据。

地址总线是专门用来传送地址的,由于地址只能从 CPU 传向外部存储器或I/O 口,所以地址总线总是单向三态的,这与数据总线不同。地址总线的位数决定了 CPU 可直接寻址的内存空间大小,比如 8 位单片机的地址总线为 16 位,则其最大可

寻址空间为 2^{16} KB=64 KB。一般来说,若地址总线为 n 位,则可寻址空间为 2^n 字节。

控制总线用来传送控制信号和时序信号。控制信号中,有的是微处理器送往存储器和 I/O 口电路的,如读/写信号、片选信号和中断响应信号等;有的是其他部件反馈给 CPU 的,如中断申请信号、复位信号、总线请求信号和设备就绪信号等。因此,控制总线的传送方向由具体控制信号而定,一般是双向的。控制总线的位数要根据系统的实际控制需要而定。实际上控制总线的具体情况主要取决于 CPU。

2. 按传输数据的方式分

(1) 并行总线是指数据的所有位同时进行传送的总线。并行总线的数据线通常超过 2 根。

(2) 串行总线是指数据一位一位串行地按顺序传送的总线。串行总线中,二进制数据逐位通过 1 根数据线发送到目的器件。常见的串行总线有 I^2C、SPI、USB 和 RS232 等。

3. 按时钟信号是否独立分

(1) 同步总线　其时钟信号独立于数据,是由同步时钟来实现发送和接收同步的。同步通信是一种连续传送数据流的串行通信方式,是按照数据块传送的,把传送的字符顺序地连接起来,组成数据块,在数据块前面加上特殊的同步字符,作为数据块的起始符号,在数据块后面加上校验字符,用于校验通信中的错误。在同步传送中,数据块开始处要用 1~2 个同步字符来指示。如 I^2C、SPI 采用同步串行总线。

(2) 异步总线　其时钟信号是从数据中提取出来的。异步通信方式的硬件结构比同步通信方式的简单,不需要传送同步时钟,字符帧长度不受限制。异步通信方式是以字符为单位来传送的,传送的数据是不连续的,不需要同步字符,也不需要发送设备保持数据块的连续性。异步通信方式可以准备好一个发送一个,但要发送的每一个数据都必须经过格式化。每传输一帧字符,在字符的前面都必须加上起始位(0),后面加一个停止位(1),这是一种起止式的通信方式,字符之间没有固定的间隔长度,但占用了传输时间,在要求传送数据量较大的场合,速度就慢得多。如 RS232 采用异步串行总线。

6.1.4　主要技术指标

1. 总线的带宽

总线的带宽(总线数据传输速率)是指单位时间内总线上传送的数据量,即每秒钟传送的最大稳态数据传输速率。与总线密切相关的 2 个因素是总线的位宽和总线的工作频率,它们之间的关系为

$$总线的带宽=总线的工作频率×总线的位宽/8$$

或者　　　　　　　$$总线的带宽=(总线的位宽/8)/总线周期$$

2. 总线的位宽

总线的位宽是指总线能同时传送的二进制数据的位数,或数据总线的位数,即 32 位、64 位等总线宽度的概念。总线的位宽越宽,每秒钟数据传输速率越大,总线的带宽越宽。

3. 总线的工作频率

总线的工作时钟频率以 MHz 为单位,工作频率越高,总线工作速度越快,总线带宽越宽。

6.1.5　采用总线结构的优点

(1) 简化了硬件的设计,便于采用模块化结构设计方法,面向总线的微机设计只要按照这些规定制作 CPU 插件、存储器插件及 I/O 插件等,将它们连入总线就可工作,而不必考虑总线的详细操作。

(2) 简化了系统结构,整个系统结构清晰,连线少,底板连线可以印制化。

(3) 系统扩充性好:一是规模扩充,规模扩充仅仅需要多插一些同类型的插件;二是功能扩充,功能扩充仅仅需要按照总线标准设计新插件,插件插入机器的位置往往没有严格的限制。

(4) 系统更新性能好,因为 CPU、存储器和 I/O 口等都是按总线规约挂到总线上的,因而只要总线设计恰当,可以随时根据处理器的芯片及其他有关芯片的进展设计新的插件,新的插件插到底板上对系统进行更新,其他插件和底板连线一般不需要改。

(5) 便于故障诊断和维修,用主板测试卡可以很方便地找到出现故障的部位及总线类型。

6.1.6　采用总线结构的缺点

(1) 利用总线传送具有分时性。当有多个主设备同时申请总线的使用时必须进行总线的仲裁。

(2) 总线的带宽有限,如果连接到总线上的各硬件设备没有资源调控机制,则容易造成信息的延时(这在某些即时性强的地方是致命的)。

(3) 连到总线上的设备必须有信息的筛选机制,要判断该信息是不是传给自己的。

6.2　串行总线接口

UART、I²C、SPI、CAN 和 1-Wire 均属于串行总线接口,下面分别进行介绍。

6.2.1　UART 总线接口

UART——universal asynchronous receiver/transmitter，即通用异步接收/发送装置，UART 是并行输入、串行输出的芯片。MCS-51 系列单片机的串行口是全双工的异步通信接口，可同时发送和接收数据，有 4 种工作方式，可供不同场合使用。其波特率由软件设置，通过片内的定时/计数器产生。接收和发送均可工作在查询方式或中断方式下，使用十分灵活。引脚 P3.0(RXD)用来接收串行数据，引脚 P3.1(TXD)用来发送串行数据。具体内容已在 4.4.2 小节中详细介绍，这里略。下面仅给出一个利用 8051 串行口进行多机通信的应用实例及其 C51 程序。

【例 6-1】　1 个主机与多个从机进行单工通信，主机发送，从机接收。主机先向从机发送 1 帧地址信息，然后发送 10 位数据信息。从机接收主机发来的地址，并与本机的地址相比较，若不相同，则仍保持 SM2＝1 不变，自动抛弃数据帧。若地址相同，则使 SM2＝0，准备接收主机发来的数据信息，直至接收完 10 位数据。通信双方均采用 11.0592 MHz 的晶振，用定时器/计数器 1 产生 9 600 b/s 的波特率，采用中断方式传送数据。从机的地址为 0～255 的编码。实际通信中还应考虑通信协议，为简单起见，下面的程序未考虑。主机发送程序文件名为 T.C，从机接收程序文件名为 R.C。

发送程序代码如下(文件名为 T.C)。

```
# include 〈reg51.h〉
# define COUNT 10              /* 定义发送缓冲区大小 */
# define NODE_ADDR 64          /* 定义目的节点地址 */
unsigned char buffer[COUNT];   /* 定义发送缓冲区 */
int pointer;                   /* 定义当前位置指针 */
main( )
  {
    /* 发送缓冲区初始化 */
    while(pointer＜COUNT)
    {
      buffer[pointer]='A'+pointer;
      pointer++;
    }
    /* 初始化串行口和波特率发生器 */
    SCON=0xc0;
    TMOD=0x20;
    TH1=0xfd;
    TR1=1;
    ET1=0;
```

```
            ES=1;
            EA=1;
            pointer=-1;
            /*发送地址帧*/
            TB8=1;
            SBUF=NODE_ADDR;
            /*等待全部数据帧发送完毕*/
            while(pointer<COUNT);
                        /*……*/
            }
/*发送中断服务函数*/
void send(void) interrupt 4 using 3
    {
        /*清发送中断标志并修改发送缓冲区当前位置指针*/
        TI=0;
        pointer++;
        /*如果全部数据发送完毕则返回,否则发送1帧数据*/
        if(pointer>=COUNT) return;
        else {
                TB8=0;                    /*设置数据帧标志*/
                SBUF=buffer[pointer];    /*启动发送*/
            }
        }
```

发送程序代码如下(文件名为 R.C)。

```
#include <reg51.h>
#define COUNT 10                /*定义接收缓冲区大小*/
#define NODE_ADDR 64            /*定义本节点地址*/
unsigned char buffer[COUNT];   /*定义接收缓冲区和当前位置指针*/
int pointer;
main()
{
/*初始化串行口和波特率发生器,并允许串行口接收地址帧*/
SCON=0xf0;                      /* MODEL 3,REN=1,SM2=1 */
TMOD=0x20;
TH1=0xfd;
TR1=1;
ET1=0;
ES=1;
```

```
        EA=1;
        /* 等待接收地址帧和全部数据帧 */
        pointer=0;
        while(pointer<COUNT);
        /* …… */
    }


    /* 接收中断服务函数 */
    void receive(void) interrupt 4 using 3 {
    RI=0;                              /* 清接收中断标志 */
    /* 如果为本节点地址帧,则置 SM2=0,以便接收数据帧 */
    if(RB8==1)
      {
          if(SBUF==NODE_ADDR) SM2=0;
          return;
      }
    /* 将接收到的数据帧送接收缓冲区,并修改当前位置指针 */
    buffer[pointer++]=SBUF;
    /* 如果已接收完全部数据帧,则此次通信结束,置 SM2=1,准备下一次通信 */
    if(pointer>=COUNT) SM2=1;
    }
```

6.2.2 I^2C 总线接口

1. 总线结构和基本特性

I^2C 总线(inter-integrate circuit bus 或 IC to IC bus)是 Philips 公司推出的一种用于 IC 器件之间连接的两线制串行扩展总线,它通过 2 根信号线(SDA,串行数据线;SCL,串行时钟线)在连接到总线上的器件之间传送数据,所有连接到总线的 I^2C 器件都可以工作在发送方式或接收方式。

I^2C 总线的 SDA 和 SCL 是双向 I/O 线,必须通过上拉电阻接到正电源。当总线空闲时,这 2 种线都为高电平。所有连接在 I^2C 总线上的器件必须是开漏或集电极开路输出的,即具有"线与"功能。所有挂在总线上器件的 I^2C 引脚接口也应该是双向的:SDA 输出电路用于向总线上发数据,而 SDA 输入电路用于接收总线上的数据;主机通过 SCL 输出电路发送时钟信号,同时其本身的接收电路要检测总线上的 SCL 电平,以决定下一步的动作;从机的 SCL 输入电路接收总线时钟,并在 SCL 控制下向 SDA 发出或从 SDA 上接收数据,另外也可以通过拉低 SCL(输出)来延长总线周期。I^2C 总线结构图如图 6-1 所示。

I^2C 总线上允许连接多个器件,支持多主机通信。但为了保证数据可靠地传输,

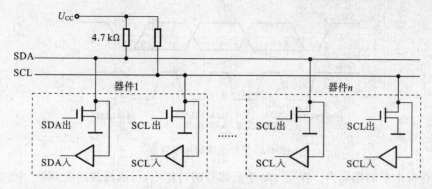

图 6-1　I²C 总线结构图

在任一时刻总线只能由 1 台主机控制,其他设备此时均表现为从机。I²C 总线的运行(指数据传输)由主机控制。所谓主机控制,就是由主机发出启动信号和时钟信号,控制传输过程结束时发出停止信号等。每一个接到 I²C 总线上的设备或器件都有一个唯一独立的地址,以便于主机寻访。主机与从机之间的数据传输,可以是主机发送数据到从机,也可以是从机发送数据到主机。因此,在 I²C 协议中,除了使用主机、从机的定义外,还使用了发送器、接收器的定义。发送器表示发送数据方,可以是主机,也可以是从机;接收器表示接收数据方,同样也可以代表主机,或代表从机。在 I²C 总线上一次完整的通信过程中,主机和从机的角色是固定的,SCL 时钟由主机发出,但发送器和接收器是不固定的,经常在变化。这一点请读者特别留意,尤其在学习 I²C 总线时序过程中,不要把它们混淆在一起。

2. I²C 总线时序与数据传输

当 I²C 总线处在空闲状态时,因为各设备都是开漏输出的,所以在上拉电阻的作用下,SDA 和 SCL 均为高电平。I²C 总线上启动一次数据传输的标志为主机发送的起始信号,起始信号的作用是通知从机准备接收数据。当数据传输结束时,主机需要发送停止信号,通知从机停止接收。因此,一次数据传输的整个过程从起始信号开始,到停止信号结束。同时这 2 个信号也是启动和关闭 I²C 设备的信号。图6-2 所示的是 I²C 总线时序示意图,图中最左边和最右边给出了起始信号和停止信号的时序条件。

(1) 起始信号时序:当 SCL 为高电平时,SDA 由高电平跳变到低电平。

(2) 停止信号时序:当 SCL 为高电平时,SDA 由低电平跳变到高电平。

I²C 总线规定,当 SCL 为高电平时,SDA 的电平必须保持稳定不变的状态,只有当 SCL 处在低电平时,才可以改变 SDA 的电平值,但起始信号和停止信号是特例。当 SCL 处在高电平时,SDA 的任何跳变都会被识别成一个起始信号或停止信号。

因此在 I²C 总线上的数据传输过程中,数据信号线 SDA 的变化只能发生在

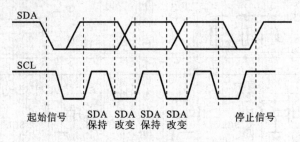

图 6-2　I^2C 总线时序示意图

SCL 在低电平的期间内。在图 6-2 中间部分的时序中,可以清楚地看到这一点。

在 I^2C 总线的数据传输过程中,发送到 SDA 信号线上的数据以字节为单位,每个字节必须为 8 位,而且是高位在前,低位在后,每次发送数据的字节数量不受限制。

但在这个数据传输过程中需要着重强调的是,发送方发送完每 1 个字节后,都必须等待接收方返回 1 个应答响应信号 ACK,如图 6-3 所示。

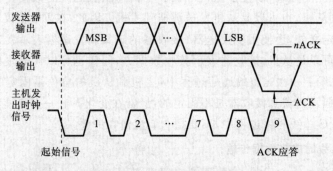

图 6-3　I^2C 总线信息传送图

响应信号 ACK 宽度为 1 位,紧跟在 8 个数据位后面,所以发送 1 个字节的数据需要 9 个 SCL 时钟脉冲。响应时钟脉冲也是由主机产生的,主机在响应时钟脉冲期间释放 SDA 线,使其处在高电平(见图 6-3 中的信号)。而在响应时钟脉冲期间,接收方需要将 SDA 拉低,使 SDA 在响应时钟脉冲高电平期间保持稳定的低电平(见图 6-3 中的信号)。

实际上,图 6-3 中上面和中间的两个信号应该“线与”后呈现在 SDA 上的。由于这个过程中存在比较复杂的转换过程,所以将它们分开,便于在下面做更仔细的分析。

(1) 主机控制驱动 SCL,发送 9 个时钟脉冲,前 8 个为传输数据所用,第 9 个为响应时钟脉冲(见图 6-3 下面的信号)。

(2) 在前 8 个时钟脉冲期间,发送方作为发送器,控制 SDA 输出 8 位数据到接收方。

(3) 在前 8 个时钟脉冲期间,接收方作为接收器,处在输入的状态下,检测接收

SDA 上的 8 位数据。

（4）在第 9 个时钟脉冲期间，发送方释放 SDA,此时发送方由先前的发送器转换成为接收器。

（5）在第 9 个时钟脉冲期间，接收方从先前的接收器转换成为发送器，控制 SDA,输出 ACK 信号。

（6）在第 9 个时钟脉冲期间，发送方转换成接收器，处在输入的状态下，检测接收 SDA 上的 ACK 信号。

（7）发送和接收双方都依据应答信号的状态（ACK/nACK），各自确定下一步的角色转换，以及如何动作。

在上面的分析过程中，使用了发送方和接收方来表示通信的双方，而没有使用主机和从机的概念，这是因为发送数据的可以是主机，也可以是从机。因此，不管是主机作为接收方，还是从机为接收方，在响应时钟脉冲期间都必须回送应答信号。

应答信号的状态有 2 个：低电平用 ACK 表示，代表有应答；高电平用 nACK 表示，代表无应答。应答信号在 I^2C 总线的数据传输过程中起着非常重要的作用，它将决定总线及连接在总线上设备下一步的状态和动作。一旦在应答信号上发生错误，例如，接收方不按规定返回或返回不正确的应答信号，以及发送方对应答信号的误判，都将造成总线通信的失败。

3. I^2C 总线寻址和通信过程

前面已经介绍过 I^2C 总线是支持多机通信的数据总线，每一个连接在总线上的从机设备或器件都有一个唯一独立的地址，以便于主机寻访。

I^2C 总线上的数据通信过程是由主机发起的，以主机控制总线，发出起始信号作为开始。在发送起始信号后，主机将发送 1 个用于选择从机设备的地址字节，以寻址总线中的某一个从机设备，通知其参与同主机之间的数据通信。地址字节的格式如图 6-4 所示。

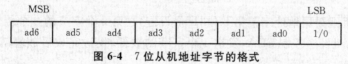

图 6-4　7 位从机地址字节的格式

地址字节的高 7 位数据是主机呼叫的从机地址，第 8 位用于标示紧接下来的数据传输方向："0"表示要从机准备接收主机下发的数据（主机发送/从机接收）；而"1"则表示主机向从机读取数据（主机接收/从机发送）。

当主机发出地址字节后，总线上所有的从机都将起始信号后的 7 位地址与自己的地址进行比较：如果相同，则该从机确认自己被主机寻址；而那些本机地址与主机下发的寻呼地址不匹配的从机，则继续保持在检测起始信号的状态，等待下一个起始信号的到来。

被主机寻址的从机，必须在第 9 个 SCK 时钟脉冲期间拉低 SDA,给出 ACK 回应,以通知主机寻址成功。然后,从机将根据地址字节中第 8 位的指示,将自己转换成相应的角色(0→从机接收器;1→从机发送器),参与接下来的数据传输过程。

图 6-5 所示的为在 I^2C 总线上一次数据传输的示例,它实现了简单的操作:主机向从机读取 1 个字节。图中描述了整个数据传输的过程,给出了 I^2C 总线上的时序变化,SDA 上的数据情况,以及发送、接收双方相互转换与控制 SDA 的过程。

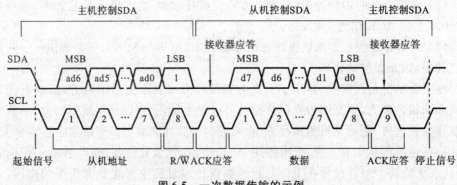

图 6-5　一次数据传输的示例

（1）主机控制 SDA,在 I^2C 总线上产生起始信号,同时控制 SCL,发送时钟脉冲。在整个传输过程中,SCL 都是由主机控制的。

（2）主机发送器发送地址字节。地址字节的第 8 位为“1”,表示准备向从机读取数据。主机在地址字节发送完成后,放弃对 SDA 的控制,进入接收检测 ACK 的状态。

（3）所有从机在起始信号后为从机接收器,接收地址字节,与自己的地址对比。

（4）被寻址的从机在第 9 个 SCL 时钟脉冲期间控制 SDA,将其拉低,给出 ACK 应答。

（5）主机检测到从机的 ACK 应答后,转换成主机接收器,准备接收从机发出的数据。

（6）从机则根据地址字节第 8 位“1”的设定,在第 2 个字节的 8 个传输时钟脉冲期间,作为从机发送控制 SDA,发送 1 个字节的数据,发送完成后放弃对 SDA 的控制,进入接收检测 ACK 的状态。

（7）在第 2 个字节的 8 个传输时钟脉冲期间,主机接收器接收从机发出的数据。当接收到 d0 位后,主机控制 SDA,将其拉低,给出 ACK 应答。

（8）从机接收检测主机的 ACK 应答。如果是 ACK,则准备发送 1 个新的字节数据。如果是 nACK,则转入检测下一个起始信号的状态。

（9）在这个示例中,主机收到 1 个字节数据后,转成主机发送器控制 SDA,在发出 ACK 应答信号后,马上发出停止信号,通知本次数据传输结束。

（10）从机检测到停止信号,转入检测下一个起始信号的状态。

以上介绍了 I^2C 总线基本的特性、操作时序和通信规范,这些概念对了解、掌握、应用 I^2C 总线尤为重要。这是因为 I^2C 总线在硬件连接上非常简单,只要所有器件和设备的 SDA、SCL 并在一起就可以了,但复杂的通信规范的实现,往往需要软件的控制。

4. 串行 I^2C 总线 EEPROM 24C256 应用实例

24C256 是 I^2C 总线接口的单元 EEPROM,容量为 32 KB,可重复擦/写 10 万次,数据保存很久都不丢失,写入时间为 10 ms。DIP 封装的 24C256 引脚分布及功能说明如表 6-1 所示。

表 6-1　24C256 引脚分布及功能说明

引脚号	引脚名称	功　　能
1	A0	
2	A1	器件地址配置
3	A2	
4	U_{SS}	电源地
5	SDA	I^2C 接口数据线
6	SCL	I^2C 接口时钟线
7	WP	写保护(高电平有效)
8	U_{CC}	电源正

表 6-1 中的 A0、A1 和 A2 用于配置芯片的物理地址,它们的配置值将作为器件在 I^2C 总线上从机地址的一部分。WP 是写保护引脚,当 WP 为高电平时,存储器处于写保护的状态,此时不能对芯片内部的存储器单元进行写或擦除操作,只允许读出存储器的数据。WP 在芯片的内部有下拉电阻,当外部悬空时,由于内部下拉电阻的作用,WP 为低电平,所以此时存储器处在可读/写状态。

24C256 在 I^2C 总线上的从机地址格式如图 6-6 所示。

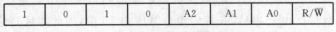

1	0	1	0	A2	A1	A0	R/$\overline{W}$

图 6-6　从机地址格式

从机地址为 7 位,其中高 4 位是固定的 1010;低 3 位由引脚 A2、A1 和 A0 在电路连接的配置所决定(注:不同公司生产的 24C256 稍微有些不同,Atmel 的 24C256 地址的高 5 位固定为 10100,后 2 位由引脚 A1 和 A0 决定);最后 1 位是读/写标志:为"0"表示写从机(从机接收器地址),为"1"表示读从机(从机发送器地址)。本例中的 A2、A1 和 A0 均接地,故 24C256 的从机写地址为 0XA0(10100000B);从机读地址为 0XA1(10100001B)。

24C256 内部的存储器容量是 32 KB,采用线性连续排列,地址空间为 0000H～7FFFH,因此 24C256 内部存储器的地址的长度为 15 位,需要用 2 个字节表示。

24C256 在内部把 32 KB 存储器分成 512 页,每页有 64 个字节,因此在 15 位地址中,高 9 位(A14~A6)表示页码(0~511),而低 6 位(A5~A0)表示页内的偏移量(0~63)。

在 24C256 内部有 1 个 15 位的地址指针寄存器,里面保存着当前存储器单元的地址。对 24C256 的读/写,就是对该地址指针所指向的当前存储器单元进行操作。该地址指针寄存器也是非易失性的,断电后,其地址内容不会消失和改变。这个地址指针寄存器还有一个重要的特性:一旦对当前存储器单元进行操作(读或写),地址指针就会自动加 1,指向下一个存储器单元。但要注意,在对某些特殊地址的读或写操作后,地址指针变化不是简单地加 1,而是按下面的规律去改变。

(1) 如果当前地址为 7FFFH,那么对它读操作后,地址指针变为 0000H。

(2) 在对 24C256 写操作时,只有地址指针的低 6 位(页内地址)参与加 1 的变化,页地址保持不变。换句话说,如果当前地址为 1 页的最后一个地址,那么对它写操作后,地址指针变为当前页的第 1 个地址。

主机对 24C256 下发了从机写寻址字节 0XA0 后,紧跟的 2 个字节被认定为片内存储器地址,24C256 将把后 2 个字节的内容当做新的地址,保存在内部的地址指针寄存器中。图 6-7 所示为设置 24C256 内部地址指针的操作方式。

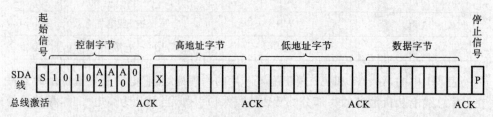

图 6-7 24C256 内部存储器写操作——字节写入方式

注:X 为任意值。

主机在发出起始信号之后,下发的是 1 个写寻址(最低位为 0)的控制字节,24C256 作为从机回答响应 ACK 后,主机接下来写的 2 个字节就是存储器地址,高位在前,低位在后。由于 24C256 片内地址宽度为 15 位,因此地址高位字节的最高位不起作用,可以是任何值。

1) 对 24C256 的写操作

对 24C256 进行写操作就是将数据写入 24C256 的 EEPROM 中,操作方式如下。

(1) 主机必须先发送 1 个字节的从机写(从机地址的最后一位是 0),外加 2 个字节的存储器片内地址信息。

(2) 在发送完从机地址和存储器片内地址后,主机就可以发送数据字节。

(3) 24C256 每接收到 1 个字节,会根据 I²C 协议规范返回相应的握手信号 ACK。

对 24C256 的写操作分为字节写入和页写入 2 种方式。字节写入方式,如图 6-8 所示,为一次操作写入 1 个字节。而页写入方式则允许一次操作写入最多达 64 个字节(1 页)。两者开始的 3 个字节都一样,实际的作用是重新设置 24C256 内部的地址指针,从第 4 个字节开始,才是真正要写入片内 EEPROM 的数据。

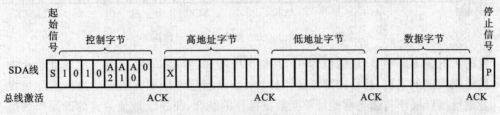

图 6-8 24C256 内部存储器写操作——字节写入方式

24C256 在检测到停止信号后,便启动内部的写操作,把接收到的数据写到内部指针当前所指向的 EEPROM 单元中,然后内部地址指针加 1。24C256 内部写 EEPROM的操作需要一定的时间,约为 10 ms 才能完成,在这期间,24C256 不响应主机的寻址(返回 nACK)。因此,主机在写 24C256 的操作后,不要马上对它进行新的操作,要等待至少 10 ms(参考器件手册),再开始新的操作。

这里需要特别注意的是,24C256 的页写入方式是不能实现跨页操作的,原因就是在对 24C256 写操作时,只有地址指针的低 6 位(页内地址)参与加 1 的变化,页地址保持不变。因此,使用页写入方式时,要注意写入的起始地址和写入数据的个数,两者相加不能超出当前页的范围。要使用页写入方式时,最好采用固定的起始地址配合固定的数据长度,例如:数据长度为 64 个字节时,起始地址为每页的第 1 个单元;而数据长度为 32 个字节时,起始地址为每页的第 1 个单元和第 33 个单元。

2) 对 24C256 的读操作

对 24C256 进行读操作就是从 24C256 的 EEPROM 中读取数据。如果对写操作的过程已经非常清楚,那么读 24C256 的操作就比较简单了。读 24C256 的操作方式有 3 种:读当前地址单元中的数据,如图 6-9 所示,读指定地址单元中的数据,如图 6-10 所示,以及连续读多个地址单元中的数据。

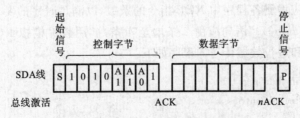

图 6-9 读 24C256 当前地址单元数据

最基本的读方式实际上就是读当前地址单元数据的操作,24C256 收到主机下

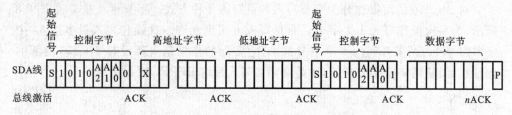

图 6-10   读 24C256 指定地址单元数据

发的从机读寻址字节（最低位为 0），并给出应答 ACK 后，马上就将当前地址单元中的数据发送到主机，然后内部地址指针加 1。读指定地址单元数据的操作实际是设置地址指针操作与读当前地址单元数据操作的结合，而连续地址单元的读操作则是读当前地址单元数据操作的扩展（连续读操作没有个数的限制，也没有不能跨页的限制）。

在读 24C256 操作时注意，主机每读 1 个字节，需要向 24C256 返回 1 个 ACK 应答，这样 24C256 才能继续发送下一个单元的数据。但是，在主机收到最后 1 个字节数据后，必须返回 nACK 信号，再接着发出停止信号。

3）I²C 总线的编程实现

【例 6-2】 假设用 P1.1 和 P1.0 分别作为 SDA 和 SCL 信号口，如图 6-11 所示。

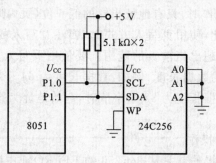

图 6-11   8051 与 24C256 的接口电路

单片机所用晶体振荡器的频率为 6 MHz。每个机器周期为 2 μs，可分别写出产生时钟 SDA 和 SCL 的起始信号和停止信号程序（若晶体振荡器的频率并非 6 MHz，则要相应增删各程序中 NOP 指令的条数，以满足时序的要求。例如，若 f_{osc} ＝12 MHz，则"_nop()；"语句应由 2 条增至 4 条）。用软件模拟 I²C 总线产生起始信号、停止信号和进行数据传送的程序如下：

```
#include〈reg51.h〉
#include〈intrins.h〉
#define unchar unsigned char
#define unint unsigned int
sbit SDA＝P1^1;
```

```
sbit SCL=P1^0;
unchar F0;
/* 产生 I²C 总线起始信号 */
void start_iic(void)
{
    SDA=1;
    SCL=1;
    _nop();
    _nop();
    SDA=0;
    _nop();
    _nop();
    SCL=0;
}
/* 产生 I²C 总线停止信号 */
void stop_iic(void)
{
    SDA=0;
    SCL=1;
    _nop();
    _nop();
    SDA=1;
    _nop();
    _nop();
    SCL=0;
}
/* 产生 I²C 总线应答信号 */
void ack_iic(void)
{
    SDA=0;
    SCL=1;
    _nop();
    _nop();
    SCL=0;
    SDA=1;
}
/* 产生 I²C 总线非应答信号 */
void nack_iic(void)
{
```

```
    SDA=1;
    SCL=1;
    _nop();
    _nop();
    SCL=0;
    SDA=0;
}
/* 功能:向 I²C 总线发送 1 个字节数据 */
void write_byte(unchar ch)
{
    unchar i;
    for(i=0;i<8;i++)
    {
        if(ch & 0x80)SDA=1;    /* 判断发送位 */
        else          SDA=0;
        SCL=1;                 /* 时钟线为高,通知从器件开始接收数据 */
        _nop();
        _nop();
        SCL=0;
        c=c << 1;              /* 准备下一位 */
    }
    SDA=1;                     /* 释放数据线,准备接收应答信号 */
    SCL=1;
    _nop();
    _nop();
    if(SDA==1) F0=0;
    else        F0=1;
    SCL=0;
}


/* 功能:从总线上读取 1 个字节数据 */
unchar read_byte(void)
{
    unchar i;
    unchar temp=0;
    SDA=1;                     /* 置数据线为输入方式 */
    for(i=0;i < 8;i++)
    {
        temp=temp <<1;         /* 左移补 0 */
```

```
                SCL=1;                      /*置时钟线为高,数据有效*/
                _nop();
                _nop();
                if(SDA==1)temp++;  /*当数据线为高时加1*/
                SCL=0;
            }
        return(temp);                       /*返回所读取的数据*/
    }
/*功能:向I²C总线发送n个字节数据*/
unchar write_nbyte(unchar slave,unchar addr,unchar * pt,unchar numb)
{
    unchar i;
    start_iic();                /*发送起始信号*/
    write_byte(slave);          /*发送从器件地址*/
    if(F0==0)return(0);
    write_byte(addr);           /*发送器件内部地址*/
    if(F0==0)return(0);
    for(i=0;i<numb;i++)         /*发送数据*/
        {
            write_byte( * pt);
            if(F0==0)return(0);
            pt++;
        }
    stop_iic();                 /*发送停止信号*/
    return(1);
}
/*功能:从I²C总线读取n个字节数据*/
unchar read_nbyte(unchar slave,unchar addr,unchar * pt,unchar numb)
{
    unchar i;
    start_iic();                /*发送起始信号*/
    write_byte(slave);          /*发送从器件地址*/
    if(F0==0)return(0);
    write_byte(addr);           /*发送器件内部地址*/
    if(F0==0)return(0);
    start_iic();                /*重新发送起始信号*/
    write_byte(slave);          /*发送从器件地址*/
    if(F0==0)return(0);
    for(i=0;i<numb-1;i++)
```

```
        {
            * pt＝read_byte();          /＊接收数据＊/
            ack_iic();                 /＊发送应答信号＊/
            pt＋＋;
        }
        * pt＝read_byte();
        nack_iic();                    /＊发送非应答信号＊/
        stop_iic();                    /＊发送停止信号＊/
        return(1);
    }
```

6.2.3　SPI 总线接口

　　串行外设接口 SPI(serial peripheral interface)是由 Freescale 公司(原 Motorola 公司半导体部)提出的一种采用串行同步方式的三线或四线通信接口,涉及使能信号、同步信号、同步数据输入和输出。SPI 通常用于微控制器与外围芯片,可与 EE-PROM 存储器、A/D 及 D/A 转换器、实时时钟 RTC 等器件直接扩展和连接。采用 SPI 串行总线可以简化系统结构,降低系统成本,使系统具有灵活的可扩展性。

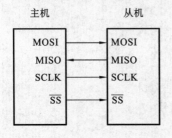

图 6-12　典型的 SPI 总线系统

　　图 6-12 所示的是典型的 SPI 总线系统。它包括 1 个主机和 1 个从机,双方之间通过如下 4 根信号线相连。

　　(1) 主机输出/从机输入(MOSI):主机的数据传入从机的通道。

　　(2) 主机输入/从机输出(MISO):从机的数据传入主机的通道。

　　(3) 同步时钟信号(SCLK):同步时钟是由 SPI 主机产生的,并通过该信号线传送给从机。主机与从机之间的数据接收和发送都以该同步信号为基准进行。

　　(4) 从机选择($\overline{SS}$):该信号由主机发出,从机只有在该信号有效时才响应 SCLK 上的时钟信号,参与通信。主机通过这一信号控制通信的起始和结束。

　　SPI 的通信过程实际上是一个串行移位过程。如图 6-13 所示,可以把主机和从机看成是 2 个串行移位寄存器,二者通过 MOSI 和 MISO 这 2 条数据线首尾相连,形成了一个大的串行移位的环形链。当主机需要发起一次传输时,它首先拉低 $\overline{SS}$,然后在内部产生的 SCLK 时钟作用下,将 SPI 数据寄存器的内容逐位移出,并通过 MOSI 信号线传送至从机。而在从机一侧,一旦检测到 $\overline{SS}$ 有效之后,在主机的 SCLK 时钟作用下,也将自己寄存器中的内容通过 MISO 信号线逐位移入主机寄存

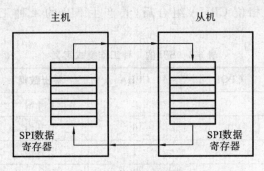

图 6-13　SPI 的通信过程

器中。当移位进行到双方寄存器内容交换完毕时,一次通信完成。如果没有其他数据需要传输,则主机便抬高 $\overline{SS}$,停止 SCLK 时钟,结束 SPI 通信。

可以看到,SPI 通信具有如下特点。

(1) 主机控制具有完全的主导地位。它决定着通信的速度,也决定着何时可以开始和结束一次通信,从机只能被动响应主机发起的传输。

(2) SPI 通信是一种全双工高速通信方式。从通信的任意一方来看,读操作和写操作都是同步完成的。

(3) SPI 的传输始终是在主机控制下,进行双向同步的数据交换。

1. SPI 通信的工作模式

SPI 通信的本质就是在同步时钟作用下进行串行移位,原理非常简单。但 SPI 可以配置为 4 种不同的工作模式,这取决于同步时钟的极性(CPOL,clock polarity)和同步时钟的相位(CPHA,clock phase)2 个参数。

同步时钟极性 CPOL 是指 SPI 总线处在传输空闲。

(1) CPOL=0 表示当 SPI 传输空闲时,SCLK 信号线的状态保持在低电平"0"。

(2) CPOL=1 表示当 SIP 传输空闲时,SCLK 信号线的状态保持在高电平"1"。

时钟相位 CPHA 是指进行 SPI 传输时对数据线进行采样/锁存(主机对 MISO 采样,从机对 MOSI 采样),采样/锁存点相对于 SCLK 上时钟信号的位置,也有"0"和"1"两种。

(1) CPHA=0 表示同步时钟的前沿为采样/锁存,后沿为串行移出数据。

(2) CPHA=1 表示同步时钟的前沿为串行移出数据,后沿为采样/锁存。

需要进一步明确的是同步时钟的前沿和后沿如何定义。通信开始,当 $\overline{SS}$ 拉低时,SPI 开始工作,SCLK 信号脱离空闲态的第 1 个电平跳变为同步时钟的前沿;随后的第 2 个跳变为同步时钟的后沿。由于 SCLK 信号在空闲状态时有 2 种情况,所以当 CPOL=0 时,前沿就是 SCLK 的上升沿,后沿为 SCLK 的下降沿,而对于 CPOL=1 时,前沿就是 SCLK 的下降沿,后沿为 SCLK 的上升沿。不同的时钟极性 CPOL 和时钟相位 CPHA 组合后,共产生 SPI 的 4 种工作模式,如表 6-2 所示。

表 6-2　SPI 的 4 种工作模式定义

SPI	CPOL	CPHA	移出数据	锁存数据
0	0	0	下降沿	上升沿
1	1	0	上升沿	下降沿
2	0	1	上升沿	下降沿
3	1	1	下降沿	上升沿

SPI 通信的双方应该使用同样的工作模式。一般外设器件 SPI 接口的通信模式通常固定为 1 种,即仅支持 4 种模式中的 1 种,因此微控制器与其相连时,应该选择与之相同的工作模式,才能进行正常的通信。

2. MCS-51 单片机串行扩展 SPI 外设的接口方法举例

对于没有 SPI 接口的 MCS-51 单片机来说,可使用硬件和软件来模拟 SPI 的操作,包括串行时钟、数据输入和输出。下面以 MCS-51 单片机与具有 SPI 总线的 EEPROM 芯片 MCM2814 为例来说明接口连接和模拟程序设计。

MCM2814 芯片的 SPI 总线信号可连接于 MCS-51 单片机的 4 条 I/O 口线上,在 I/O 口线上输出相应的时序信号来控制数据传输操作。MCS-51 单片机与 SPI 接口连接如图 6-14 所示。

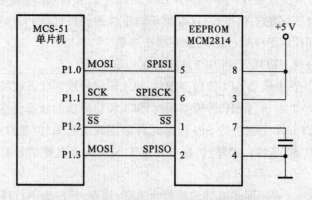

图 6-14　MCS-51 单片机与 SPI 器件连接示例

根据 SPI 总线工作时序,输出数据时,SCK(P1.1)信号由高变低,MOSI(P1.0) 高电平为 1,低电平为 0,8 个循环完成 1 个字节的输出。输入数据时,SCK(P1.1)信号由低变高,MISO(P1.3)高电平为 1,低电平为 0,8 个循环完成 1 个字节的输入。

【例 6-3】　下面为 MCU 串行输出子程序 SPIOUT,功能为将 MCS-51 单片机中 R0 寄存器的内容传送到 MCM2814 的 SPISI 线上。

```
SPIOUT:SETB P1.1        ;使 P1.1(时钟)输出为 1
       CLR P1.2         ;选择从机
       MOV R1,#07H      ;置循环次数
       MOV A,R0         ;将 1 个字节数据送累加器 ACC
       MOV P1.1,C
SPIOT1:CLR P1.1         ;使 P1.1(时钟)输出为 0
       NOP              ;延时
       NOP
       RLC A            ;左移累加器 ACC 最高位到 C
       MOV P1.0 , C     ;进位 C 送从机 SPISI 输入线上
       SETB P1.1        ;使 P1.1(时钟)输出为 1
       DJNZ R1,SPIOT1   ;判断是否循环 8 次(1 个字节数据)
       RET              ;返回
```

【例 6-4】　下面为 MCU 串行输入子程序 SPIIN,功能为从 MCM2814 的 SPISO 线上接收 1 个字节数据并放入寄存器 R0 中。

```
SPIIN：   CLR P1.1       ;使 P1.1(时钟)输出为 0
          CLR P1.2       ;选择从机
          MOV R1,#08H    ;置循环次数
SPIN1：   SETB P1.1      ;使 P1.1(时钟)输出为 1
          NOP            ;延时
          NOP
          MOV C,P1.3     ;从机输出 SPISO 送进位 C
          RLC A          ;左移累加器 ACC
          CLR P1.1       ;使 P1.1(时钟)输出为 0
          DJNZ R1,SPIN1  ;判断是否循环 8 次(1 个字节数据)
          MOV R0,A
          RET            ;返回
```

【例 6-5】　下面是 MCU 串行输入/输出子程序 SPIIO,功能为将 MCS-51 系列单片机中 R0 寄存器的内容传送到 MCM2814 的 SPISI 中,同时从 MCM2814 的 SPISO接收 1 个字节数据存入 R0 中。

```
SPIIO：   CLR P1.1       ;使 P1.1(时钟)输出为 0
          CLR R1.2       ;选择从机
          MOV R1,#08H    ;置循环次数
          MOV A,R0       ;将 1 个字节数据送累加器 ACC
SPIOI：   SETB P1.1      ;使 P1.1(时钟)输出为 1
          NOP            ;延时
          NOP
```

```
MOV C,P1.3        ;从机输出 SPI 送进位 C
RLC A             ;左移累加器 ACC 最高位到 C
MOV P1.0,C        ;进位 C 送从机输入
CLR P1.1          ;使 P1.1(时钟)输出为 0
DJNZ R1,SPIOI     ;判断是否循环 8 次(1 个字节数据)
MOV R0, A
RET               ;返回
```

6.2.4　CAN 总线接口

CAN(controller area network)总线协议最初是以研发和生产汽车电子产品著称的德国 Bosch 公司开发的,它是一种支持分布式实时控制系统的串行通信局域网。目前,CAN 总线以其高性能、高可靠性、实时性等优点,被广泛应用于控制系统中检测和执行机构之间的数据通信。

CAN 总线目前有 2 种协议版本,分别为 CAN 2.0A 和 CAN 2.0B,两者之间的主要差别在于前者只提供了 11 位地址,而后者可以提供 29 位地址。本节以 CAN 2.0B 为基础进行介绍。

1. CAN 总线的主要特点

CAN 总线是一种多主方式的串行通信总线,具有极高的实时性和可靠性,最高通信速度可以达到 1 Mb/s,是一种十分优秀的现场工业总线。CAN 总线具有如下优点。

(1) 结构简单,只有 2 根线与外部相连,且内部集成了错误探测和管理模块。

(2) 通信方式灵活,可以多主方式工作,网络上任意 1 个节点均可以在任意时刻主动地向网络上的其他节点发送信息,而不分主从。

(3) 可以点对点、点对多点或者全局广播方式发送和接收数据。

(4) 网络上的节点信息可分成不同的优先级,以满足不同的实时要求。

(5) CAN 总线通信格式采用短帧格式,每帧字节最多为 8 个,可以满足通常工业领域中控制命令、工作状态及测试数据的一般要求。同时,8 个字节也不会占用总线时间过长,从而保证了通信的实时性。

(6) 采用非破坏性总线仲裁技术。当 2 个节点同时向总线上发送数据时,优先级低的节点主动停止数据发送,而优先级高的节点可以不受影响地继续传输数据。这大大地节省了总线仲裁冲突的时间,在网络负载很重的情况下也不会出现网络瘫痪。

(7) 直接通信距离最大可达 10 km(速率为 5 Kb/s 以下),最高通信速率可达 1 Mb/s(此时距离最长为 40 m),节点数可达 110 个,通信介质可以是双绞线、同轴电缆或光导纤维。

(8) CAN 总线通信接口集成了 CAN 协议的物理层和数据链路层功能,可完成

对通信数据的成帧处理,包括位填充、数据块编码、循环冗余检验、优先级判别等多项工作。

(9)采用 CRC 进行数据检验,并可提供相应的错误处理功能,保证了数据通信的可靠性。

2. CAN 总线协议

CAN 总线协议主要描述设备之间的信息传递方式,从结构上可以分为 3 个层次,分别对应 OSI 网络模型的最低两层——数据链路层和物理层。CAN 总线协议层次结构由高到低如表 6-3 所示。

表 6-3 CAN 总线协议层次结构

协议层	对应 OSI 模型	说 明
LLC 层	数据链路层	逻辑链路控制子层,用于为链路中的数据传输提供上层控制手段
MAC 层		媒体访问控制子层,用于控制帧结构、仲裁、错误界定等数据传输的具体实现
物理层	物理层	物理层的作用是在不同节点之间根据所有的电气属性进行位的实际传输

LLC 层和 MAC 层也可以看做是 CAN 总线数据链路层的 2 个子层。其中 LLC 层接收 MAC 层传递的报文,主要完成报文滤波、过载通知及恢复管理等工作。而 MAC 层则为数据报文的传递进行具体的控制,包括帧结构控制、总线仲裁、错误检测、出错界定、报文收发控制等工作。

物理层定义信号是如何实际地传输,因此涉及位时间、位编码、同步的解释,CAN 总线协议还对物理层部分进行具体的规定。

3. CAN 总线报文传输

CAN 总线在进行数据传输时,每次传输的数据都是由 1 个位串组成的,这个位串称为"帧"。为了实现数据传输和链路控制,CAN 总线提供了 4 种帧结构,它们分别为带有应用数据的数据帧、向网络请求数据的远程帧、能够报告每个节点错误的出错帧,以及如果节点的接收器电路尚未准备好就会延迟传送的过载帧。在这 4 种帧结构中,又可以将 1 帧分为几个部分,每一部分负责不同的功能,这些部分称为"位场"。对于帧中的各个位,用"显性"表示逻辑 0,用"隐性"表示逻辑 1。下面对不同的帧分别进行简要介绍。

数据帧用于将数据从发送器传输到接收器,它由 7 个不同的位场组成,分别为帧起始(start of frame)、仲裁场(arbitration frame)、控制场(control frame)、数据场(data frame)、CRC 场(CRC frame)、应答场(ACK frame)和帧结束(end frame)。

远程帧用于接收器向发送器请求数据传送,它由帧起始、仲裁场、控制场、CRC

场、应答场和帧结束 6 个位场组成。

出错帧用于报告数据在传送过程中发生的错误,该帧由 2 个位场组成,分别为错误标志叠加符和错误界定符。

过载帧用于在接收器未准备好的情况下请求延时数据帧或远程帧,它由 2 个位场组成,分别为过载标志和过载界定符。

4. CAN 控制器 SJA1000

开发 CAN 总线系统,需要使用专门的 CAN 总线控制器。基于 CAN 总线的 CAN 控制器具有完成 CAN 总线通信协议所要求的全部功能。从 1989 年 Intel 推出第 1 片 CAN 控制器 82256 到现在,世界上已经出现了不计其数的 CAN 芯片,这些芯片通常具有极高的性价比,设计人员可以用很低的成本将不同种类的 CPU 连在一起,构成分布式系统。

CAN 总线控制器种类繁多,此外,很多芯片制造公司还将 CAN 总线控制器继承到单片机中,如 Intel 公司的 Intel 82520/82527 系列,Philips 公司的 PCX82C200、SJA1000,Motorola 公司的 MC33388/33389/333989 系列,以及集成了 CAN 控制器的微处理器 P8XC592、MC68HC05X4/X16/X32、MC68HC705X4,Atmel 公司的 AT89C51CC01/02/03,AT90CAN128/64/32 等。

其中 Philips 公司的 SJA1000 CAN 控制芯片以其良好的性能、极低的成本,获得了十分广泛的应用,下面详细介绍该款控制器。

在介绍 CAN 总线协议的分层体系时,已经介绍到 CAN 总线协议可以分为 2 个大的层次——包含 LLC 子层和 MAC 子层的数据链路层与物理层,再加上上层应用代表的应用层,完整的 CAN 总线设备可以分为 3 个层次,分别为处理具体应用的应用层、进行报文缓冲和传输滤波的数据链路层,以及处理接口电气特性的物理层。对应这 3 个层次,CAN 总线节点由 3 个部分组成,如图 6-15 所示。

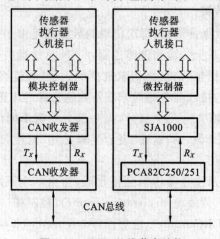

图 6-15 CAN 总线节点结构

最上层为模块控制器,主要负责具体的上层应用及系统控制,包括 CAN 协议的上一层通信协议的实现,以及设备控制、人机接口等高级控制。硬件上,该部分应为微处理器。

中间层的部分称为 CAN 控制器,CAN 控制器执行完整的 CAN 协议,控制 CAN 数据报文的收发、帧结构及错误界定的 CAN 总线协议规定的功能,并提供报文缓冲和传输滤波等。CAN 控制器的种类多种多样,例如,它可以是 PCX82C22 或 SJA1000 等。

底层为物理接口处理部分,主要是对逻辑电平的控制和接口电气特性的处理,这部分应使用专门的 CAN 总线收发器处理,例如,Philips 公司的 PCA82C250 及 PCA82C25 系列等。

5. CAN 总线设计实例

CAN 总线应用设计可以采用多芯片法和单芯片法两种方法。现在以单芯片法来进行举例说明,采用的是 AT89C51CC01 来进行设计。

现在有很多公司生产的单片机含有 CAN 总线控制器,如 Atmel 公司的 AT89C51CC01 是一款功能强大的低功耗的 8 位增强型微控制器。片内具有 8051 内核、1 个 CAN 控制器、1 个 21 位看门狗定时器、8 路 10 位模数转换输入、可在系统编程的 32 KB Flash 程序存储器、2 KB 程序加载 Flash 程序存储器、256 B RAM、1 KB XRAM 和 2 KB EEPROM 数据存储器。另外,使用者可利用片上 Boot 加载程序,通过 CAN 或 UART 接口对该控制器进行在系统或在应用编程。

AT89C51CC01 最显著的特点是内部集成功能强大的 CAN 控制器。该 CAN 控制器支持 CAN 2.0A 和 CAN 2.0B 协议,通过报文对象页寄存器管理 15 个独立的报文对象,每个报文对象可分别编程为发送、接收或者缓冲接收的报文,并且都可以通过标识符寄存器和标识符屏蔽寄存器来设置 11 位或 29 位标识符码和标识符屏蔽码,以确定报文对象的优先级,以及 CAN 控制器对该报文对象是否接收或拒绝。其通道的波特率可根据实际通信距离和需要对位定时寄存器进行设定,最大波特率可达 1 Mb/s。

AT89C51CC01 的软件采用模块化程序设计,其主要的子程序有 CAN 初始化子程序、A/D 转换子程序、中断子程序、数据接收子程序和数据发送子程序等。下位机节点的主程序中采用 AT89C51CC01 内置看门狗复位技术,以保证系统的正常运行。

(1) CAN 初始化 CAN 初始化子程序通过对 CAN 控制器中相应的寄存器写入配置控制字来确定 CAN 控制器的波特率、发送通道、接收通道、广播接收通道、标识符码和标识符屏蔽码等相关信息。进入初始化子程序时必须初始化的寄存器有通用控制寄存器 CANGCON、位定时寄存器 CANBT1~3,以及 15 个报文对象邮箱中的报文对象控制寄存器 CANCONCH、报文对象状态寄存器 CANSTCH、标识符寄存器 CANIDT1～4、标识符屏蔽寄存器 CANIDM1～4 和报文数据寄存器 CANMSG 等。要注意的是,位定时寄存器仅能在复位期间访问,因此,在对这些寄存器初始化前,必须确保系统进入了复位状态。初始化子程序框图如图 6-16 所示。

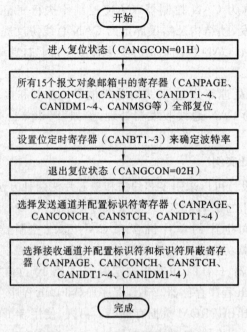

图 6-16　CAN 初始化子程序框图

(2) 数据发送和接收　数据发送采用中断方式发送,信息从下位节点发送到 CAN 总线是由 CAN 控制器自动完成的。发送程序只需把被发送的信息装载到与 CAN 控制器发送通道相应的发送数据寄存器中,然后启动发送命令即可。

数据接收也是采用中断方式接收的,下位机节点从 CAN 总线接收信息是 CAN 控制器自动完成的。接收程序只要从与 CAN 控制器接收通道相应的接收数据寄存器中读出要接受的信息即可。

要注意的一点是,在向同一节点发送或从同一节点接收数据时,要考虑前一数据帧是否发送或接收处理完毕,否则可能会引起数据冲突,导致数据丢失。

CAN 总线上的数据有两种接收/发送方式:查询方式和中断方式。由于采用查询方式,系统资源利用率不高,不能满足实时性,所以系统采用中断方式进行数据、命令的接收和发送,以实现高速和实时数据通信。中断子程序框图如图 6-17 所示。

6.2.5　单总线接口

1. 单总线技术简介

单总线(1-Wire)是美国达拉斯半导体公司(Dallas)推出的外围扩展总线,它将

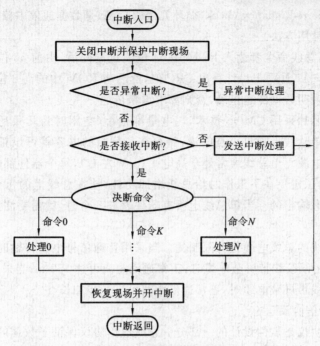

图 6-17　中断子程序框图

地址线、数据线、控制线、电源线合为 1 根信号线，允许在这根线上挂接数百个测控对象。在单总线上挂接的测控对象使用的芯片，每个都有 1 个 64 位的 ROM（也称为身份证号），确保测控对象挂接在单总线上后，可以被唯一地识别出来，这是定位和寻址器件实现单总线测控功能的前提条件。ROM 中含有 CRC 校验码，CRC 检验码能确保数据交换可靠；芯片内还有收发控制和电源存储电路，一般不用另附电源。这些芯片在控制点就把模拟信号数字化，单总线上传递的是数字信号，使系统的抗干扰能力强，可靠性高。

单总线系统是由 1 个总线命令者和 1 个或多个从者组成的计算机应用系统。系统按单总线协议规定的时序和信号波形进行初始化、识别器件和交换数据。

1）单总线硬件配置

挂接在单总线系统的器件，厂家在生产时都编制了唯一的序列号。通过寻址，能使这些器件挂接在一根信号线上进行码分多址，串行分时数据交换，组成一个自动测控系统，甚至可以组成一个微型局域网。厂家对每个芯片用激光刻录了一个 64 位的二进制 ROM 代码。

64 位 ROM 代码格式如图 6-18 所示。

8 位 CRC 码		48 位序列号		8 位系列码	
MSB	LSB	MSB	LSB	MSB	LSB

图 6-18　**64 位 ROM 代码格式**

CRC(cyclic redundancy check,循环冗余码检测)是数据通信中校验数据传输是否正确的一种常用方法。

在使用时,总线命令者读入 ROM 中 64 位二进制码后,由前 56 位按 CRC 多项式(这里是 $X^8 + X^5 + X^4 + 1$)计算出 CRC 值,然后与 ROM 中的高 8 位 CRC 进行比较,若相同,则表明数据传送正确,否则要求重新传送。

由于这些芯片采用 CMOS 技术,耗电量都很小(空闲时为几微瓦,工作时为几毫瓦),只要从单总线上吸收一点电流,储存在芯片内的电容就可以正常工作,因而一般不用另附电源。单总线通常处于高电平(5 V 左右),每个器件都能在需要时被驱动。所以,为了避免在不工作时给总线增加功耗,挂在总线上的每个器件必须是漏极开路或三态输出的。当单总线上所有器件超过 8 个时,就需要注意器件的总线驱动问题。

连接单总线的总线电缆是有限制的。当采用普通信号电缆传输时,通信距离不超过 50 m;采用双绞线带屏蔽电缆时,正常通信距离可达 150 m;当采用每米绞合次数更多的双绞线带屏蔽电缆时,正常通信距离可进一步加长。

2) 总线通信协议

总线通信协议是软件设计的一部分。总线通信协议保证了数据的可靠传输,任一时刻单总线上只能有 1 个控制信号或数据。1 次数据传输可分为 4 个步骤:① 初始化;② 传送 ROM 命令;③ 传送 RAM 命令;④ 数据交换。

单总线上所有的处理都从初始化开始。初始化时序是由 1 个复位脉冲(总线命令者发出)和 1 个或多个从者发出的应答脉冲组成的。应答脉冲的作用是从者让总线命令者知道该器件是在总线上的并已做好开始准备。

当总线命令都检测到某器件存在时,首先发送如表 6-4 所示的 ROM 功能命令。在成功执行后,总线命令者可发送任何一个可使用的命令来访问存储器和控制,进行数据交换。

表 6-4　单总线命令级功能说明

指　令	说　明
读 ROM(33H)	读器件的序列号
匹配 ROM(55H)	总线上有多个器件时,寻址某个器件
跳过 ROM(CCH)	总线上只有 1 个器件时,可以跳过读 ROM 命令直接向器件发送命令
搜索 ROM(FOH)	系统首次启动后,需识别总线上各器件
报警搜索(ECH)	搜索输入电压超过设置的报警门限值的器件

3) 总线信号

单总线传送的数据或命令是由一系列时序信号组成的。单总线上共有 4 种时序信号,各器件的数据手册对这 4 种时序信号波形参数都做了具体要求,设计中应保证指令执行时间小于或等于时序信号的最小时间。这部分软件必须用单片机的汇编语言进行编程,以确保严格的时间关系。

2. MCS-51 系列单片机与单总线器件的接口技术

下面以带有单总线接口的数字温度传感器 DS18B20 构建分布式温度测控系统为例,说明单总线系统的接口技术。

1) DS18B20 温度传感器简介

DS18B20 是美国 Dallas 公司生产的单总线数字温度传感器,在内部使用了在板(on-board)专利技术,全部传感器及转换元件电路集成在形如三极管的集成电路内,其封装如图 6-19 所示。

(1) 其温度测量范围为−55 ℃～+125 ℃,固有测温分辨率为 0.5 ℃;

(2) 测量结果以 9 位数字量方式进行串行传送;

(3) 在使用中不需要任何外围器件。

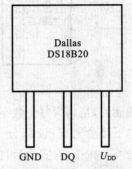

图 6-19　DS18B20 封装图

该温度传感器采用了与众不同的原理,是利用温敏振荡器的频率随温度变化而变化的关系,通过对振荡周期的计数来实现温度测量的。为了扩大测温范围和提高分辨率,DS18B20 使用了 1 个低温系数振荡器和 1 个高温系数振荡器分别进行计数,并采用了非线性累加器等电路改善线性。因此,DS18B20 具有良好的特性,而且售价低廉。DS18B20 测量温度值与输出二进制数码的对应关系如表 6-5 所示。

表 6-5　DS18B20 温度与输出关系表

温度/(℃)	输出的二进制码
+85	0000 0000 1010 1010
+25	0000 0000 0011 0010
+0.5	0000 0000 0000 0001
0	0000 0000 0000 0000
−0.5	1111 1111 1111 1111
−25	1111 1111 1100 1110
−55	1111 1111 1001 0010

2) MCS-51 系列单片机与 DS18B20 单总线通信接口程序

单总线与 89C51 连接方式如图 6-20 所示,其中晶体振荡器的频率为 12 MHz,则一个机器周期为 1 μs。

单总线通信的物理层是以位为单位进行读/写的。之所以能只用 1 条信号线实

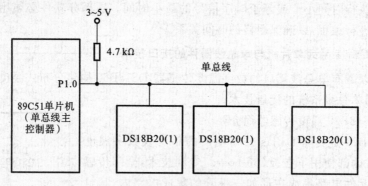

图 6-20　单总线接线方式

现通信,是因为每个数字量的读/写时序都严格分成 3 个部分:启动部分——由主机的下降沿完成;读部分——启动完成后经一定时间,在总线稳定后进行;恢复部分——在读/写完成后,保证总线空闲时处于高电平。并且每部分都有严格的时间限制,每一位数字量的读/写都由主机启动实现完全控制。如果使用单片机作为主机,单片机的指令周期是已知的,则通信时序是很容易控制实现的。

延时子程序如下。

```
Delay:DJNZ R2,$
       NOP
       RET
```

初始化子程序如下。

```
INIT:CLR DQ
      MOV R2,#240      ;拉低总线至少 480 μs
      ACALL Delay
      SETB DQ
      MOV R2,#30       ;释放总线 60 μs
      ACALL Delay
      MOV C,DQ         ;读取应答信息到 C
      RET
```

写 1 位子程序如下。

```
WrBit:CLR DQ
       MOV R2,#6       ;拉低总线 15 μs
       ACALL Delay
       MOV DQ,C        ;写 C 到 DQ
       MOV R2,#20      ;保持 45 μs
       ACALL Delay
```

```
        SETB DQ              ;释放总线
        RET
```

读 1 位子程序如下。

```
RdBit:CLR DQ                ;拉低总线 1 μs
        SETB DQ
        MOV R2,♯6
        ACALL Delay
        MOV C,DQ             ;读入 DQ 到 C
        RET
```

在上述时序模拟子程序基础上,建立读、写 1 个字节的子程序,根据单总线协议的要求,传送数据时,低位在前,高位在后。

读 1 个字节子程序如下。

```
RdByte:MOV R3,♯8
LopR:   ACALL RdBit         ;逐位读入 DQ 到 C
        RRD A               ;循环右移到 A 中
        DJNZ R3,LopR
        RET
```

写 1 个字节子程序如下。

```
WrByte:MOV R3,♯8
LopW:   RRC A
        ACALL WrBit
        DJNZ R3,LopW
        RET
```

系统从 89C51 片内 RAM 的 30H 到 37H 单元中读取事先存储的 ROM 号,从总线上选择该器件,启动温度变换,再读取温度于 70H 和 71H 中的程序如下。

```
        DQ BIT P1.0         ;分配管脚
Begin:ACALL INIT            ;初始化总线
        JC Begin            ;等待应答信号
        MOV A,♯55H          ;找出具有下面 ROM 号的器件
        ACALL WrByte
        MOV R5,♯8
        MOV R0,♯30H
Loop:MOV A,@R0
        ACALL WrByte        ;主控制器输出 8 个字节 ROM 号
        INC R0
```

```
        DJNZ R5,Loop
        MOV A,#44H          ;启动温度转换指令
        ACALL WrByte
        MOV A,#0BEH         ;读 RAM 指令
        ACALL WrByte
        ACALL RdByte        ;读取温度的高字节到指定单元
        MOV 70H,A
        ACALL RdByte        ;读取温度的低字节到指定单元
        MOV 71H,A
        RET
```

练习题

6-1 异步总线接口与同步总线接口的主要区别是什么？在异步总线通信过程中如何实现同步？

6-2 通信波特率的定义是什么？在异步通信中采用的标称波特率有哪些值？

6-3 为什么在 I^2C 总线的 SDA 和 SCL 上要使用 2 个上拉电阻？不用可以吗？为什么？

6-4 I^2C 总线的起始信号是谁发出的？跟在起始信号后的第 1 个字节的数据又是谁发出的？这个数据有什么含义和特点？

6-5 试画出 80C51 单片机与 24C256 的连接图，并写出读/写 24C256 的接口程序。

6-6 SPI 的 4 种模式有哪些区别？

6-7 CAN 总线有什么特点？如何进行报文传输？

6-8 UART、I^2C、SPI、CAN 和单总线各有什么区别？分别应用哪些场合？

6-9 试画出 80C51 单片机与 DS18B20 温度传感器的连接图，并编写读取其温度值的程序。

7

单片机应用系统的开发与设计

本章介绍了 Keil C51 的使用方法,包括项目文件的建立、修改、添加、编译、连接等;Keil C51 的调试技巧,包括设置和删除断点、查看和修改寄存器内容、并行口和定时器/计数器的使用等技巧。通过本章的学习,要求掌握单片机应用系统的基本结构、设计过程、开发工具和使用方法;学会硬件系统和软件系统的设计特点、原则、要点和方法。

单片机集 CPU、RAM、ROM、I/O、中断和定时/计数器等资源于一体,功能丰富、体积小巧、性能可靠、价格便宜,特别适用于工业现场的自动化和智能化控制。单片机的开发相对简单,周期较短,因此在工业领域得到了广泛的应用。本章以 MCS-51 系列单片机为例,对单片机应用系统的软、硬件设计,开发和调试等方面进行介绍,以便读者能初步掌握单片机应用系统的设计。

7.1 单片机开发工具及其选择依据

单片机种类繁多,性能价格各异,在单片机应用系统开发过程中,需要选择性价比较优的开发工具,提高开发效率和降低成本。单片机应用系统除了需要经过调研、总体设计、硬件设计、软件设计、制版和元件安装,还需要通过调试来发现错误并加以改正。由于单片机在执行程序时入口是无法控制的,为了能调试程序,检查硬件、软件运行状态,就要借助某种开发工具模拟用户实际的单片机,并能随时观察运行的中间过程而不改变运行中原有的数据性能和结果,从而进行模仿现场的真实调试。完成这一在线仿真工作的开发工具就是单片机在线仿真器。单片机系统的开发离不开相应的开发工具,包括编程器、实时仿真器、虚拟仿真软件、编译软件等。开发工具的主要作用包括系统硬件电路的诊断与检查、程序的输入与修改、程序的调试、程序的固化等。单片机的编程就是把单片机运行程序的机器码烧写到单片机的存储器中,也称为程序的下载或烧写,一般是通过编程器或者下载电缆完成的。

实时仿真器包括相应的软件和硬件,一般是通过 PC 机,用软件监视程序在单片机中运行的实际情况。主要功能是实时运行程序,在程序中设置断点,通过仿真接口,监视和控制程序的运行,查看和修改内部寄存器和数据存储器等。有的实时仿真器还带有逻辑分析仪、波形发生器、程序和数据时效分析、硬件测试等部件、功能。有时也可以通过实时仿真器完成程序的下载工作。

虚拟仿真软件主要在没有单片机硬件情况下的进行软件程序调试。通常这种系统由模拟开发软件和计算机平台构成。在仿真软件的支持下,可方便地实现对单片机的硬件模拟、指令模拟和运行状态模拟,从而完成软件开发的全过程。

编译器包括汇编编译器和高级语言编译器,是将高级语言或者汇编语言的程序编译、链接,最后生成机器码的软件。所有的单片机都有自己的汇编语言开发软件,支持汇编程序的开发。高级语言功能强大,可以缩短开发时间,所以很多单片机有高级语言开发软件。例如,目前常见的 C 语言开发软件有 MCS-51 系列的 Keil 51、PIC 系列的 MPLAB 和 MSP430 系列的 IAR 等。有的厂商可以提供单片机开发的集成开发环境,集成了程序编辑器、编译器、硬件仿真器和软件仿真器等功能,源程序的编辑、编译、下载、仿真等功能全部可以在一个环境下完成,从而提高了开发效率。选择开发工具时一般遵循以下原则:

(1) 能输入和修改用户的应用程序;

(2) 能对用户系统硬件电路进行检查与诊断;

(3) 能汇编或者编译源程序并固化到单片机程序存储器中;

(4) 能以单步、断点和连续方式运行用户程序,正确反映用户程序执行的中间结果;

(5) 不占用户单片机资源和 RAM 空间。

早期单片机开发工具一般是通过在线仿真器完成硬件调试和软件开发的,调试结束后通过编程器烧写用户程序,仿真器和实际系统存在差异,这会导致调试好的程序有可能不能正常运行,而且每个型号的单片机都必须配与之对应的仿真头,灵活性欠佳。现代单片机开发工具多采用 JTAG 仿真器,也称为 JTAG 调试器。JTAG 仿真器是通过芯片内部的 JTAG 边界扫描口进行调试的设备。JTAG 仿真器比较便宜,连接比较方便,通过现有的 JTAG 边界扫描口与 CPU 通信,属于完全非插入式(即不使用片上资源)调试,它无须目标存储器,不占用目标系统的任何端口,而这些是驻留监控软件所必需的。另外,由于 JTAG 调试的目标程序是在目标板上执行,仿真更接近于目标硬件,因此,许多接口问题,如高频操作限制、AC 和 DC 参数不匹配、导线长度的限制等被最小化了。使用集成开发环境配合 JTAG 仿真器进行开发是目前采用最多的一种调试方式。因此在选择开发工具的时候应尽量选择带有 JTAG 接口的单片机,以提高调试效率。

7.2　单片机应用系统开发的一般过程

对于单片机应用系统的开发，从任务的提出到系统交付使用，其简要流程如图 7-1 所示。

开发过程中各阶段的主要任务介绍如下。

1. 系统需求分析

开发任务确定之后，应充分理解、认识任务所提出的功能要求，通过用户了解系统的设计目标和技术指标。该阶段主要解决以下问题。

（1）分析系统的任务。若系统用于检测，则要弄清楚检测的参数有哪些，精度要求如何。若系统用于控制，则要弄清楚控制的回路有哪几个，控制的实时性有什么要求等。

（2）弄清楚输入信号的个数、种类、变化范围及相互关系，明确采用何种传感器获取输入信号，这些信号必须进行何种变换，怎样与单片机连接等。

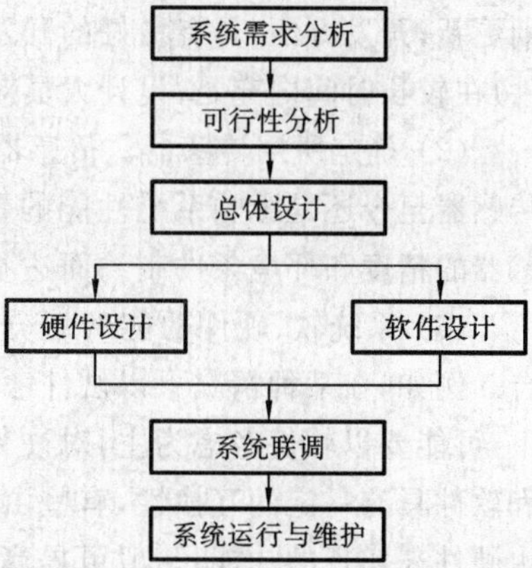

图 7-1　单片机应用系统开发流程示意图

（3）弄清楚输出信号的个数、种类和变化范围，采用何种执行机构实现，使用什么电路作信号变换，怎样和输出执行机构连接，如何达到执行机构所需的功率参数要求等。

（4）明确需要设置怎样的人机对话接口，如开关、键盘、显示及发声电路等。

（5）了解系统的应用环境条件，如温度、湿度、供电情况、现场干扰、控制室与工作现场的距离等，采用何种措施防止干扰和进行保护。

（6）明确系统的各项技术指标，合理选择实现这些指标的方案，以达到最佳的性价比。

2. 可行性分析

根据系统需求分析所得到的各项技术指标，如测量精度、响应时间、测量范围、可靠性要求等，进行可行性分析。通过调研目前的技术水平，判定是否有能力完成该系统的开发，并达到各项技术指标。可行性分析通常包括以下几个方面的内容。

（1）了解国内外同类系统的开发水平、器件性能、设备水平、供应状态等。

（2）了解可移植的硬、软件技术。能移植的尽量移植，以防止大量低水平重复劳动。

（3）摸清软、硬件技术难度，明确系统的关键所在。

（4）了解拟用器件的技术支持与开发环境。

3. 总体设计

系统总体设计包括系统主要器件的选择及系统硬、软件功能的划分与协调。系统总体设计主要考虑以下几个问题。

(1)确定单片机机型。根据系统的功能目标、复杂程度、可靠性要求、精度和速度要求,选择性价比合理的单片机机型。目前 MCS-51 系列单片机的种类、机型较多,不同型号、不同厂家的产品在存储容量、ROM 介质、下载方式等方面有所区别。在进行机型选择时应考虑:所选机型性能应符合系统总体要求,且留有余地,以备后期更新;开发方便,具有良好的开发工具和开发环境;市场货源(包括外部扩展部、器件)在较长时间内充足;设计人员对机型的开发技术熟悉,以利于缩短开发周期。

(2)确定所用传感器。传感器的选择尤为重要,因为工业测控系统中所用各类传感器至今还是影响系统性能的重要瓶颈。一个设计合理的工业测控系统常因传感器的精度和环境条件制约而达不到预定的设计指标。

(3)系统软、硬件功能的划分。单片机应用系统的重要特点是软、硬件密切结合。例如,在某种情况下以硬件考虑为主,对软件提出一些特定要求;在另一种情况下,可能要以软件考虑为主,对硬件结构提出一些要求或限制;在有些情况下,硬件和软件具有一定的互换性,有些由硬件来实现的功能也可由软件来完成,反之亦然。由硬件来实现的功能,一般可提高速度,减少软件工作量,但需增加成本;由软件来实现某些功能,可简化电路,降低成本,但需增加软件工作量,影响速度。所有这些均应根据应用系统的实际情况,全面考虑硬、软件功能的划分与配合。

4. 硬件设计

系统总体方案确定之后,系统硬件的规模和软件框架也随之确定了。硬件和软件是单片机应用系统的 2 个重要的密不可分的部分,硬件是基础,软件是关键。而这两者又是可以互相转化的。为了提高系统的可靠性,应在满足应用系统精度和速度等要求的基础上,尽可能把由硬件实现的功能改由软件来完成。

在总体方案确定的硬件框架下,进一步细化系统硬件设计,对主机的资源按实际需要进行合理的分配,如 I/O 口、中断源、定时/计数器等。对于外部扩展的功能器件需要认真、合理地选择,确保其接口与主机接口一致,操作方便。主频振荡器和电源的选择也应足够重视,确保振荡频率满足要求,系统电压稳定。

硬件设计中另一个重要的问题就是如何提高系统抗干扰能力,提高硬件系统的可靠性。在系统需求分析中,对工作现场与环境已经作了认真、细致的分析,提出了具体而实际的要求。在硬件系统设计中应采取相应措施,配置各种抗干扰器件(如光电隔离、定时监视器、屏蔽等),使之融合在整个硬件设计中。对某些重要、关键的部分,应尽可能事先进行局部的模拟试验,例如,对传感器、放大器、A/D 转换、驱动能力等进行局部试验,取得第一手技术资料。通过模拟试验,分析并确定哪些工作可以由软件来完成,哪些工作必须由硬件来实现,等等。

在系统器件选定的基础上就可进行硬件系统电路原理图的设计。根据电路原理图,在面包板上搭出电路,配以部分软件进行调试和运行,并随时进行修改和补充。在此基础上加工 1 块或 2 块印刷电路板,并焊上器件,载入设计好的软件,进行综合调试。在综合调试中还会对硬件系统提出新的修改或补充。在综合调试正确之后,再绘制正确的系统硬件电路原理图和印刷电路图,加工印刷电路板,并完成器件的安装。

5. 软件设计

软件设计包括制定程序总体方案,绘制程序流程图,编制程序,以及程序的检查、调试、修改等内容。

1）制定程序总体方案

程序的总体方案是指从系统的角度考虑程序的结构、数据形式和程序实现的方法和手段。在制定总体设计方案时,实际的单片机应用系统功能较为复杂,信息量较大,程序较长,这就要求设计者选用切合实际的程序设计方法。目前程序设计方法多种多样,在单片机应用系统中较常用的程序设计方法有模块化程序设计方法、子程序化程序设计方法、自顶向下逐步求精的程序设计方法、结构化程序设计方法等。

模块化程序设计方法的中心思想是把一个多功能的、复杂的应用程序,按功能划分成若干个相对独立的程序模块,各模块可单独设计、编程和调试,然后装配起来进行联调,最终成为一个完整的应用程序。

子程序化程序设计方法是把一个应用系统相对独立的子模块,以子程序的形式单独编程、调试和查错,然后通过子程序调用,组成完整的应用程序。这种程序设计构思清晰,便于调试、查错、修改,而且组织灵活,是目前较多采用的一种程序设计方法。

自顶向下逐步求精的程序设计方法,要求先从系统一级的主程序开始,集中解决全局问题,然后层层细化逐步求精,最终完成一个应用程序的设计。这种程序设计方法在一般的单片机应用程序中较多采用。

结构化程序设计方法是一种较理想的程序设计方法。它要求在编程过程中对程序进行适当的限制,特别是限制转移、分支指令的使用,用于控制程序的复杂程度,使程序的上下文与执行流程保持一致。

2）绘制程序流程图

不论采用何种程序设计方法,均应根据应用系统的总任务和控制对象的功能要求画出程序的总体框图,以描述程序的总体结构。在总体程序框图的基础上,设计者还需结合具体算法(或数学模型)细化程序流程图。

3）编制程序

绘制程序流程图后,整个程序的结构和思路已十分清楚。这时就可统筹考虑和安排一些带有全局性的问题。例如,地址空间的分配、工作寄存器的安排、数据结构、端口地址和输入/输出格式,等等。在编制程序时应重视指令的合理选择,特别是重要部分,涉及算法之类的程序段更要细心编写。软件的可靠性措施必须引起重视,例如,指令冗余、软件陷阱等,可以提高软件的抗干扰能力,防止软件死机或程序跑飞。只要编程者既熟悉所选单片机的内部结构、功能和指令系统,又掌握编程的方法和技巧,依照程序流程图编制出优质的应用软件就不会十分困难。

4)程序的检查、调试和修改

一个实际的应用程序编好以后,往往有不少潜在的隐患和错误。如果这些隐患和错误不加排除和修改,一旦错误在运行中出现,就有可能使程序陷入不可收拾的地步。因此,程序编好以后在联机调试前进行静态检查是十分必要的。对编制好的程序进行静态检查,往往会加快整个程序的调试进程,静态检查对照程序流程图自上而下进行,如发现错误,应及时纠正。

6. 系统联调

系统联调是检测所设计系统的正确性与可靠性的必要过程。单片机应用系统设计是一个相当复杂的劳动过程,在设计、制作中,难免存在一些局部性问题或错误。系统联调可发现存在的问题和错误,以便及时地进行修改。调试与修改的过程可能要反复多次,最终使系统试运行成功,并达到设计要求。

对于一个复杂的系统,在进行系统联调前宜进行分块调试。在分块调试时,先借助开发系统(或装置)运行被调模块的程序,观察运行结果是否与预想的一致。若出现问题或错误,则借助开发系统(或装置)的调试手段,找出错误原因或问题所在并排除之,再运行和排除,直到达到预想的结果为止。

按此步骤,将所有功能模块逐个调试完毕。也可将已调基本正确的模块加入新的调试模块共同调试,逐个扩大,直到全部调试完成。

在分块调试完成的基础上,准备进入系统联调。先将在分块调试时编写的测试程序段除去,将各功能模块连成一个整体,并整理成一个完整的应用系统软件。有些外围设备在现场,不便搬到实验室调试,可采用模拟措施或者不连接上外围设备进行运行调试,在调试有把握后再逐步加接。要着重调试的是,只有在整体条件下才会暴露出来的问题。

在一般调试正确之后,需要模拟各种条件和恶劣环境进行试运行。在此基础上还需进行一定时间的全速运行,对整个系统进行观察和测试,以验证应用系统程序功能是否满足原设计要求,是否达到预期的效果。在联调过程中,主要是涉及软件问题,但也可能牵涉到硬件设计问题,此时应从整个系统统筹考虑。

经过联调之后,还需经过一段时间的烤机和试运行,因为有些隐藏较深的问题要在特定条件下才会暴露出来,所以烤机和试运行是必须的。烤机需在现场真实环境下进行。

7. 系统运行与维护

系统硬件、软件联调通过后,就可以把软件固化在 EPROM 中,开发过程即告结束。这时的系统只能作为样机系统,给样机系统加上外壳、面板,再配上完整的使用说明,就可成为正式的系统(或产品)。最后还需建立一套完整、健全的维护制度,以确保系统的正常工作。编写、整理整套的技术文件资料,以便存档。

7.3　单片机应用系统的基本组成

单片机应用系统由硬件系统和软件系统两部分组成。硬件系统是指单片机、扩展的存储器、I/O 口、外围扩展的功能芯片及其接口电路;软件系统包括监控程序和各种应用程序。

7.3.1　单片机应用系统的硬件部分

单片机应用系统常用于工业测控,硬件系统通常由单片机系统和被控对象两部分组成,如图 7-2 所示。单片机系统是单片机正常工作的基本组成部分,包括电源、晶振、显示模块、键盘、存储器等;被控对象是指与单片机相连的各种输入传感器和输出执行机构。

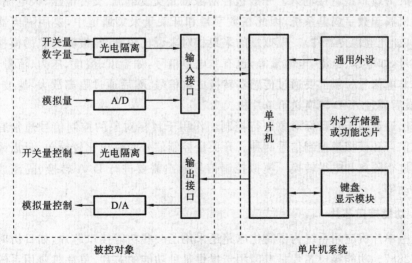

图 7-2　单片机应用系统的硬件组成

1. 单片机系统

在单片机应用系统中,单片机是整个系统的核心,对整个系统的信息输入、处理、信息输出进行控制。由外围传感器采集的各种信号,通过单片机 I/O 进入单片机,单片机运用各种算法实现信号处理,结果再通过单片机 I/O 输出至外围执行机构,从而实现对目标的控制。

单片机系统可分为最小系统和扩展部分。最小系统包括单片机正常工作所必需的复位电路、时钟电路、电源电路等。在不同的应用系统中,扩展部分的组成会有较大区别。在单片机应用系统中,一般都根据系统的要求配置相应的键盘和显示器。配置显示器没有统一的规定,有的系统功能复杂,需输入的信息和显示的信息多,配置的显示器功能相对强大,而有些系统输入/输出的信息少,这时可能用几个LED指示灯就可以了。配置的键盘可以是独立按键,也可以是矩阵键盘。总的来说,单片机应用系统中键盘用得比较多的是矩阵键盘,显示器用得比较多的是LED数码管和LCD显示器。对于信息处理较复杂的系统还需要外扩存储器,根据复杂程度的不同,外扩存储器的容量通常为 8 KB、16 KB、32 KB 等。

2. 被控对象

被控对象通常是指与单片机相连的各种传感器。单片机系统通过输入通道采集被控对象的信息,并通过输出通道实现对被控对象的控制。

测控输入通道用于检测输入信息。来自被控对象的信息有多种,按物理量的特征可分为模拟量、数字量和开关量等 3 种。对于数字量的采集,输入比较简单,它们可直接作为计数输入、测试输入、I/O 口输入或中断源输入,进行事件计数、定时计数,实现脉冲的频率、周期、相位及计数测量。对于开关量的采集,一般通过 I/O 口线或扩展 I/O 口线直接输入。一般被控对象都是交变电流、交变电压、大电流系统,而单片机属于数字弱电系统,因此在数字量和开关量采集通道中,要用隔离器件进行隔离(如光电耦合器件)。模拟量的采集相对来说比较复杂,被控对象的模拟信号有电信号,如电压、电流、电磁量等,也有非电量信号,如温度、湿度、压力、流量、位移量等。非电信号一般都要通过传感器转换成电信号,然后通过隔离放大、滤波、采样保持,最后通过 A/D 转换送给单片机。

输出通道用于对目标对象进行控制。作用于目标对象的控制信号通常有开关量控制信号和模拟量控制信号两种。开关量控制信号的输出比较简单,只需采用隔离器件进行隔离和电平转换。模拟控制信号输出需要进行 D/A 转换、隔离放大和功率驱动等。

3. 功能接口芯片

有些单片机应用系统为了简化电路还采用了一些功能接口芯片,如日历时钟芯片 DS12887。功能接口芯片是专门用于提供某种功能的芯片,单片机应用系统根据功能不同可选用相应的功能接口芯片。通过专门的功能接口芯片可能简化硬件系统设计,减轻软件编程的负担,减少开发的时间,降低开发成本。在单片机应用系统设计时,宜多采用各种各样的功能接口芯片。

7.3.2 单片机应用系统的软件部分

单片机应用系统的软件通常采用模块化设计,这是软件设计中一个非常有效的设计方法。简单说来,模块化软件设计就是把程序分为若干个模块,分别进行程序编写、编译和调试,最后将所有模块进行定位连接,形成一个完整的程序。

1. 模块化设计的特点

模块化设计具有如下特点。

(1)将程序化整为零。模块中的局部程序由于程序比较小,所以能被更好地理解和调试;对一个模块的测试也远比对整个程序的测试容易得多。

(2)如果各个模块功能划分比较合理,当程序出现问题时,便能通过现象快速地定位到出错模块的位置并解决问题。

(3)模块能够重复使用。当同一个程序中多次要实现某个功能,或是不同的程序都要实现某个功能时,将实现该功能的程序独立出来形成一个库,供程序调用,而不用重新编写此段程序,减少了重复劳动。因为各个模块都是独立编写、编译的,因此,各个模块的实现方法、实现语言等就可以变得非常灵活。

2. 模块化设计应注意的问题

程序设计的模块化是一种高效的设计方法,但是,在实际操作过程中也必须注意一些问题。

(1)是否适合采用模块化设计的问题。并不是说所有的设计中都必须用模块化设计,对于一些功能单一或者较小的系统,采用模块化设计有可能会得不偿失。因为模块化设计必须考虑模块划分、规范和确定各个模块间的接口等问题,这将使原本简单的开发变得复杂,所以,需不需要模块化设计必须根据系统的规模、复杂度来考虑。

(2)模块划分问题。在模块化设计中,并不是说模块划分得越多越好,相反,过多的模块将会使整个系统变得混乱和复杂化。

(3)软硬件开发协同问题。单片机系统开发是一个特殊的开发过程,在这个过程中,硬件设计和软件设计将协同进行,因此完整地理解硬件和软件之间的功能关系将有助于确保设计的正确实现。

3. 模块化设计的步骤

一般来说,模块化程序的开发过程主要分为以下几步。

(1)程序的整体分析:这部分的主要工作是确定程序所需要的功能,估计程序规模,对程序设计进行整体上的规划。

(2)程序模块化划分:这部分是根据对程序分析的结果划分各个程序功能模块,确定各个模块的功能、模块接口、模块间的调用关系。

(3)模块调试:在模块设计完成后可对模块进行测试,发现模块中的问题并加以解决。一般来说,测试的内容包括对模块的功能完整性、模块接口等部分的测试。

(4)模块集成:在各个模块都设计完后,需要对所有模块进行集成,以实现系统功能。在这个过程中,最有可能出现的问题是模块间的兼容性问题。出现此类问题需要返回上一步骤继续模块调试。

(5)系统整体测试:在模块集成完毕后需要对系统整体进行测试,测试系统功能是否达到预期目标、系统的稳定性如何等。

总之,模块化设计实际就是由整到零再从零回到整的过程,而测试问题贯穿了设计的始终。

7.4　单片机应用系统的硬件部分设计

7.4.1　设计原则

一个单片机应用系统的硬件部分设计包含以下几个方面的内容:一是系统的扩展,即单片机内部的功能单元,如 ROM、RAM、I/O、定时/计数器、中断系统等不能满足应用系统的要求时,必须在片外进行扩展,选择适当的芯片,设计相应的电路;二是系统的配置,即按照系统功能要求配置外围设备,如键盘、显示器、打印机、A/D转换器、D/A 转换器等,并设计合适的接口电路;三是系统的抗干扰设计。

1. 系统的扩展

系统的扩展和配置应遵循以下原则。

(1) 尽可能选择典型电路,并符合单片机常规用法,为硬件系统的标准化、模块化打下良好的基础。

(2) 系统扩展与外围设备的配置应充分满足应用系统的功能要求,并留有适当余地,以便进行二次开发。

(3) 硬件结构应结合应用软件一并考虑。硬件结构与软件方案会产生相互影响,考虑原则是:软件能实现的功能尽可能由软件实现,以简化硬件结构。但必须注意,由软件实现的硬件功能,一般响应时间比用硬件实现的长,且占用 CPU 时间。

(4) 系统中的相关器件要尽可能做到性能匹配。如选用 CMOS 芯片单片机构成低功耗系统时,系统中所有芯片都应尽可能选择低功耗产品。

(5) 可靠性及抗干扰设计是硬件设计必不可少的一部分,它包括芯片器件的选择、去耦滤波、印刷电路板布线、通道隔离等。

(6) 单片机外围电路较多时,必须考虑其驱动能力。驱动能力不足时,系统工作不可靠。可通过增设总线驱动器增强驱动能力或减少芯片功耗来降低总线负载。

(7) 尽量朝"单片"方向设计硬件系统。系统器件越多,器件之间相互干扰也越强,功耗也越大,也不可避免地降低了系统的稳定性。随着单片机片内集成的功能越来越强,真正的片上系统 SOC 已经可以实现,如 ST 公司新近推出的 μPSD32$\times\times$ 系列产品在一块芯片上集成了 80C32 核、大容量 Flash 存储器、SRAM、A/D、I/O、2个串口、看门狗、上电复位电路,等等。

2. 抗干扰设计

影响单片机系统可靠安全运行的主要因素为来自系统内部和外部的各种电气

干扰,并受系统结构设计、元器件选择和安装、制造工艺影响。这些干扰因素常会导致单片机系统运行失常,轻则影响产品质量和产量,重则会导致事故,造成重大经济损失。

1) 形成干扰的基本要素

(1) 干扰源,指产生干扰的元器件、设备或信号。用数学语言描述如下:du/dt 和 di/dt 大的地方就是干扰源,如雷电、继电器、可控硅、电机、高频时钟等都可能成为干扰源。

(2) 传播路径,指干扰从干扰源传播到敏感器件的通路或媒介。典型的干扰传播路径是通过导线的传导和空间的辐射。

(3) 敏感器件,指容易被干扰的对象,如 A/D 和 D/A 转换器、单片机、数字 IC、弱信号放大器等。

2) 常用硬件抗干扰技术

针对干扰的 3 个基本要素,采取的抗干扰措施主要有以下几个。

(1) 抑制干扰源　抑制干扰源就是尽可能减小干扰源的 du/dt 和 di/dt。这是抗干扰设计中最优先考虑和最重要的原则,常常会起到事半功倍的效果。减小干扰源的 du/dt,主要通过在干扰源两端并联电容来实现;减小干扰源的 di/dt,则通过在干扰源回路串联电感或电阻,以及增加续流二极管来实现。

(2) 切断干扰传播路径　干扰按其传播路径可分为传导干扰和辐射干扰两类。所谓传导干扰是指通过导线传播到敏感器件的干扰。高频干扰噪声和有用信号的频带不同,可以通过在导线上增加滤波器的方法切断高频干扰噪声的传播,有时也可加隔离光耦来解决。电源噪声的危害最大,要特别注意处理。所谓辐射干扰是指通过空间辐射传播到敏感器件的干扰。一般的解决方法是增加干扰源与敏感器件的距离,用地线将它们隔离或者在敏感器件上加屏蔽罩。

(3) 提高敏感器件的抗干扰性能　提高敏感器件的抗干扰性能是指从敏感器件这边考虑尽量减少对干扰噪声的拾取,以及从不正常状态尽快恢复的方法。提高敏感器件抗干扰性能的常用措施有:布线时,尽量减少回路环的面积,以降低感应噪声;布线时,电源线和地线要尽量粗,降低耦合噪声;对于单片机闲置的 I/O 口,不要悬空,要接地或接电源,其他 IC 的闲置端在不改变系统逻辑的情况下接地或接电源;对单片机使用电源监控及看门狗电路;在速度能满足要求的前提下,尽量降低单片机的晶振和选用低速数字电路;IC 器件尽量直接焊在电路板上,少用 IC 座。

(4) 其他常用抗干扰措施如:交流端用电感、电容滤波,去掉高频、低频干扰脉冲;变压器双隔离措施;次级加低通滤波器,吸收变压器产生的浪涌电压;采用集成式直流稳压电源;I/O 口采用光电、磁电、继电器隔离;通信线用双绞线,排除平行互感;加复位电压检测电路;印刷电路板采用抗干扰设计。

7.4.2 具体设计

硬件设计主要围绕功能扩展和外围设备配置,包括下面几个部分的设计。

1. 程序存储器

若单片机内无片内程序存储器或存储容量不够,则需外部扩展程序存储器。外部的存储器通常选用 EPROM 或 EEPROM。EPROM 集成度高、价格便宜,EEPROM 则编程容易。当程序量较小时,使用 EEPROM 较方便,当程序量较大时,采用 EPROM 更经济。

2. 数据存储器

数据存储器利用 RAM 构成。大多数单片机都提供了小容量的片内数据存储区,只有当片内数据存储区不够用时才扩展外部数据存储器。

存储器的设计原则是:在存储容量满足要求的前提下,尽可能减少存储芯片的数量。建议使用大容量的存储芯片,以减少存储器的芯片数目,但应避免盲目地扩大存储器容量。

3. I/O 口

外设多种多样,这使得单片机与外设之间的接口电路也各不相同。因此,I/O 口常常是单片机应用系统中设计最复杂也是最困难的部分之一。

I/O 口大致可归类为并行接口、串行接口、模拟采集通道(接口)、模拟输出通道(接口)等。目前有些单片机已将上述各接口集成在单片机内部,使 I/O 口的设计大大简化。系统设计时,可以选择含有所需接口的单片机。

4. 译码电路

当需要外部扩展电路时,就需要设计译码电路。译码电路要尽可能简单,这就要求存储空间分配合理,译码方式选择得当。

考虑到修改方便与保密性强,译码电路除了可以使用常规的门电路、译码器实现外,还可以利用只读存储器与可编程门阵列来实现。

5. 总线驱动器

如果单片机外部扩展的器件较多,负载过重,就要考虑设计总线驱动器。比如,MCS-51 系列单片机的 P0 口负载能力为 8 个 TTL 门电路,P2 口负载能力为 4 个 TTL 门电路,如果 P0、P2 口实际连接的芯片数目超出上述定额,就必须在 P0、P2 口增加总线驱动器来提高它们的驱动能力。P0 口应使用双向数据总线驱动器(如74LS245),P2 口可使用单向总线驱动器(如 74LS244)。

6. 抗干扰电路

针对可能出现的各种干扰,应设计抗干扰电路。在单片机应用系统中,一个不可缺少的抗干扰电路就是抗电源干扰电路。最简单的实现方法是在系统弱电部分

（以单片机为核心）的电源入口对地跨接 1 个大电容（100 μF 左右）与一个小电容（0.1 μF 左右），在系统内部芯片的电源端对地跨接 1 个小电容（0.01～0.1 μF）。

另外，可以采用隔离放大器和光电隔离器件来抗共地干扰；采用差分放大器抗共模干扰；采用平滑滤波器抗白噪声干扰；采用屏蔽手段抗辐射干扰等。

7.5 单片机应用系统软件部分设计

整个单片机应用系统是一个整体，在进行应用系统总体设计时，软件设计和硬件设计应统一考虑，相结合进行。软、硬件功能可以在一定范围内转化，一些硬件电路的功能可以由软件来实现，反之亦然。在应用系统设计中，系统的软、硬件功能划分要根据系统的要求而定。若要提高速度，减少存储容量和软件研制的工作量，则多用硬件来实现一些功能；若要提高灵活性和适应性，节省硬件开支，则多用软件来实现。系统的硬件电路设计定型后，软件的功能也就基本明确了。

一个应用系统中的软件一般是由应用程序和系统监控程序两部分构成的。其中，应用程序是用来完成如测量、计算、显示、打印、输出控制等各种实质性功能的软件；系统监控程序是控制单片机系统按预定操作方式运行的程序，它负责组织调度各应用程序模块，完成系统自检、初始化、处理键盘命令、处理接口命令、处理条件触发和显示等功能。

软件设计时，应根据系统软件功能要求，将软件分成若干个相对独立的部分，并根据它们之间的联系和时间上的关系，设计出软件的总体结构，画出程序流程框图。画程序流程框图时还要对系统资源作具体的分配和说明。

根据系统特点和用户的熟悉情况选择编程语言，现在一般用汇编语言和 C 语言。汇编语言编写程序对硬件操作较方便，编写的程序代码效率高，以前单片机应用系统软件主要用汇编语言编写；C 语言功能丰富，表达能力强，使用灵活方便，应用面广，目标程序效率高，可移植性好，便于维护，现在单片机应用系统很多都用 C 语言来进行开发和设计。

7.5.1 设计特点

单片机应用系统中的软件是根据系统功能设计的，应可靠地实现系统的各种功能。应用系统种类繁多，应用软件各不相同，但是一个优秀的应用软件应具有以下特点。

（1）软件结构清晰、简捷、流程合理。

（2）各功能程序实现模块化、系统化。这样，既便于调试、连接，又便于移植、修改和维护。

（3）程序存储区、数据存储区规划合理，既能节约存储容量，又能给程序设计与操作带来方便。

（4）运行状态实现标志化管理。对各个功能程序的运行状态、运行结果及运行需求都设置状态标志以便查询，程序的转移、运行、控制都可通过状态标志来控制。

（5）经过调试修改后的程序应进行规范化，除去修改"痕迹"。规范化的程序便于交流、借鉴，也为今后的软件模块化、标准化打下基础。

（6）实现全面软件抗干扰设计。软件抗干扰是单片机应用系统提高可靠性的有力措施。

（7）为了提高运行的可靠性，可在应用软件中设置自诊断程序。在系统运行前先运行自诊断程序，可以检查系统各特征参数是否正常。

若采用 C 语言进行单片机应用系统的软件开发，还应注意变量类型的定义。C语言定义了多种变量类型，如字符型、整型、浮点型等，在单片机系统中，要尽量使用长度较短的变量类型，如果变量能够定义成字符型的，就不要定义成整型。在单片机这种资源相对紧张的系统中，应尽量定义使用较短的变量类型，而且这也不仅仅是资源的问题，单片机在对长变量进行运算时，通常要花比短变量多几倍的时间。

现在大多数 MCS-51 系列单片机都有看门狗，当看门狗没有被定时清 0 时将引起复位，这可防止在遇到干扰时程序跑飞。软件设计者可利用该看门狗作为软件抗干扰措施，提高系统的可靠性。

7.5.2　单片机应用系统资源分配

合理的分配资源对软件的正确编写起着很重要的作用。一个单片机应用系统的资源主要分为片内资源和片外资源。片内资源是指单片机内部的中央处理器、程序存储器、数据存储器、定时/计数器、中断、串行口、并行口等。对于不同的单片机芯片，其内部资源情况各不相同。在设计时就要充分利用内部资源。当内部资源不够用时，就需要有片外扩展，即片外资源。在这些资源分配中，定时/计数器、中断、串行口等分配比较容易，这里介绍程序存储器和数据存储器的分配。

1. 程序存储器 ROM/EPROM 资源的分配

程序存储器 ROM/EPROM 用于存放程序和数据表格。按照 MCS-51 系列单片机的复位及中断入口的规定，002FH 以前的地址单元作为中断、复位入口地址区。在这些单元中一般都设置了转移指令，用于转移到相应的中断服务程序或复位启动程序。当程序存储器中存放的功能程序及子程序数量较多时，应尽可能为它们设置入口地址表。一般的常数、表格集中设置在表格区。二次开发、扩展部分尽可能放在高位地址区。

2. 数据 RAM 资源分配

RAM 分为片内 RAM 和片外 RAM。片外 RAM 的容量比较大，通常用来存放批量大的数据，如采样结果数据；片内 RAM 容量较小，应尽量重叠使用，如数据暂存区与显示、打印缓冲区重叠。

对于 MCS-51 系列单片机来说,片内 RAM 是指 00H～7FH 单元,这 128 个单元的功能并不完全相同,分配时应注意发挥各自的特点,做到物尽其用。

00H～1FH 这 32 个字节可以作为 4 个工作寄存器组,在工作寄存器组的 8 个单元中,R0 和 R1 具有指针功能,是编程的重要角色,应充分发挥其作用。系统上电复位时,PSW 等于 00H,当前工作寄存器选择第 0 组,而工作寄存器组 1 为堆栈,并向工作寄存器组 2、3 延伸。若在中断服务程序中,也要使用 R1 寄存器且不将原来的数据冲掉,则可在主程序中先将堆栈空间设置在其他位置,然后在进入中断服务程序后选择工作寄存器组 1、2 或 3,这时若再执行如 MOV R1,♯00H 指令,就不会冲掉主程序 R1(01H 单元)中原来的内容,因为中断服务程序中 R1 的地址已改变为 09H、11H 或 19H。在中断服务程序结束时,可重新选择工作寄存器组 0。因此,通常可在应用程序中,安排主程序及调用的子程序使用工作寄存器组 0,而安排定时器溢出中断、外部中断、串行口中断使用工作寄存器组 1、2 或 3。

7.5.3 具体设计

单片机应用系统软件设计包括软件结构设计、功能模块程序设计、程序仿真调试等。

1. 软件结构设计

软件结构设计主要是一种总体结构设计,规划程序数据区域和一些程序状态标志,给出整个应用软件的执行流程。软件结构要做到清晰、简捷、流程合理。一般做法是把应用系统的功能划分成若干功能模块,每个模块程序分别设计调试成功后,采用主程序调用子程序以实现整个控制功能。

2. 功能模块程序设计

系统软件结构方案确定后,就进入功能模块的设计。这部分工作量较大,牵涉到具体的控制功能,设计内容与硬件有关,技术难度较大,需要有丰富的程序设计经验和单片机硬件知识。

3. 程序仿真调试

各功能模块设计完成后,应进行各模块的调试。此过程通常需要添加部分测试代码,监测程序的执行过程。若监测的输出不符合预期,则进行代码的修改。当模块代码调试通过后,应去掉测试代码。各模块代码全部调试通过后,即进行程序的链接,将各模块链接成一个完整的系统应用软件。然后对完整程序进行仿真调试,此过程也需要反复修改,直到调试通过,系统软件设计完成。

7.5.4 开发工具

一个单片机应用系统经过总体设计,完成硬件开发和软件设计,还要进行硬件安装。硬件安装好后,把编制好的程序写入存储器中,调试好后系统就可以运行了。

但用户设计的应用系统本身并不具备自开发的能力，不能够写入程序和调试程序，必须借助于单片机开发系统才能完成这些工作。单片机开发系统是能够模拟用户实际需求的，并且能随时观察运行的中间过程和结果，从而可能对现场进行模仿的仿真开发系统。通过它能很方便地对硬件电路进行诊断和调试，得到正确的结果。

目前国内使用的通用单片机的仿真开发系统很多，如复旦大学研制的 SICE 系列、启东计算机厂制造的 DVCC 系列、中国科大研制的 KDV 系列、南京伟福实业有限公司的伟福 E2000 及西安唐都科教仪器公司的 TDSS1 开发及教学实验系统。它们都具有对用户程序进行输入、编辑、汇编和调试的功能。此外，有些还具备在线仿真功能，能够直接将程序固化到 EEPROM 中。仿真开发系统一般都支持汇编语言编程，有的可以通过开发软件支持 C 语言编程。例如，可通过 Keil C51 软件来编写 C 语言源程序，编译、连接生成目标文件、可执行文件，仿真、调试、生成代码并下载到应用系统中。

7.6   Keil C51 开发工具简介

Keil μVision 2（或 Keil μVision 3）IDE 是美国 Keil Software 公司出品的 MCS-51 系列单片机 C 语言集成开发系统，与汇编语言相比，C 语言在功能、结构性、可读性、可维护性等方面有明显的优势，因而易学易用。用过汇编语言后再使用 C 语言来开发，体会将会更加深刻。Keil μVision 2 IDE 开发系统提供丰富的库函数和功能强大的集成开发调试工具，具有全 Windows 界面。另外重要的一点是，只要看一下编译后生成的汇编代码，就能体会到 Keil μVision 2 IDE 生成的目标代码效率非常高，多数语句生成的汇编代码很紧凑，容易理解。在开发大型软件时更能体现高级语言的优势。另外，Keil μVision 2 IDE 也能识别汇编程序。下面详细介绍 Keil μVision 2 IDE 开发系统各部分的功能和使用。

7.6.1   Keil μVision 2 IDE 集成开发环境

Keil μVision2 IDE 的安装与其他软件的安装方法相同，安装过程比较简单，运行 Keil μVision2 IDE 的安装程序 SETUP.exe，然后按默认的安装目录或设置新的安装目录，按操作提示将 Keil μVision 2 IDE 软件安装到计算机上，同时在桌面上建立一个快捷方式。

单击 Keil μVision 2 IDE 的图标，启动 Keil μVision 2 IDE 程序，可以看到如图 7-3 所示的 Keil μVision 2 IDE 的主界面。以下对 Keil μVision 2 IDE 的主界面作简要说明。

窗口标题栏下紧接着是菜单栏，菜单栏下面是工具栏，工具栏下面的左边是项目管理器窗口，右边是源代码编辑窗口，最下面是输出信息窗口。这些窗口可以通过视图（View）菜单下面的命令打开或关闭。

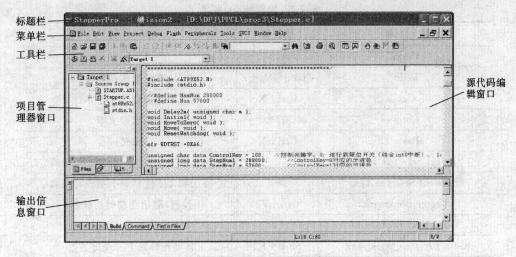

标题栏
菜单栏
工具栏
项目管理器窗口
源代码编辑窗口
输出信息窗口

图 7-3 Keil μVision 2 IDE 的主界面

Keil μVision 2 IDE 的菜单栏提供各种操作菜单,如文件菜单、编辑菜单,如图 7-4 所示。下面列出 Keil μVision 2 IDE 的部分菜单项命令、默认的快捷键及其描述,如表 7-1 至表 7-5 所示。

File Edit View Project Debug Flash Peripherals Tools SVCS Window Help

图 7-4 Keil μVision 2 IDE 的菜单栏

表 7-1 文件(File)菜单

菜 单	快捷键	描 述
New	Ctrl+N	创建新文件
Open	Ctrl+O	打开已经存在的文件
Close	—	关闭当前文件
Save	Ctrl+S	保存当前文件
Save as	—	另取名保存文件
Save all	—	保存所有文件
Device Database	—	管理器件库
Print Setup	—	打印机设置
Print	Ctrl+P	打印当前文件
Print Preview	—	打印预览
Exit	—	退出

表 7-2　编辑(Edit)菜单

菜　　单	快捷键	描　　述
Undo	Ctrl＋Z	取消上次操作
Redo	Ctrl＋Shift＋Z	重复上次操作
Cut	Ctrl＋X	剪切选取文本
Copy	Ctrl＋C	复制选取文本
Paste	Ctrl＋V	粘贴
Indent Selected Text	—	将选取文本右移一个制表符距离
Unindent Selected Text	—	将选取文本左移一个制表符距离
Toggle Bookmark	Ctrl＋F2	设置/取消当前行的标签
Goto Next Bookmark	F2	移动光标到下一个标签处
Goto Previous Bookmark	Shift＋F2	移动光标到上一个标签处
Clear All Bookmarks		消除当前文件的所有标签
Find	Ctrl＋F	在当前文件中查找文本
Replace	Ctrl＋H	替换特定的字符
Find in Files	—	在多个文件中查找
Goto Matching Brace		寻找匹配大括号、圆括号、方括号

表 7-3　视图(View)菜单

菜　　单	快捷键	描　　述
Status Bar	—	显示/隐藏状态条
File Toolbar	—	显示/隐藏文件菜单条
Build Toolbar	—	显示/隐藏编译菜单条
Debug Toolbar	—	显示/隐藏调试菜单条
Project Window	—	显示/隐藏项目窗口
Output Window	—	显示/隐藏输出窗口
Source Browser	—	打开资源浏览器
Disassembly Window	—	显示/隐藏反汇编窗口
Watch & Call Stack Window	—	显示/隐藏观察和堆栈窗口
Memory Window	—	显示/隐藏存储器窗口
Code coverage Window	—	显示/隐藏代码报告窗口
Performance Analyzer Window	—	显示/隐藏性能分析窗口
Symbol Window	—	显示/隐藏字符变量窗口
Serial Window ♯1	—	显示/隐藏串口1的观察窗口
Serial Window ♯2	—	显示/隐藏串口2的观察窗口

续表

菜　　单	快捷键	描　　述
Toolbox	—	显示/隐藏自定义工具条
Periodic Window Update	—	程序运行时刷新调试窗口
Workbook Mode	—	显示/隐藏窗口框架模式
Options	—	设置颜色、字体、快捷键和编辑器的选项

表 7-4　项目(Project)菜单

菜　　单	快捷键	描　　述
New Project	—	创建新项目
Import μVision1 Project…	—	转化 μVision 1 的项目
Open Project	—	打开一个已经存在的项目
Close Project	—	关闭当前的项目
File Extensions, Books and Environment	—	设置项目文件的扩展名、参考文档， 定义包含文件和库路径
Targets,Groups,Files…	—	维护项目的对象、文件组和文件
Select Device for Target	—	选择对象的 CPU
Remove Item	—	从项目中移走一个组或文件
Options for target	Alt＋F7	设置对象组或文件的工具选项
Clear Group and File options	—	清除文件组和文件属性
Build Target	F7	编译修改过的文件并生成应用
Rebuild All Target Files	—	重新编译所有的文件并生成应用
Translate	Ctrl＋F7	编译当前文件
Stop Build	—	停止生成应用的过程

表 7-5　调试(Debug)菜单

菜　　单	快捷键	描　　述
Start/Stop Debug Session	Ctrl＋F5	开始/停止调试模式
Go	F5	运行程序直到遇到一个中断
Step	F11	单步执行程序,遇到子程序则进入
Step Over	F10	单步执行程序,跳过子程序
Step out of Current function	Ctrl＋F11	跳出当前函数
Run to Cursor line	—	运行到光标行
Stop Running	—	停止程序运行
Breakpoints	—	打开断点对话框

菜　　单	快捷键	描　　述
Insert/Remove Breakpoint	—	设置/取消当前行的断点
Enable/Disable Breakpoint	—	使能/禁止当前行的断点
Disable All Breakpoints	—	禁止所有的断点
Kill All Breakpoints	—	取消所有的断点
Show Next Statement	—	显示下一条指令
Enable/Disable Trace Recording	—	使能/禁止程序运行轨迹的标识
View Trace Records	—	显示程序运行过的指令
Memory Map	—	打开存储器空间配置对话框
Performance Analyzer	—	打开设置性能分析的窗口
Inline Assembly	—	对某一个行重新汇编,可以修改汇编代码
Function Editor	—	编辑调试函数和调试配置文件

表 7-6　外围器件(Peripherals)菜单

菜　　单	快捷键	描　　述
Reset CPU	—	复位 CPU
Interrupt	—	打开片上外围器件的设置对话框,对话框的种类及内容依赖于所选择的 CPU
I/O-Ports	—	I/O 引脚电平和寄存器内容观察
Serial	—	串口观察
Timer	—	定时器观察

表 7-7　工具(Tool)菜单

菜　　单	快捷键	描　　述
Setup PC-Lint	—	配置代码检查工具 PC-Lint 程序
Lint	—	用 PC-Lint 处理当前编辑的文件
Lint all C Source Files	—	用 PC-Lint 处理项目中所有的 C 源代码文件
Setup Easy-Case	—	配置 Siemens 的 Easy-Case 程序
Start/Stop Easy-Case	—	运行/停止 Siemens 的 Easy-Case 程序
Show File (Line)	—	用 Easy-Case 处理当前编辑的文件
Customize Tools Menu	—	添加用户程序到工具菜单中

7.6.2 项目创建

在 Keil μVision 2 IDE 中,管理文件使用的是项目方式而不是以前的单一文件模式,C51 源程序、汇编源程序、头文件等都放在项目文件里统一管理。

1. 项目文件的建立

通过用 Project 菜单下的 New Project 命令建立项目文件,过程如下。

(1)选择 Project 菜单下的 New Project 命令,出现如图 7-5 所示的"Create New Project"对话框。

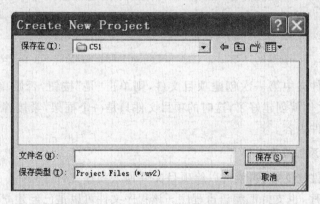

图 7-5 "Create New Project"对话框

(2) 在"Create New Project"对话框中选择新建项目文件的位置,输入新建项目文件的名字,例如,输入项目文件名为 example,单击"保存"按钮,将弹出如图 7-6 所

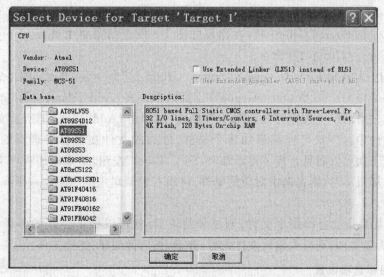

图 7-6 "Select Device Target 'Target 1'"对话框

示的"Select Device Target 'Target 1'"对话框,用户根据使用情况选择单片机型号。Keil μVision 2 IDE 几乎支持所有的 MCS-51 核心单片机,并以列表的形式给出。选中芯片后,右边的描述框中将同时显示选中芯片的相关信息以供用户参考。

(3) 选择 Atmel 公司的 AT89S51。单击"确定"按钮,这时弹出如图 7-7 所示的"Copy Standard 8051 Startup Code to Project Folder and Add File to Project?"询问框。

图 7-7 "Copy Standard 8051 Startup Code to Project Folder and Add File to Project?"询问框

如果在文件夹中第一次创建项目文件,则单击"是"按钮,否则单击"否"按钮。单击后,项目文件就创建好了,这时的项目文件只是一个框架,紧接着需向项目文件中添加程序文件内容。

2. 给项目添加程序文件

在项目文件建立好后,就可以给项目文件加入程序文件了,Keil μVision 2 IDE 支持 C 语言程序,也支持汇编语言程序。该程序文件可以是已经建立好了的程序文件,也可以是新建的程序文件,如果是建立好了的程序文件,则直接用后面的方法添加;如果是新建立的程序文件,最好是先将程序文件用.asm 或.c 存盘后再添加,这样程序文件中的关键字才能够被识别。

(1) 在项目管理器中,展开"Target1",可以看到"Source Group 1"。

(2) 右击"Source Group 1",在出现如图 7-8 所示的菜单中选择"Add Files to Group Source 'Group 1'"命令。

(3) 选择"Add Files to Group 'Source Group 1'"命令后,出现如图 7-9 所示的"Add Files to Group Source 'Group 1'"对话框。在"Add Files to Group Source 'Group 1'"对话框中选择需要添加的程序文件,单击"Add"按钮,把所选文件添加到项目文件中。一次可连续添加多个文件,添加的文件在项目管理器的"Source Group 1"下面可以看见。当不再添加时,单击"Close"按钮,结束添加程序文件。如果文件添加得不对,则先选中对应的文件,再用右键菜单中的"Remove File"命令把它移出去。

(4) 如果是已有的程序文件,则添加结束后,就可以做下一步的编译、连接工作;如果为新文件,则应先输入文件内容,存盘,然后做编译、连接工作。

3. 目标选项设置

当 Keil μVision 2 IDE 用于软件仿真和硬件仿真时,如果不是工作在默认情况

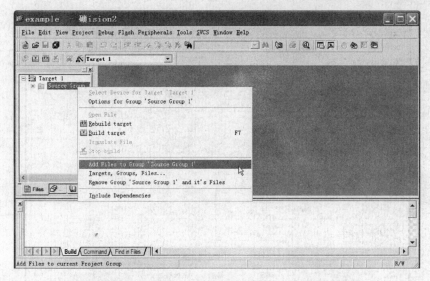

图 7-8　选择"Add Files to Group 'Source Group 1'"命令

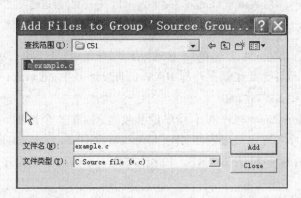

图 7-9　选择"Add Files to Group 'Source Group 1'"对话框

下,就需要在编译、连接之前对它进行设置。设置用"Project"菜单下面的"Options for Target 'Target 1'"命令。在选择 Project 菜单下面的"Options for Target 'Target 1'"命令后,出现如图 7-10 所示的"Options for Target 'Target 1'"对话框。

"Options for Target 'Target 1'"对话框有 10 个选项卡,默认为"Target"选项卡。常用的选项卡有以下几个。

1)"Target"选项卡

"Target"选项卡用于设置芯片的相关信息。

(1) Xtal(MHz):设置单片机的工作频率。已经有一个已选芯片的默认值。

(2) Use On-chip ROM(0x0-0xFFF):表示使用芯片内部的 Flash ROM,Atmel AT89S51 内部有 4 KB 的 Flash ROM,要根据单片机芯片$\overline{EA}$引脚的连接情况来选

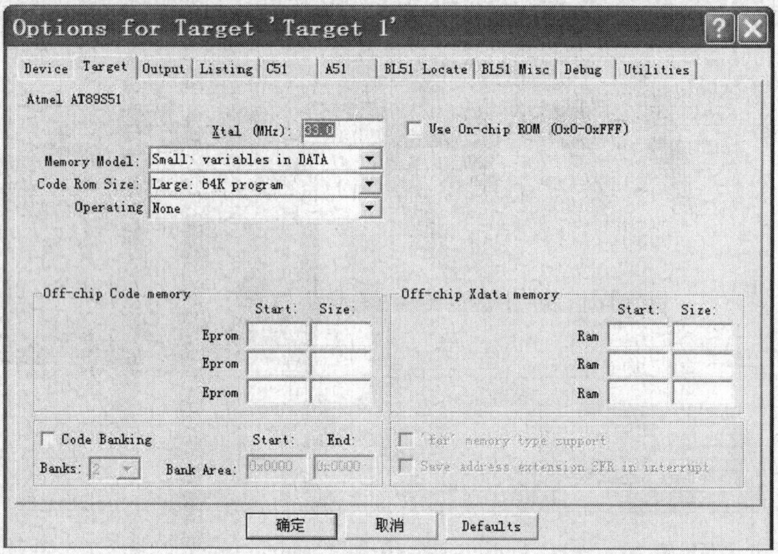

图 7-10 "Options for Target 'Target 1'"对话框

取该项。

(3) Memory Model：变量存储方式，有 3 个选项。Small：变量存储在内部 RAM 中。Compact：变量存储在外部 RAM 的低 256 B 中。Large：变量存储在外部的 64 KB RAM 中。

(4) Code Rom Size：程序和子程序的长度范围，有 3 个选项。Small：program 2K or less：子程序和程序只限于 2 KB。Compact：2K functions，64K program：子程序只限于 2 KB，程序可为 64 KB。Large：64K program：子程序和程序都可为 64 KB。

(5) Operating：操作系统选项，有 3 个选项可供选择。

(6) Off-chip Code memory：表示片外 ROM 的开始地址和大小，可以输入 3 段。如果没有则不填。

(7) Off-chip Xdata memory：表示片外 RAM 的开始地址和大小，可以输入 3 段。如果没有则不填。

2）"Debug"选项卡

"Debug"选项卡用于对软件仿真和硬件仿真进行设置，如图 7-11 所示。

(1) Use Simulator：纯软件仿真选项，默认为纯软件仿真。

(2) Use：Keil Monitor-51 Driver：带硬件仿真器的仿真。

(3) Settings：打开所选择的软件仿真器或者 Monitor-51 硬件仿真器的设置对话框。

(4) Load Application at Sta：Keil C51 自动装载程序代码选项。

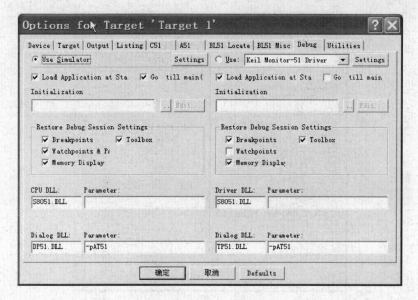

图 7-11 "Debug"选项卡

（5）Go till main：调试 C 语言程序，自动运行 main 函数。

（6）Initialization：设置一个调试启动配置文件，以代替在命令行中输入的命令。

（7）Restore Debug Session Settings：在重新启动调试器时，将保持上一次调试所进行的断点、工具栏、内存和观察点等设置不变。

（8）CPU DLL：用户在新建项目时选定一个型号的 CPU 后，相应驱动程序的动态链接库文件也就确定了，该参数从设备数据库中自动调入。

（9）Parameter：相应的 CPU 动态链接库控制参数，该参数从设备数据库中自动调入。

如果选中"Use：Keil Monitor-51 Driver"硬件仿真器单选项，还可单击右边的"Setting"按钮，对硬件仿真器连接情况进行设置，单击右边的"Setting"按钮后，出现如图 7-12 所示的对话框。

其中，"Port"下拉列表框用于设置串行口号，即仿真器与微机连接的串口号。

"Baudrate"下拉列表框用于设置波特率，即与仿真器串行通信的波特率，仿真器上的设置必须与它一致。一般仿真使用的波特率为"9600"。

"Serial Interrupt"复选项用于设置是否允许单片机串行中断。

"Cache Options"为缓存选项组，可选可不选，如果选择，则可加快程序运行速度。

3）"Output"选项卡

"Output"选项卡用于对编译后形成的目标文件输出进行设置，如图 7-13 所示。

（1）Select Folder for Objects：单击该按钮用于设置编译后生成的目标文件的

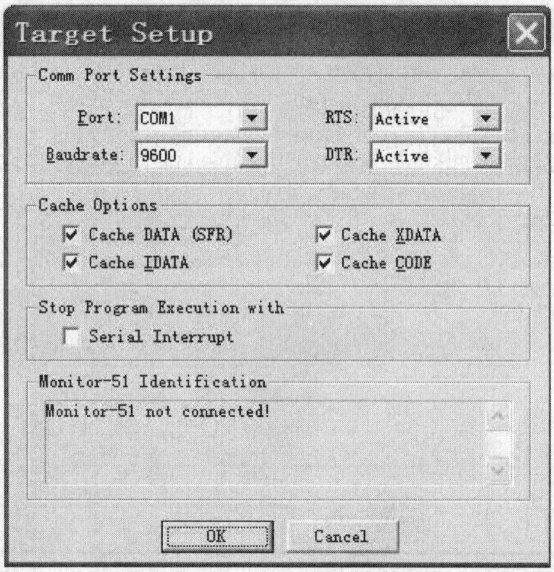

图 7-12 仿真器连接设置

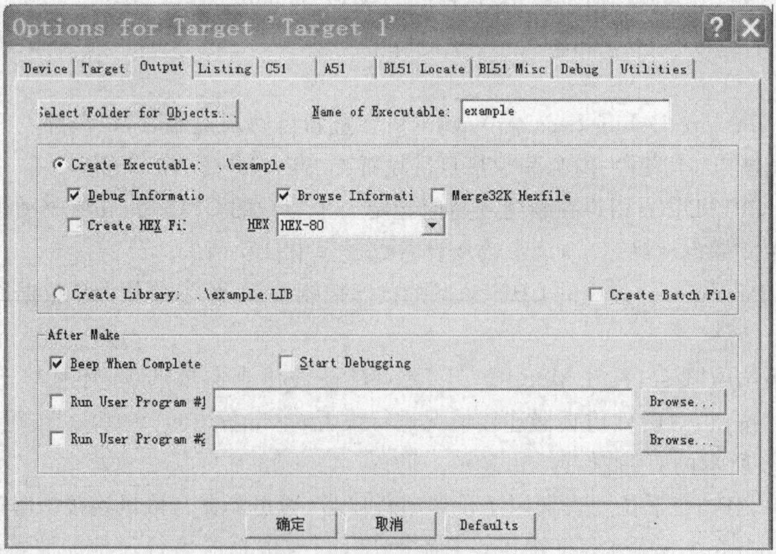

图 7-13 "Output"选项卡

存储目录,如果不设置,默认为项目文件所在的目录。

(2) Name of Executable:设置生成的目标文件的名字,默认值与项目文件名相同,可以生成库或.obj、.hex 格式的目标文件。

(3) Create Executable:如果选中该单选项,则生成.obj、.hex 格式的目标文件。

(4) Create HEX Fi:如果选中该复选项,则生成.hex 文件。

（5）Create Library：如果选中该单选项，则生成库。

4. 编译、连接项目，形成目标文件

把程序文件添加到项目文件中，且程序文件已经建立好并存盘后，就可以进行编译、连接，形成目标文件。编译、连接用"Project"菜单下的"Built Target"命令（或快捷键 F7）。编译、连接结果如图 7-14 所示。

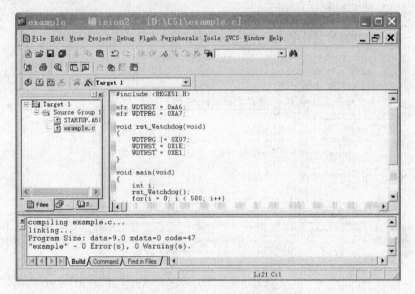

图 7-14　编译、连接后的显示图

编译、连接时，如果程序有错，则编译不成功，并在下面的信息窗口给出相应的出错提示信息，以便用户进行修改，修改后再编译、连接，这个过程可能会重复多次。如果没有错误，则编译、连接成功，并且信息窗口给出提示信息。

7.6.3　项目调试

使用 Keil μVision 2 IDE，可以对项目进行纯软件仿真（仿真软件程序时，不接硬件电路），也可以利用硬件仿真器（连接硬件电路，进行实时仿真）。还可以使用 Keil μVision 2 IDE 的内嵌模块 Keil Monitor-51，在不需要额外硬件仿真器的条件下，连接单片机硬件系统对项目程序进行实时仿真。Keil μVision 2 IDE 的 Simulator 模块是一个纯软件产品，可模拟大多数 8051 微控制器的特性而不需要目标硬件，用户在硬件准备好之前使用 Simulator 测试和调试应用系统。Simulator 可模拟许多 8051 的外围功能，包括内部串行口、外部 I/O 口和定时器。本节以 Simulator 为例，说明 Keil μVision 2 IDE 开发环境下项目的调试方法。

1. 调试环境设置

调试 μVision 2 项目前，需要对工程项目进行设置，设置方法参见"Options for

Target 'Target 1'"下"Debug"选项卡的相关说明。

2．进入调试状态

项目编译、连接成功，并对调试环境进行设置后，就可以启动仿真来观察结果，启动仿真的过程如下。

（1）用"Debug"菜单下的"Start/Stop Debug Session"命令（快捷键 Ctrl＋F5）启动调试过程，结果如图 7-15 所示。

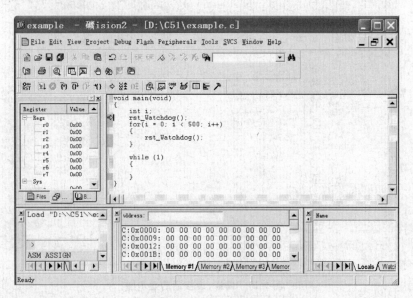

图 7-15　调试状态界面

（2）执行"Debug"菜单下的"Step"单步运行。子函数也要一步一步运行。

（3）执行"Debug"菜单下的"Step Over"单步运行。子函数体一步直接完成。

（4）执行"Debug"菜单下的"Stop Running"命令停止运行。

（5）用"View"菜单调出各种输出窗口，观察结果。

（6）运行调试完毕，先用"Stop Running"命令停止运行，再用"Start/Stop Debug Session"命令结束运行调试过程。

3．调试技巧

1）使用反汇编窗口

在程序调试状态下（执行 Debug→Start Debug Session 菜单命令），显示反汇编窗口（执行 View→Disassembly Window）。在 Keil μVision 2 IDE 的反汇编窗口中，显示源代码和汇编指令的混合代码，或只显示汇编指令代码。右击反汇编窗口，可在弹出的菜单中选择显示方式，如图 7-16 所示。

2）使用断点

在 Keil μVision 2 IDE 开发环境里，可以很方便地设置断点，将鼠标指针移到所

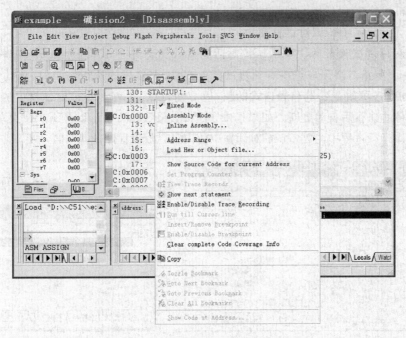

图 7-16 在反汇编窗口中选择显示方式

要设置断点的行或指令,双击即可设置或者取消当前行的断点,或用断点设置命令Debug→Insert/Remove Breakpoint。当程序执行到一个断点时可自动停止。用户在一个给定的地址或指定的条件下使用断点,将程序停止执行,然后对所执行的结果进行观察,或者修改相应的寄存器、存储器和外围端口的值,以进行代码调试。

Keil C 中断点类型有三种:执行断点、条件断点及存取断点。

(1) 执行断点 当运行到指定的代码地址时,执行断点停止程序运行或执行1条命令。执行断点不影响执行速度。代码地址必须是指令的第1个字节的地址。如果将执行断点设置在指令的第2个或第3个字节的地址上,断点将永不会发生。只能对1个代码地址设置1个执行断点,不允许多重定义。

(2) 条件断点 当达到指定的条件时,条件断点停止程序运行或执行1条命令。每执行一条指令都会重新计算一下条件表达式,因此,程序执行速度会受到影响,其程度取决于条件表达式的复杂度。条件断点的数量也影响程序的执行速度。但是条件断点最具灵活性,因为有多个选项的条件可以通过表达式计算产生。

(3) 存取断点 存储器存取断点是指当指定地址处于读、写或读/写状态时,程序停止运行或执行1条特殊的命令。存储器存取断点对程序执行的速度影响不大,因为只有存取指定地址时,才进行指定的操作。

在 Keil C 中,断点的类型及断点发生的条件是通过"Breakpoints"对话框设置的。当在相关语句或指令位置设置断点后,执行 Debug→Breakpoint... 菜单命令,进入"Breakpoints"对话框,如图 7-17 所示。

　　3) 使用"Watches"对话框窗口

　　在程序调试状态下,"Watches"对话框显示变量、表达式、函数和复杂结构的值,如图 7-18 所示。当用户想要看到缓冲器上变量、表达式的执行结果时,该功能非常有用,同时还可改变变量和表达式的值,以方便调试。"Watches"对话框中的内容会在程序停止执行后自动更新。如果选中了 View→Periodic Window Update 菜单命令,则在程序运行过程中,"Watches"对话框中的内容会随着程序的执行自动更新。

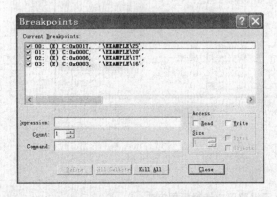

图 7-17 "Breakpoints"对话框

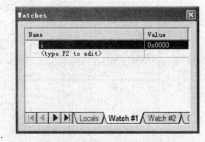

图 7-18 "Watches"对话框

　　可以用以下 4 种方法在"Watches"对话框中的"Watch"选项卡中添加需要观察的变量。

　　(1) 单击"<type F2 to edit>"并等待一会儿,再单击,即进入变量编辑状态,此时可以输入观察的变量。

　　(2) 单击"<type F2 to edit>",再按 F2,进入变量编辑状态,此时可以输入观察的变量。

　　(3) 在源代码编辑窗口中,选中需要观察的变量,右击,在弹出的快捷菜单中选择"Add 'var' to Watch Window…"。这里"var"表示需要观察的变量名。

　　(4) 在"Output Window"的"Command"选项卡中,可以输入 Keil μVision 2 IDE 的调试命令 WatchSet(WS),其表达式可以是简单的变量,也可是复杂的数据类型,如结构、数组和指向结构的指针等。

　　4) 使用 CPU 寄存器观察窗口

　　在程序调试状态下,Keil μVision 2 IDE 的 CPU 寄存器观察窗口位于"Project Workspace"窗口的"Regs"选项卡,该窗口显示内部寄存器的内容、程序运行次数等,且其内容随着程序的执行动态地改变,如图 7-19 所示。当然,CPU 寄存器观察窗口中的内容也可以编辑修改。

　　5) 使用内存观察窗口

　　在程序调试状态下,Keil μVision 2 IDE 的内存观察窗口可以显示各种存储区段的内容,如图 7-20 所示。内存观察窗口可以通过 4 个不同的页面,观察 4 个不同的存储区段。

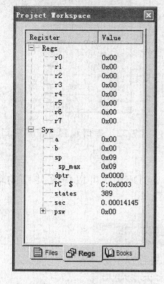

图 7-19 CPU 寄存器观察窗口   图 7-20 内存观察窗口

在图 7-20 中,显示的是从 0x0000 开始的代码段存储器中的内容。可以在内存观察窗口中通过右键菜单选择显示数据的格式(十进制、有符号、无符号、单精度或双精度等)。

在内存观察窗口的 Address 字段输入框中,可以输入地址值或地址表达式,表示需要显示的存储区段的起始地址,可以显示程序代码段、直接寻址数据段、间接寻址数据段和外部直接寻址数据段等,默认情况下显示程序代码段。在 Address 字段输入框中输入 X:0x0000,则在内存观察窗口中显示外部 RAM 区从 0x0000 开始的存储内容;在 Address 字段输入框中输入 I:0x0000,则在内存观察窗口中显示内部间接寻址 RAM 区从 0x0000 开始的存储内容;在 Address 字段输入框中输入 D:0x0000,则在内存观察窗口中显示内部可直接寻址 RAM 区从 0x0000 开始的存储内容;在 Address 字段输入框中输入 C:0x0000 或 0x0000,则在内存观察窗口中显示程序存储器 ROM 区从 0x0000 开始的存储内容。

在内存观察窗口中显示的数据可以修改(代码区数据不能修改),修改方法如下:将鼠标对准要修改的存储器单元,右击,在弹出的菜单中选择"Modify Memory at 0x...",在弹出对话框的文本输入栏内输入相应数值后按回车键,修改完成,如图 7-21 所示。

6)使用串口观察窗口

通过串口可以发送和接收信息,在 Keil μVision 2 IDE 中,在启动调试状态后,可以通过 Peripherals→Serial 命令打开串口,看到串口的相应情况,如图 7-22 所示。

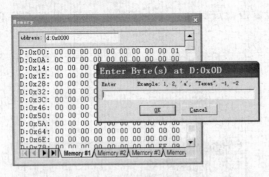

图 7-21　修改内存值的编辑窗口　　　　　　图 7-22　串口观察与设置窗口

7）使用并口观察窗口

并口可以用来输入和输出信息，在 Keil μVision 2 IDE 中，可以仿真并口的输入和输出，如图 7-23 所示。

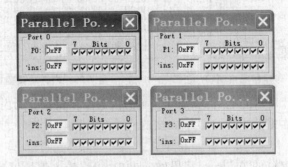

图 7-23　并口观察与设置窗口

练习题

7-1　简述单片机应用系统的开发过程。

7-2　简述单片机应用系统的基本组成。

7-3　在 Keil C51 环境下如何设置和删除断点？

7-4　在 Keil C51 环境下如何查看和修改寄存器的内容，调试一个程序，并修改寄存器的内容。

7-5　在 Keil C51 环境下如何观察和修改变量？如何观察存储器区域？试编程测试。

8

单片机开发系统的应用实例

本章以单片机为核心,实现 8 人抢答器、16 个按键的电子琴、带按键和显示功能的电子密码锁等典型应用系统,介绍其结构原理、硬件设计与程序设计方法,进一步介绍单片机的定时与计数、中断与报警、键盘与显示功能的具体实现方法,要求掌握单片机应用系统的开发过程与设计方法。

单片机应用系统是以单片机为控制核心,结合外围芯片和扩展电路构成,能完成一定任务的微机系统。单片机由于具有体积小、成本低、抗干扰能力强和使用灵活等优点,已广泛应用于生产、科技和生活的各个领域。

下面介绍单片机在逻辑控制和信号处理等方面的几个应用实例。

8.1 抢答器设计

抢答器是为智力竞赛参赛者答题时进行抢答而设计的一种优先判决器电路,竞赛者可以分为若干组,抢答时各组对主持人提出的问题要在最短的时间内作出判断,并按下抢答按键回答问题。在第 1 个人按下按键后,显示器上显示该组的号码,同时电路将其他各组按键封锁,使其不起作用。回答完问题后,由主持人将所有按键恢复,重新开始下一轮抢答。

8.1.1 系统功能要求

要求接通电源后,主持人将开关拨到"清除"状态,抢答器处于禁止状态,编号显示器灭灯,定时器显示设定时间;主持人将开关置"开始"状态,宣布"开始",抢答器工作。定时器倒计时,扬声器给出声响提示。选手在指定时间内抢答时,抢答器完成优先判断、编号锁存、编号显示、扬声器提示。在一轮抢答之后,定时器停止、禁止二次抢答、定时器显示剩余时间。如果再次抢答,则必须由主持人再次操作"清除"

和"开始"状态开关。具体要求如下。

(1) 设计一个可供 8 人抢答的抢答器。

(2) 系统设置复位按钮,按下该按钮后,重新开始抢答。

(3) 开始时,抢答器数码管显示序号 0,选手抢答实行优先显示,优先抢答选手的编号一直被保持到主持人将系统清除为止。抢答后显示优先抢答者序号,同时发出音响,并且不出现其他抢答者的序号。

(4) 抢答器具有定时抢答功能,本抢答器的时间设定为 60 s,当主持人启动"开始"开关后,定时器开始倒计时,同时蜂鸣器有短暂的声响。

(5) 设定的抢答时间内,选手可以抢答。选手抢答后,定时器停止工作,显示器上显示选手的号码和抢答时间,并保持到主持人按复位按钮。

(6) 当设定的时间到,而无人抢答时,本次抢答无效,扬声器发出声音报警,并禁止抢答。定时器上显示"00"。

8.1.2 系统方案设计

抢答器要求同时供 8 名选手或者 8 个代表队比赛,8 个按钮分别用 $S_1 \sim S_8$ 表示;抢答器具有锁存和显示功能,即选手按动按钮,锁存相应的编号,并在 LED 数码管上显示,同时扬声器发出报警声响提示;选手抢答实行优先锁存,优先抢答选手的编号一直保持到系统清除为止。为实现这些功能,可通过单片机读取键盘状态,单片机定时器完成抢答时间计时,在规定的抢答时间内判断抢答键,将抢答键的编号和时间显示在七段数码管上。

系统以 AT89S52 单片机为控制核心,外部扩展数码管、蜂鸣器、发光二极管等器件,构成一个 8 路抢答器。系统由输入开关、声光显示、判别组控制及组号锁存等部分组成,还包括电源部分和振荡器部分,系统原理框图如图 8-1 所示。

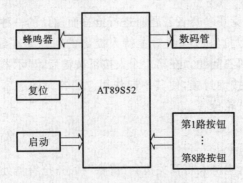

图 8-1 抢答器原理框图

时序控制电路是抢答器设计的关键,它完成以下 3 项功能。

(1) 主持人将控制开关拨到"开始"位置时,指示灯点亮,抢答电路和定时电路进入正常抢答工作状态。

（2）当参赛选手按动抢答键时，数码管显示是第几路选手抢答成功，抢答电路和定时电路停止工作。

（3）当设定的抢答时间到，无人抢答时，"开始"指示灯灭，同时抢答电路和定时电路停止工作。

8.1.3 硬件电路设计

抢答器系统主要由 CPU、显示接口电路、按钮电路、蜂鸣器和复位电路等组成。

利用单片机的延时电路、复位电路、时钟电路、定时中断等，抢答器能实时显示抢答结果。在 AT89S52 单片机的 P2 口接上 8 个开关，用于 8 路抢答；P3.2 口接启动开关，用于主持人控制抢答是否开始；在 RST 脚接复位开关，用于清 0；在 P1.0 口接蜂鸣器，用于开始提示和超时后报警；在 P0 口接 3 个数码管，用于显示倒计时时间和抢答者的编号。由于数码管和蜂鸣器都需要比较大的驱动电流，因此还需要对应的三极管驱动电路。抢答器电路图如图 8-2 所示。

1. CPU 电路

CPU 选用 Atmel 公司推出的 AT89S52，它是一种低功耗、8 位高性能的 CMOS 微控制器，具有 8 KB 在系统可编程 Flash 存储器。AT89S52 使用 Atmel 公司高密度、非易失性存储器技术制造，与工业 80C51 产品指令和引脚完全兼容。也可以采用其他兼容类型的 CPU 型号。AT89S52 在单芯片上拥有灵巧的 8 位 CPU 和在线系统可编程 Flash 存储器，使得其具有以下标准功能：8 KB Flash 存储器、256 B RAM、32 位 I/O 口线、看门狗定时器、2 个数据指针、3 个 16 位定时/计数器、1 个 6 向量 2 级中断结构、全双工串行口和片内晶振及时钟电路。

单片机 AT89S52 是系统控制核心，主要负责控制各个部分协调工作。

2. 按钮输入电路

利用 8 个常开按钮开关 $S_1 \sim S_8$ 和 8 个电阻 $R_1 \sim R_8$ 组成抢答器的输入电路。$S_1 \sim S_8$ 为自复式常开按钮开关，分别作为 8 个抢答按钮，与它相连的 8 个电阻为下拉电阻，以保证按钮未按下时，锁存器的输入端为低电平。当程序执行时，按下按键，七段数码管上即显示相应的是哪个选手按下抢答器。

3. 数码管显示电路

LED 数码管可分为共阳数码管和共阴数码管，根据具体的实际情况，这里使用共阴极数码管。

点亮显示器可采用静态和动态显示两种方法。所谓静态显示，就是当显示器显示某一字符时，相应的发光二极管恒定导通或是截止。例如，七段数码管的 a、b、c、d、e、f 导通，g 截止，则显示"0"。这种显示方式要求每一位都要有 1 个 8 位输出口控制，所占硬件较多，一般用于显示位数较少的场合。当位数较多时，用静态显示所

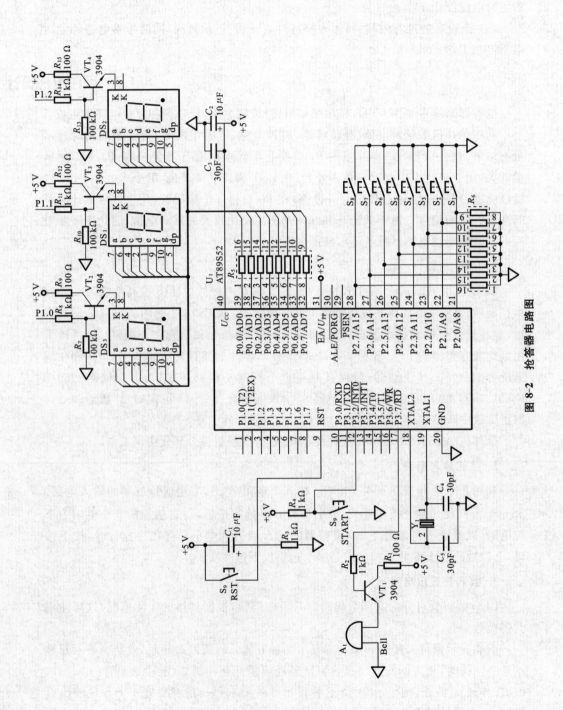

图 8-2　抢答器电路图

需的 I/O 过多,一般采用动态显示方法。

所谓动态显示,就是逐位地轮流点亮各位显示器(扫描),对于每一位显示器而言,每隔一段时间点亮一次。显示器的点亮既与点亮时的导通电流有关,也与点亮时间和间隔时间比例有关。调整电流和时间参数,可以实现亮度较高、较为稳定的显示,同时可减少工作电流。

该部分由 3 个共阳极 LED 数码管和 2 kΩ 的电阻组成,用来显示抢答器信号的具体路数和倒计时时间,数码管的使能端通过三极管接到 P1.0、P1.1 和 P1.2,其余 8 个引脚分别与单片机的 P0 口相连,根据单片机引脚与数码管的连接关系,可以列出显示不同数字的段选码,而准确地输出抢答路数和时间。

4. 电源电路

由于单片机工作时需要+5 V 电压,在设计电源电路时,需要能够提供+5 V 电压的电子元器件,此处采用最典型的 7805 提供电压的电路,即在 7805 的 1 脚和公共接地端(即 2 脚)之间接入 0.47 μF 的电容,在公共接地端和 3 脚+5 V 电压输出端之间接入 0.15 μF 的电容。

5. 复位电路

AT89S52 的复位输入引脚 RST 为 AT89S52 提供了初始化的手段,可以使程序从指定处开始执行。在 AT89S52 的时钟电路工作后,只要 RST 引脚上出现超过 2 个机器周期以上的高电平,即可产生复位的操作。只要 RST 保持高电平,单片机就可循环复位。只有当 RST 由高电平变为低电平以后,AT89S52 才从 0000H 地址开始执行程序。本系统采用按键复位方式的复位电路。

6. 时钟电路

AT89S52 的时钟可以由两种方式产生:一种是内部方式,即利用芯片内部振荡电路的方式;另外一种为外部方式。根据实际需要和为了简便,采用内部方式。AT89S52 内部有一个用于构成振荡器的高增益反相放大器,引脚 XTAL1 和 XTAL2 分别是此放大器的输入端和输出端。这个放大器与作为反馈元器件的片外晶体或陶瓷谐振器一起构成一个自激振荡器。

AT89S52 虽然有内部振荡电路,但要形成时钟,必须外接元器件,以构成振荡时钟电路。外接晶体、电容 C_1 和 C_2 构成并联谐振电路,接在放大器的反馈回路中。对接入电容的值虽然没有严格的要求,但电容的值会影响振荡器频率、振荡器的稳定性、起振的快速性和温度的稳定性。晶体频率可在 1.2 MHz 到 12 MHz 之间任选,电容 C_1 和 C_2 的典型值在 20 pF 至 100 pF 之间选择,考虑到本系统对于外接晶体的频率稳定性要求不高,所以采取比较廉价的 12 MHz 陶瓷谐振器。

8.1.4 系统软件设计

系统软件由主程序、定时中断服务程序和 INT0 中断服务程序组成。主程序由系统初始化和主循环组成,包括验键、违规显示、倒计时等功能子程序组成,系统完成初始化后,循环检查各个功能。当用户使用某个功能时,按下相应的按钮(或开关),单片机进入相应的功能处理状态。主循环完成抢答时间和抢答编号的显示。定时中断服务程序完成对抢答信号的采样和识别处理。

1. 程序流程图

1)主程序流程图

主程序的功能主要是完成内部各寄存单元的初始化、接口电路的初始化、内部定时器的初始化、中断的初始化和调用显示程序对初始状态的显示,以及对外部信号的等待处理,也就是说,完成前期的准备工作,等待随时对外部信号进行响应。当"开始"键按下时,INT0 中断服务程序开始执行,定时器开始 60 s 倒计时,同时也判断是否有抢答键按下,当倒计时时间到或有人抢答时,单片机就进入相应的功能处理状态。主程序流程图如图 8-3 所示。

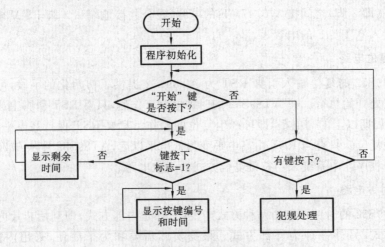

图 8-3 抢答器主程序流程图

2)定时中断服务程序流程图

定时中断服务程序主要完成对抢答键的处理:当主持人按下"开始"键后,在外部中断 INT0 引脚上产生下降沿,INT0 中断服务程序启动定时器中断。在规定的抢答时间内扫描按键,当有按键按下时,获取键值并停止定时器计数。定时中断服务程序流程图如图 8-4 所示。

2. C 语言源程序

```
#include<reg52.h>


#define uchar unsigned char
#define uint unsigned int
```

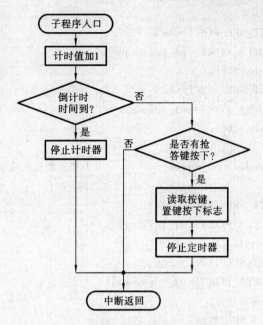

图 8-4 定时中断服务程序流程图

```
# define DATA_PORT P0              //数码管数据口
# define BIT_SEL_PORT P1           //数码管位选口
# define KEY_PORT P2               //抢答键输入口
sbit BEE=P3^7;                      //蜂鸣器控制引脚

uint timer_out=60;                 //定时 60s
uint Count=0;
uint single=0;                     //个位
uint decade=6;                     //十位
uint n;
uint i;

uchar start_flag=0;                //启动抢答标志
uchar ans_flag=0;                  //已抢答标志
uint seg_tab[]={0xc0,0xf9,0xa4,0xb0,0x99,0x92,0x82,0xf8,0x80,0x90};
                                   //七段数码管字形表
void Delay(i)                      //延迟函数
{
    for(;i>0;i--);
}
void Display_time()                //显示抢答时间
```

```
    {
        BIT_SEL_PORT=0x01;
        DATA_PORT=seg_tab[decade];
        Delay(200);
        BIT_SEL_PORT=0x02;
        DATA_PORT=seg_tab[single];
        Delay(200);
    }
    void Display_num_time()              //显示抢答组编号和时间
    {
        BIT_SEL_PORT=0x01;
        DATA_PORT=seg_tab[decade];
        Delay(200);
        BIT_SEL_PORT=0x02;
        DATA_PORT=seg_tab[single];
        Delay(200);
        BIT_SEL_PORT=0x04;
        DATA_PORT=seg_tab[n];
        Delay(200);
    }
    main( )
    {
        EX0=1;                           //开外部中断 INT0
        IT0=1;                           //外部中断方式为下降沿
        TMOD=0x01;                       //定时/计数器 0 工作于模式 1
        TH0=0xd8;
        TL0=0xef;
        ET0=1;                           //开定时/计数器 0 中断,定时 20 ms
        BEE=0;                           //蜂鸣器停止
        EA=1;                            //开总中断

        while(1)
        {
            if(start_flag==0)            //抢答未开始
            {
                if(KEY_PORT ! =0xFF)
                {
                    BEE=1;               //蜂鸣器启动,抢答违规处理
                    while(1);            //进入死循环,按复位键重新启动
```

```
            }
        }
        else                        //抢答开始
        {
            if(ans_flag ！=1)        //无人抢答,显示时间
            Display_time();
            else                    //显示时间和抢答组编号
            Display_num_time();


        }
    }
}
void Interrupt0( ) interrupt 0
{
    BEE=1；                          //提示开始抢答
    Delay(200)；
    Bee=0；
    TR0=1；                          //启动抢答后使能定时器
    start_flag=1；                   //启动抢答标志置位
}
void Timer0( ) interrupt 1
{
    TH0=0xd8；
    TL0=0xef；
    Count++；
    if(Count==50)
    {
        Count=0；
        timer_out--；
    }
    if(timer_out ！=0&&KEY_PORT==0xff)
                                    //如果时间未到且无抢答键按下
    {
        decade=timer_out/10；        //显示当前剩余时间
        single=timer_out%10；
        ans_flag=0；
    }
    if(timer_out==0)                //超时时间到,启动蜂鸣器,停止定时器
    {
```

```
                    BEE=1;
                    EA=0;
            }
            if(timer_out！=0 && KEY_PORT！=0xff)
                                            //如果时间未到且抢答键按下
            {
                switch(KEY_PORT)
                {
                    case 0xfe:n=1;ans_flag=1;EA=0;break;
                    case 0xfd:n=2;ans_flag=1;EA=0;break;
                    case 0xfb:n=3;ans_flag=1;EA=0;break;
                    case 0xf7:n=4;ans_flag=1;EA=0;break;
                    case 0xef:n=5;ans_flag=1;EA=0;break;
                    case 0xdf:n=6;ans_flag=1;EA=0;break;
                    case 0xbf:n=7;ans_flag=1;EA=0;break;
                    case 0x7f:n=8;ans_flag=1;EA=0;break;
                    default:break;
                }
            }
    }
```

8.2 电子琴设计

8.2.1 系统功能要求

（1）组成 4×4(16)个按钮矩阵,可弹出 16 个音。

（2）可随意弹奏想要表达的音乐。

8.2.2 系统硬件设计

电子琴电路原理图如图 8-5 所示。

8.2.3 系统软件设计

1. 4×4 行列式键盘识别

行列式编码键盘接口技术主要用于确定被按键的行、列位置,即键码(值)。常用按键识别方法有行扫描法和线反转法。行扫描法采用步进扫描方式,CPU 通过输出口把一个"步进的 0"逐行加至键盘的行线上,然后通过输入口检查列线的状态,由行线、列线电平状态的组合来确定是否有键按下,并确定被按键所处的行、列位

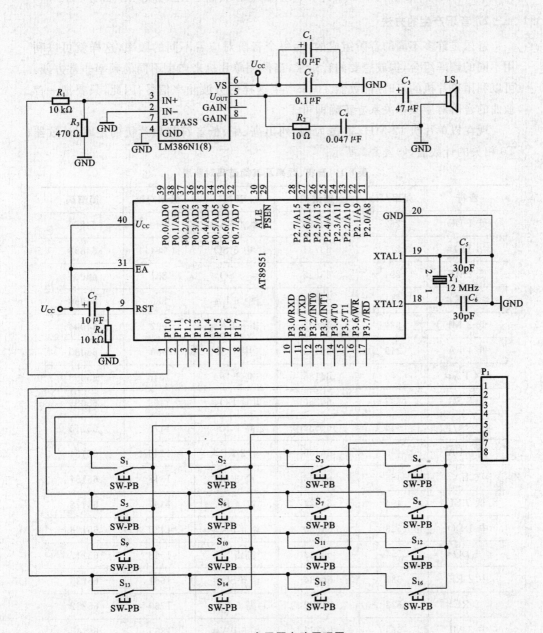

图 8-5 电子琴电路原理图

置。这里采用的是行扫描法,其功能是找到按键的键号,并与音乐的音阶对应起来,按键 $S_1\sim S_{16}$ 对应的是低 3 MI、低 4 FA、低 5 SO、低 6 LA、低 7 SI、中 1 DO、中 2 RE、中 3 MI、中 4 FA、中 5 SO、中 6 LA、中 7 SI、高 1 DO、高 2 RE、高 3 MI、高 4 FA。

2. 音乐产生的方法

音乐是许多不同的音阶组成的,而每个音阶对应着不同的频率,这样就可以利用不同的频率组合,构成想要的音乐了,当然用单片机来产生不同的频率非常方便,可以利用单片机的定时/计数器 T0 来产生这样的方波频率信号,因此,只要把一首歌曲的音阶对应频率关系弄正确即可。

现在以单片机 12 MHz 晶振为例,列出高、中、低音符与单片机的定时/计数器 T0 相关的计数值,如表 8-1 所示。

表 8-1　音符、频率及其简谱码对照表

音符	频率/Hz	简谱码	音符	频率/Hz	简谱码
低 1 DO	262	63628	♯ 4 FA♯	740	64860
♯ 1 DO♯	277	63731	中 5 SO	784	64898
低 2 RE	294	63835	♯ 5 SO♯	831	64934
♯ 2 RE♯	311	63928	中 6 LA	880	64968
低 3 MI	330	64021	♯ 6 LA♯	932	64994
低 4 FA	349	64103	中 7 SI	988	65030
♯ 4 FA♯	370	64185	高 1 DO	1046	65058
低 5 SO	392	64260	♯ 1 DO♯	1109	65085
♯ 5 SO♯	415	64331	高 2 RE	1175	65110
低 6 LA	440	64400	♯ 2 RE♯	1245	65134
♯ 6 LA♯	466	64463	高 3 MI	1318	65157
低 7 SI	494	64524	高 4 FA	1397	65178
中 1 DO	523	64580	♯ 4 FA♯	1480	65198
♯ 1 DO♯	554	64633	高 5 SO	1568	65217
中 2 RE	587	64684	♯ 5 SO♯	1661	65235
♯ 2 RE♯	622	64732	高 6 LA	1760	65252
中 3 MI	659	64777	♯ 6 LA♯	1865	65268
中 4 FA	698	64820	高 7 SI	1967	65283

3. 程序流程图

1）主程序流程图

主程序流程图如图 8-6 所示。

2）中断程序流程图

中断程序流程图如图 8-7 所示。

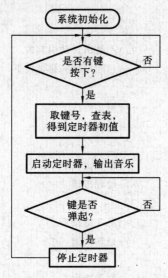
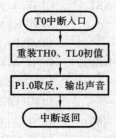

图 8-6　电子琴主程序流程图　　　图8-7　电子琴中断程序流程图

4. 汇编源程序

```
            KEYBUF EQU 30H          ;按键缓冲区
            STH0 EQU 31H            ;定时器初值缓冲区
            STL0 EQU 32H
            TEMP EQU 33H            ;临时变量缓冲区
            ORG 00H
            LJMP START              ;跳转到主程序
            ORG 0BH
            LJMP INT_T0             ;定时器 0 中断服务程序
START：     MOV TMOD,＃01H          ;定时器 0 工作方式 1
            SETB ET0                ;使能定时器 0 中断
            SETB EA                 ;使能全局中断

WAIT：      MOV P1,＃0FFH           ;对键盘进行扫描
            CLR P1.4                ;扫描第 1 行按键
            MOV A,P1                ;读 P1 口
```

```
                    ANL A,#0FH
                    XRL A,#0FH              ;检查键是否按下
                    JZ NOKEY1
                    LCALL DELY10MS          ;有键按下,延迟 10ms 去除抖动
                    MOV A,P1
                    ANL A,#0FH
                    XRL A,#0FH
                    JZ NOKEY1
                    MOV A,P1                ;不是由抖动引起的
                    ANL A,#0FH              ;判断是哪一排键按下
                    CJNE A,#0EH,NK1
                    MOV KEYBUF,#0           ;第 1 键按下
                    LJMP DK1                ;处理按键
        NK1:        CJNE A,#0DH,NK2
                    MOV KEYBUF,#1           ;第 2 键按下
                    LJMP DK1                ;处理按键
        NK2:        CJNE A,#0BH,NK3
                    MOV KEYBUF,#2           ;第 3 键按下
                    LJMP DK1                ;处理按键
        NK3:        CJNE A,#07H,NK4
                    MOV KEYBUF,#3           ;第 4 键按下
                    LJMP DK1                ;处理按键
        NK4:        NOP
        DK1:        MOV A,KEYBUF
                    MOV DPTR,#TABLE
                    MOVC A,@A+DPTR
                    MOV P0,A
                    MOV A,KEYBUF            ;查表获取定时器初值
                    MOV B,#2
                    MUL AB
                    MOV TEMP,A
                    MOV DPTR,#TABLE1
                    MOVC A,@A+DPTR
                    MOV STH0,A              ;获取定时器初值高 8 位
                    MOV TH0,A
                    INC TEMP
                    MOV A,TEMP
                    MOVC A,@A+DPTR
                    MOV STL0,A              ;获取定时器初值高 8 位
```

```
                MOV TL0,A
                SETB TR0                    ;启动定时器
DK1A：          MOV A,P1                    ;等待键弹起
                ANL A,#0FH
                XRL A,#0FH
                JNZ DK1A
                CLR TR0                     ;停止定时器
NOKEY1：        MOV P1,#0FFH                ;第1行键没有按下,继续扫描键盘
                CLR P1.5                    ;扫描第2行
                MOV A,P1
                ANL A,#0FH
                XRL A,#0FH
                JZ NOKEY2
                LCALL DELY10MS              ;延迟去除抖动
                MOV A,P1
                ANL A,#0FH
                XRL A,#0FH
                JZ NOKEY2
                MOV A,P1
                ANL A,#0FH
                CJNE A,#0EH,NK5
                MOV KEYBUF,#4
                LJMP DK2
NK5：           CJNE A,#0DH,NK6
                MOV KEYBUF,#5
                LJMP DK2
NK6：           CJNE A,#0BH,NK7
                MOV KEYBUF,#6
                LJMP DK2
NK7：           CJNE A,#07H,NK8
                MOV KEYBUF,#7
                LJMP DK2
NK8：           NOP
DK2：           MOV A,KEYBUF                ;处理5~8号键
                MOVC A,@A+DPTR
                MOV P0,A
                MOV A,KEYBUF
                MOV B,#2
                MUL AB
```

```
                    MOV TEMP,A
                    MOV DPTR,#TABLE1          ;查表取定时器初值
                    MOVC A,@A+DPTR
                    MOV STH0,A
                    MOV TH0,A
                    INC TEMP
                    MOV A,TEMP
                    MOVC A,@A+DPTR
                    MOV STL0,A
                    MOV TL0,A
                    SETB TR0

DK2A:               MOV A,P1                  ;等待键弹起
                    ANL A,#0FH
                    XRL A,#0FH
                    JNZ DK2A
                    CLR TR0
NOKEY2:             MOV P1,#0FFH              ;第2行无键按下,扫描第3行
                    CLR P1.6
                    MOV A,P1
                    ANL A,#0FH
                    XRL A,#0FH
                    JZ NOKEY3
                    LCALL DELY10MS
                    MOV A,P1
                    ANL A,#0FH
                    XRL A,#0FH
                    JZ NOKEY3
                    MOV A,P1
                    ANL A,#0FH
                    CJNE A,#0EH,NK9           ;获取9~12号键
                    MOV KEYBUF,#8
                    LJMP DK3
NK9:                CJNE A,#0DH,NK10
                    MOV KEYBUF,#9
                    LJMP DK3
NK10:               CJNE A,#0BH,NK11
                    MOV KEYBUF,#10
                    LJMP DK3
```

```
NK11：      CJNE A,#07H,NK12
            MOV KEYBUF,#11
            LJMP DK3
NK12：      NOP
DK3：       MOV A,KEYBUF
            MOV DPTR,#TABLE
            MOVC A,@A+DPTR
            MOV P0,A
            MOV A,KEYBUF
            MOV B,#2
            MUL AB
            MOV TEMP,A
            MOV DPTR,#TABLE1
            MOVC A,@A+DPTR
            MOV STH0,A
            MOV TH0,A
            INC TEMP
            MOV A,TEMP
            MOVC A,@A+DPTR
            MOV STL0,A
            MOV TL0,A
            SETB TR0
DK3A：      MOV A,P1
            ANL A,#0FH
            XRL A,#0FH
            JNZ DK3A
            CLR TR0
NOKEY3：    MOV P1,#0FFH              ;扫描第4行键
            CLR P1.7
            MOV A,P1
            ANL A,#0FH
            XRL A,#0FH
            JZ NOKEY4
            LCALL DELY10MS
            MOV A,P1
            ANL A,#0FH
            XRL A,#0FH
            JZ NOKEY4
            MOV A,P1
```

```
                    ANL A,#0FH
                    CJNE A,#0EH,NK13        ;获取 13～16 号键
                    MOV KEYBUF,#12
                    LJMP DK4
        NK13:       CJNE A,#0DH,NK14
                    MOV KEYBUF,#1
                    LJMP DK4
        NK14:       CJNE A,#0BH,NK15
                    MOV KEYBUF,#14
                    LJMP DK4
        NK15:       CJNE A,#07H,NK16
                    MOV KEYBUF,#15
                    LJMP DK4
        NK16:       NOP
        DK4:        MOV A,KEYBUF
                    MOV DPTR,#TABLE
                    MOVC A,@A+DPTR
                    MOV P0,A
                    MOV A,KEYBUF
                    MOV B,#2
                    MUL AB
                    MOV TEMP,A
                    MOV DPTR,#TABLE1
                    MOVC A,@A+DPTR
                    MOV STH0,A
                    MOV TH0,A
                    INC TEMP
                    MOV A,TEMP
                    MOVC A,@A+DPTR
                    MOV STL0,A
                    MOV TL0,A
                    SETB TR0
        DK4A:       MOV A,P1
                    ANL A,#0FH
                    XRL A,#0FH
                    JNZ DK4A
                    CLR TR0

        NOKEY4:     LJMP WAIT               ;无键按下,返回,重新扫描键盘
```

```
        DELY10MS:              ;延迟 10ms 子程序
        MOV R6,#10
D1:     MOV R7,#248
        DJNZ R7,$
        DJNZ R6,D1
        RET

INT_T0:  MOV TH0,STH0          ;定时器 0 中断服务程序
        MOV TL0,STL0
        CPL P1.0               ;输出固定频率的方波
        RETI

TABLE: DB 3FH,06H,5BH,4FH,66H,6DH,7DH,07H
DB 7FH,6FH,77H,7CH,39H,5EH,79H,71H

TABLE1: DW 64021,64103,64260,64400    ;定时器 0 初值对应的音乐频率表
DW 64524,64580,64684,64777
DW 64820,64898,64968,65030
DW 65058,65110,65157,65178
END
```

5. C 语言源程序

```c
#include <AT89X51.H>
unsigned char code table[]={0x3f,0x06,0x5b,0x4f,0x66,0x6d,0x7d,0x07,
0x7f,0x6f,0x77,
0x7c,0x39,0x5e,0x79,0x71};
unsigned char temp;
unsigned char key;
unsigned char i,j;
unsigned char STH0;
unsigned char STL0;
unsigned int code tab[]={64021,64103,64260,64400,64524,64580,64684,
64777,64820,64898,64968,65030,65058,65110,65157,65178};

void main(void)
{
TMOD=0x01;                      //初始化定时器 0
ET0=1;                          //定时器 0 中断使能
EA=1;                           //开放全局中断
```

```
while(1)
{
P1=0xff;
P1_4=0;                              //扫描第1行键
temp=P1;
temp=temp & 0x0f;
if (temp! =0x0f)                     //有键按下
{
for(i=50;i>0;i--)                    //延迟去除键盘抖动
for(j=200;j>0;j--);
temp=P1;
temp=temp & 0x0f;
if (temp! =0x0f)
{
temp=P1;
temp=temp & 0x0f;
switch(temp)                         //获取键号
{
case 0x0e:
key=0;
break;
case 0x0d:
key=1;
break;
case 0x0b:
key=2;
break;
case 0x07:
key=3;
break;
}
temp=P1;
P1_0=~P1_0;
P0=table[key];
STH0=tab[key]/256;                   //查表得到定时器初值
STL0=tab[key]%256;
TR0=1;                               //使能定时器
temp=temp & 0x0f;
```

```
while(temp!＝0x0f)          //等待键弹起
{
temp＝P1;
temp＝temp & 0x0f;
}
TR0＝0;                      //停止定时器
}
}


P1＝0xff;
P1_5＝0;                     //扫描第 2 行
temp＝P1;
temp＝temp & 0x0f;
if (temp!＝0x0f)
{
for(i＝50;i＞0;i－－)
for(j＝200;j＞0;j－－);
temp＝P1;
temp＝temp & 0x0f;
if (temp!＝0x0f)
{
temp＝P1;
temp＝temp & 0x0f;
switch(temp)
{
case 0x0e:
key＝4;
break;
case 0x0d:
key＝5;
break;
case 0x0b:
key＝6;
break;
case 0x07:
key＝7;
break;
}
temp＝P1;
```

```
P1_0=~P1_0;
P0=table[key];
STH0=tab[key]/256;
STL0=tab[key]%256;
TR0=1;
temp=temp & 0x0f;
while(temp! =0x0f)
{
temp=P1;
temp=temp & 0x0f;
}
TR0=0;
}
}


P1=0xff;
P1_6=0;                          //扫描第3行
temp=P1;
temp=temp & 0x0f;
if (temp! =0x0f)
{
for(i=50;i>0;i--)
for(j=200;j>0;j--)
temp=P1;
temp=temp & 0x0f;
if (temp! =0x0f)
{
temp=P1;
temp=temp & 0x0f;
switch(temp)
{
case 0x0e:
key=8;
break;
case 0x0d:
key=9;
break;
case 0x0b:
key=10;
```

```
break;
case 0x07:
key=11;
break;
}
temp=P1;
P1_0=~P1_0;
P0=table[key];
STH0=tab[key]/256;
STL0=tab[key]%256;
TR0=1;
temp=temp & 0x0f;
while(temp! =0x0f)
{
temp=P1;
temp=temp & 0x0f;
}
TR0=0;
}
}
P1=0xff;
P1_7=0;                    //扫描第4行
temp=P1;
temp=temp 0x0f;
if (temp! =0x0f)
{
for(i=50;i>0;i--)
for(j=200;j>0;j--);
temp=P1;
temp=temp & 0x0f;
if (temp! =0x0f)
{
temp=P1;
temp=temp & 0x0f;
switch(temp)
{
case 0x0e:
key=12;
break;
```

```
                    case 0x0d:
                    key=13;
                    break;
                    case 0x0b:
                    key=14;
                    break;
                    case 0x07:
                    key=15;
                    break;
                    }
                    temp=P1;
                    P1_0=~P1_0;
                    P0=table[key];
                    STH0=tab[key]/256;
                    STL0=tab[key]%256;
                    TR0=1;
                    temp=temp & 0x0f;
                    while(temp! =0x0f)
                    {
                    temp=P1;
                    temp=temp & 0x0f;
                    }
                    TR0=0;
                    }
                    }
                    }
                    }


                    void t0(void) interrupt 1 using 0        //定时器中断服务程序
                    {
                    TH0=STH0;
                    TL0=STL0;
                    P1_0=~P1_0;                              //输出固定频率的方波
                    }
```

8.3　电子密码锁设计

8.3.1　系统功能要求

　　根据设定好的密码,采用 2 个按键实现密码的输入功能。在密码输入正确之后,锁就打开,如果连续 3 次输入的密码不正确,就锁定按键 3 s,同时发现报警声,直到没有按键按下 3 s 后,才打开按键锁定功能;如果在 3 s 内仍有按键按下,就重新锁定按键 3 s 并报警。

8.3.2 系统方案设计

根据系统功能要求,拟定系统硬件电路由单片机、电源电路、时钟电路、复位电路、LED 显示电路、按键输入电路和报警电路等部分组成。电子密码锁原理框图如图 8-8 所示。

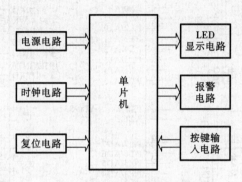

图 8-8 电子密码锁原理框图

8.3.3 系统硬件设计

本系统以 AT89S51 单片机为控制核心,采用 S_2 和 S_3 这 2 个按键完成 5 位密码的输入与确认,LED 显示电路显示输入密码或系统状态。电子密码锁的电路原理图如图 8-9 所示。

8.3.4 系统软件设计

1. 密码的设定

在此程序中,密码是固定在程序存储器 ROM 中的,假设预设的密码为"12345",共 5 位。

2. 密码的输入问题

采用 2 个按键来完成密码的输入与确认,其中一个按键为功能键,另一个按键为数字键。在输入过程中,首先输入密码的长度,接着根据密码的长度输入密码的每一位数,直到密码都输入完毕;或者输入确认功能键之后,才能完成密码的输入过程。进入密码的判断比较处理状态,并给出相应的处理结果。

3. 按键禁止功能

初始化时,是允许按键输入密码的,当有按键按下并开始进入按键识别状态时,

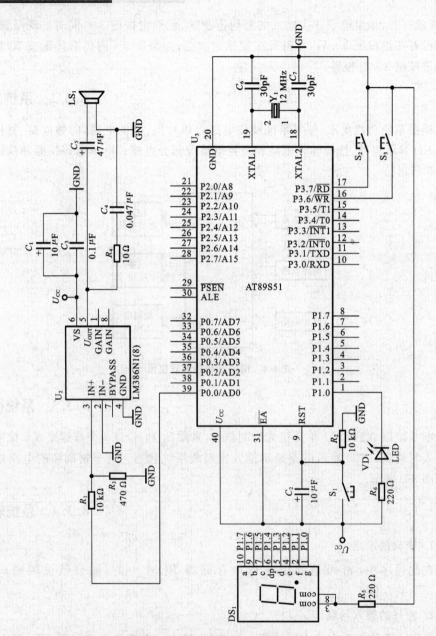

图 8-9　电子密码锁电路原理图

按键禁止功能被激活,但只有在连续 3 次密码输入不正确的情况下,按键禁止功能才启用。

C 语言源程序如下。

```
#include〈AT89X52.H〉
```

```
unsigned char code ps[]={1,2,3,4,5};              //密码
unsigned char code dispcode[]={0x3f,0x06,0x5b,0x4f,0x66,0x6d,0x7d,0x07,
0x7f,0x6f,0x00,0x40};                              //数码管字形编码

unsigned char pslen=9;                            //密码位计数
unsigned char templen;
unsigned char digit;
unsigned char funcount;                           //功能键计数
unsigned char digitcount=0;                        //数码管字形编码编号
unsigned char psbuf[9];                           //密码缓冲数组
bit cmpflag=0;                                    //比较标志
bit hibitflag=0;                                  //比较超时标志
bit errorflag=1;                                  //错误标志置1
bit rightflag=0;                                  //正确标志置0
unsigned int second3;
unsigned int timer_out1;                           //超时计数1
unsigned int timer_out2;                           //超时计数2
bit alarmflag;
unsigned int timer_out3;
unsigned int timer_out4;
bit okflag;
unsigned char oka;
unsigned char okb;

void main(void)
{

    unsigned char i,j;
    P2=dispcode[digitcount];
    TMOD=0x01;
    TH0=(65536-500)/256;
    TL0=(65536-500)%256;
    TR0=1;
    ET0=1;                                        //启动定时器
    EA=1;                                         //使能全局中断

    while(1)
    {
        if(cmpflag==0)
```

```
{
    if(P3_6==0)                      //S3 功能键按下
    {
for(i=10;i>0;i--)
for(j=248;j>0;j--);
if(P3_6==0)                          //延迟一段时间消除按键抖动
  {
    if(hibitflag==0)
    {
    funcount++;                      //功能键计数加 1
    if(funcount==pslen+2)            //功能键按下次数等于设定位
                                       数加 2
        {
            funcount=0;
            cmpflag=1;               //停止输入密码,比较密码位
            }
                P2=dispcode[funcount];    //显示功能编号
    }
        else
        {
            second3=0;
        }
        while(P3_6==0);              //等待按键弹起
    }
}


if(P3_7==0)                          //数字键按下
{
    for(i=10;i>0;i--)
    for(j=248;j>0;j--);
    if(P3_7==0)                      //延迟一段时间消除按键抖动
    {
        if(hibitflag==0)
        {
                digitcount++;
                if(digitcount==10)
                {
                        digitcount=0;
                }
```

```
            P2＝dispcode[digitcount];   //显示数字编号
            if(funcount＝＝1)              //第一次按下功能键
            {
                pslen＝digitcount;
                    //获取密码的位数,最长密码长度为 9 位
                templen＝pslen;
            }
            else if(funcount＞1)      //暂存密码位对应的密码
            {
                psbuf[funcount-2]＝digitcount;
            }
        }
        else
        {
            second3＝0;   //3s 延迟开始计时
        }
        while(P3_7＝＝0);
    }
}
else
{
    cmpflag＝0;
    for(i＝0;i＜pslen;i＋＋)        //比较密码位
    {
        if(ps[i]！＝psbuf[i])    //是否全部相同
        {
            hibitflag＝1;
            i＝pslen;
            errorflag＝1;
            rightflag＝0;
            cmpflag＝0;
            second3＝0;
            goto a;              //如果不相同,则重新开始输入
        }
    }
    timer_out3＝0;
    errorflag＝0;
    rightflag＝1;
```

```
            hibitflag=0;
        a: cmpflag=0;
        }
    }
}


void timer0_isr(void) interrupt 1 using 0
{
        TH0=(65536-500)/256;
        TL0=(65536-500)%256;

        if((errorflag==1) && (rightflag==0))
        {
            timer_out2++;
            if(timer_out2==800)
            {

                    timer_out2=0;
                    alarmflag=~alarmflag;
            }
            if(alarmflag==1)                //声音提示
            {
                    P0_0=~P0_0;
            }


            timer_out1++;
            if(timer_out1==800)             //LED 闪烁提示
            {
                    timer_out1=0;
                    P1_0=~P1_0;
            }
            second3++;
            if(second3==6400)
                    //超过 3s 无按键按下,状态标志复位,重新开始输入
                {
                    second3=0;
                    hibitflag=0;
                    errorflag=0;
                    rightflag=0;
```

```
                cmpflag=0;
                P1_0=1;                    //LED灭,表示密码未通过
                alarmflag=0;
                timer_out2=0;
                timer_out1=0;
            }
        }
        if((errorflag==0) && (rightflag==1))
        {
            P1_0=0;                        //LED亮,表示密码通过
            timer_out3++;
            if(timer_out3<1000)
            {
                okflag=1;
            }
            else if(timer_out3<2000)
            {
                okflag=0;
            }
            else
            {
            errorflag=0;
            rightflag=0;
            hibitflag=0;
            cmpflag=0;
            P1_0=1;
            timer_out3=0;
            oka=0;
            okb=0;
            okflag=0;
            P0_0=1;
            }
        }
        if(okflag==1)
        {
            oka++;
            if(oka==2)
            {
                oka=0;
                P0_0=~P0_0;                 //声音提示,密码通过
```

```
            }
        }
    else
        {
            okb++;
            if(okb==3)
            {
                okb=0;
                P0_0=~P0_0;
            }
        }
    }
}
```

练习题

8-1 用单片机的 P1.0 输出 1 kHz 和 500 Hz 的音频信号驱动扬声器,以此音频信号作为报警信号。要求 1 kHz 信号响 100 ms,500 Hz 信号响 200 ms,交替进行,P1.7 接开关进行控制,当开关合上时,响报警信号,当开关断开时,报警信号停止。编出程序。

8-2 利用单片机完成计时秒表设计。要求采用 4 个七段数码管显示,可显示当前分和秒。秒表启动和停止通过 1 个键完成。单片机复位时显示 00.00,当按下键时启动秒表,再次按下时计时停止。给出硬件原理图和软件设计,软件采用汇编或者 C 语言编写。

8-3 利用单片机 T0、T1 的定时/计数器功能实现 6 位显频率计数器。对输入的 TTL 方波信号进行频率计数,计数的频率结果通过 6 位动态数码管显示出来。要求能够对 0~250 kHz 的信号频率进行准确计数,计数误差不超过 ±1 Hz。给出硬件原理图和软件设计。

8-4 利用单片机和 ADC0809 设计一个数字电压表,能够测量 0~5 V 的直流电压值,采用 4 位数码显示,要求使用的元器件数目尽可能少。

9 单片机应用系统的电磁兼容性问题

本章阐述电磁兼容的基本概念、工作原理及常见的电磁兼容性问题，重点介绍消除地电位不均匀、处理接地散热器、电源滤波等提高电磁兼容性的措施及控制噪声的方法，介绍接地的基本概念、原理模型、控制方法与应用设计。

单片机系统广泛应用于日常生活、工作中，其运行稳定、可靠是必须考虑的问题。单片机系统的稳定性在很大程度上取决于系统的电磁兼容性。因此，系统的电磁兼容设计应贯穿于单片机应用系统设计的始终。

9.1 电磁兼容的基本概念

电磁兼容(electromagnetic compatibility，EMC)，是指设备、分系统、系统在共同的电磁环境中能一起执行各自功能的共存状态，即该设备、分系统、系统不会由于受到处于同一电磁环境中其他设备的电磁发射导致或遭受不允许的性能降低，也不会使同一电磁环境中其他设备、分系统、系统因受其电磁发射而导致或遭受不允许的性能降低。

国家标准 GB/T 4365—1995《电磁术语》中的定义为：设备或系统在其电磁环境中能正常工作且不对该环境中任何事物构成不能承受的电磁骚扰的能力。

美国电气电子工程师协会(IEEE)的定义为：一个装置能在其所处的电磁环境中满意地工作，同时又不向该环境及同一环境中的其他装置排放超过允许范围的电磁扰动。

国际电工技术委员会(IEC)的定义为：电磁兼容是设备的一种能力，它在其电磁环境中能完成它的功能,而不至于在其环境中产生不允许的干扰。

电磁兼容包括电磁干扰(electromagnetic interference,EMI)及电磁耐受性(electromagnetic susceptibility,EMS)两部分。电磁干扰是指机器本身在执行应有功能的过程中所产生不利于其他系统的电磁噪声;电磁耐受性是指机器在执行应有功能的过程中不受周围电磁环境影响的能力。

电磁干扰有传导干扰和辐射干扰两种。传导干扰是指通过导电介质把一个电网络上的信号耦合(干扰)到另一个电网络。辐射干扰是指干扰源通过空间把其信号耦合(干扰)到另一个电网络。在高速印刷电路板及系统设计中,高频信号线、集成电路的引脚、各类接插件等都可能成为具有天线特性的辐射干扰源,能发射电磁波并影响其他系统或本系统内其他子系统的正常工作。

电磁干扰,即电磁兼容性不足,干扰的本质是缺乏兼容性。电磁干扰是破坏性电磁能从一个电子设备通过辐射或传导到另一个电子设备的过程。一般来说,电磁干扰特指射频信号(RF),但电磁干扰可以在所有频率范围内发生。射频,一个用于通信目的的连续电磁辐射的频率范围——一般来说就是从 10 kHz 到 100 GHz。这个能量可能是电子设备运行时的副产物,射频主要通过两种模式传送。

(1) 辐射发射(radiated emissions,RE)　射频能量通过电磁场媒介传播。尽管射频能量经常通过自由空间传播,但也可通过其他形式传播。

(2) 传导发射(conducted emissions,CE)　射频能量通过发射形成传播波,它一般通过电线或内部连接电缆来传播。LCI(线路传导干扰)是指电流或交流干线的输入电缆中的射频能量。传导信号是以传导波形式传播的。

敏感度(susceptibility),即设备或系统受电磁干扰而被中断或破坏的趋势的估量。它是由抗干扰性不足引起的。

抗干扰性(immunity),即设备或系统在保持预先设定的运行等级时抵抗电磁干扰能力的估量。

静电放电(ESD),即有着不同静电电压的物体在靠近或者直接接触时引发的静电电荷转移。这个现象可以视为可能导致敏感设备被破坏或功能受损的高电压脉冲。尽管闪电也是高电压脉冲,但静电放电一般是指安培数较小的,特别是人为引起的事件。为了讨论方便,闪电也被包含在静电放电的种类中,因为虽然它们的数量级不同,但它们的防护措施却很相似。

抗辐射干扰性(radiated immunity),即产品抵抗来自自由空间电磁能的相对能力。

抗传导干扰性(conducted immunity),即产品抵抗来自外部电缆、输电线和 I/O 连接器的电磁能量的相对能力。

密封(containment),即通过将产品用金属封套屏蔽(如法拉第笼或高斯结构),或者用一个涂有射频导电漆的塑料外壳屏蔽,从而阻止射频能量漏出封壳的处理方法。因此,密封也被理解为阻止射频能量进入封壳的过程。

抑制(suppression),即减少或消除存在的射频能量的过程,抑制可包含屏蔽和过滤。

9.2　电磁兼容的基本原理

1. 电磁兼容性的含义

电磁兼容性是电子、电气设备或系统在预期的电磁环境中,按设计要求正常工作的能力。它是电子、电气设备或系统的一种重要的技术性能,包括两方面的含义。

(1)设备或系统应具有抵抗给定电磁干扰的能力,并且有一定的安全裕量。

(2)设备或系统不产生超过规定限度的电磁干扰。

电子装置在运作期间所产生的电磁力不会干扰其他装置的正常运作性能时,称这些装置具电磁兼容性。

2. 电磁兼容的标准

电磁兼容的标准归纳为三个方面:

(1) 对其他系统不产生干扰;

(2) 对其他系统的发射不敏感;

(3) 对系统本身不产生干扰。

从电磁兼容性的观点出发,电子设备或系统可分为兼容、不兼容和临界状态三种状态。

$$IM = Pi - Ps \tag{9-1}$$

式中:IM——电磁干扰裕量;

　　Pi——干扰电平;

　　Ps——敏感度门限电平。

当 Pi>Ps,即干扰电平高于敏感度门限电平时,IM>0,表示有潜在干扰,设备或系统处于不兼容状态;当 Pi<Ps,即干扰电平低于敏感度门限电平时,IM<0,表示设备或系统处于兼容状态;当 Pi=Ps,即干扰电平等于敏感度门限电平时,IM=0,表示设备或系统处于临界状态。

9.2.1　常见的电磁兼容性问题

常见的电磁兼容性问题主要包括规范、射频干扰、静电放电、电力干扰和自兼容性五个方面。

1. 规范

规范主要来自对重要通信服务保护和民用与商用对电子产品的要求。没有规范,人们将生活在充满电磁干扰的环境里,并且只有一部分电子设备能正常工作。

规范不仅控制发射也控制敏感性和抗干扰性,欧洲在抗干扰性测试上处于领先地位。

2. 射频干扰

由于无线电发射机的增多,射频干扰给电子系统造成了很大的威胁。蜂窝电话、手持电话等无线设备现在非常普遍,而造成有害的干扰并不需要很大的发射功率。在很多国家,避免射频干扰损坏其他设备在法律上有强制性的规定。

3. 静电放电

电子元器件在很小尺寸的 IC 上已经变得非常密集,高速、数以百万计的晶体管微处理器灵敏性很高,很容易受到外界静电放电影响而导致损坏。静电放电可以由直接或辐射的方式引起。直接接触的静电放电一般引起设备永久性的损坏,或者造成潜在的隐患,从而在以后的某个时刻引发永久性的损坏。辐射引起的静电放电可能引起设备紊乱,导致工作不正常,但不会损坏系统。

为了符合欧盟的电磁兼容标准,要在抗干扰性的要求下处理静电放电问题。目前,世界上大多数制造商都意识到了这个问题,并且都将抑制和规划技术应用到了产品中,以保证在这一领域不会出现问题。

4. 电力干扰

随着越来越多的电子设备接入电力主干网,潜在的干扰出现了。这些问题包括电力线干扰、电快速瞬变、电涌、电压变化等。老的产品和供电系统一般不受这些干扰的影响,而对于新的高频开关电源来说,这些干扰变得显著起来,因为开关元件一般在电压波形的波峰消耗能量,而不是在整个波形都消耗能量。

模拟和数字设备对电力线的干扰反应不尽相同。数字电路会被电力系统的尖峰信号所影响。模拟器件需要工作在一定的电平上。当干扰引起系统电源参考电平发生变化时,该器件正常工作所需要的电平可能受到影响。

电力线谐波已经成为一个主要的问题。非线性负载在周期的峰值处而不是整个正弦波期间消耗交流电源的能量,这个变化的负载产生谐波和波形失真,从而影响电力配送网。例如,对于 230 V、50 Hz 的交流电系统,经常可以发现 150 Hz 的三次谐波,并在这些高频上消耗不同的输入电流值。

5. 自兼容性

自兼容性是一个经常被忽视的问题,数字部分或电路可能干扰模拟设备。系统设计者了解了这些问题之后,在电磁干扰出现时就会有应对措施了。增强对这个问题的认识,可避免内部系统故障的发生,将减少成本并使系统更加可靠。

9.2.2 电磁环境特性

电磁环境是指存在于给定场所的所有电磁现象的总和,是元器件、设备、分系统、系统在执行规定任务时可能遇到的辐射发射或传导发射电平在不同频率范围内功率与时间的分布。

一个产品必须在一个和其他电子设备兼容的特定环境中运行。设计一个能够通过法规要求的电磁干扰测试产品是不容易的,当一个电磁干扰问题出现时,工程师应该符合逻辑地进行情况分析。一个简单的电磁干扰模型包括 3 个要素:

(1) 必须有能量源(干扰源),指产生电磁干扰的任何元器件、设备或自然现象;

(2) 必须有接收器,并且当电磁干扰强度超过允许的界限时,能量源会使该接收器发生紊乱;

(3) 在接收器和能量源之间必须有提供那些不希望有的能量传输的耦合路径。

干扰源就是产生原始波形的激发源,第 2 个和第 3 个要素趋向于采用密封技术处理。只有上述 3 个要素同时存在时干扰才存在,如果 3 个要素中的 1 个不存在,就没有干扰。因此,设计者的任务就是决定哪一个要素是最容易消除的。一般来说,设计印刷电路板来消除大多数射频干扰源是最经济的途径。

9.2.3　噪声耦合路径

设计电子产品时必须考虑两种性能:一个是减小泄露出外壳的射频能量(辐射),另一个是减小进入外壳的射频能量(敏感性或抗扰性)。辐射和抗扰性都要通过辐射或传导的途径传播,如图 9-1 所示。

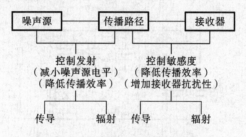

图 9-1　噪声耦合路径示意图

噪声传播路径包括了多种传播机制,除了图 9-1 所示的之外还包括:

(1) 从源到接收器的直接辐射;

(2) 从源到辐射干扰接收器的 AC 电缆和信号/控制电缆的直接射频能量;

(3) 通过交流干线、信号电缆或者控制电缆的射频能量传播;

(4) 通过普通电力线或普通信号/控制电缆的射频能量传播。

相应地,还有 4 种传输机制,这 4 种机制如下。

1. 传导耦合

传导耦合是一种共阻抗耦合。当噪声源和敏感电路通过公共阻抗连接时,就会发生这种耦合,2 个连接的最小化是必需的。这是因为噪声电流必须从源流到负载并流回到源。每个环路的电流都必须流经电源子系统内的公共阻抗及公共互连线,所有这些都是由共享的金属连接引起的,如图 9-2 所示。

2. 磁场耦合

当一个电流回路产生的一部分磁通量经过另一个电流路径形成的第 2 个回路时,就会出现磁场耦合。磁通量耦合由 2 个回路之间的互感系数表示,第 2 个回路感应形成的噪声电压为 $U_2 = M_{12}\dfrac{\mathrm{d}I_1}{\mathrm{d}t}$,其中 M_{12} 是互感系数,而 $\mathrm{d}I_1/\mathrm{d}t$ 是路径上的电流变化的速率,磁通量耦合如图 9-3 所示。

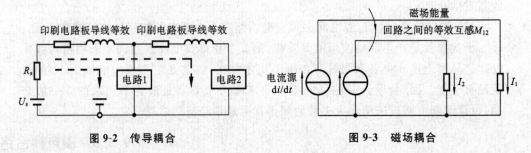

图 9-2 传导耦合   图 9-3 磁场耦合

3. 电场耦合

电场耦合在低阻抗电路中产生。它的影响相对于其他可能出现的耦合来说要小得多。在一个电路中,如果高阻抗 Z_S 和 Z_L 并联,如图 9-4 所示,就会出现互电容。

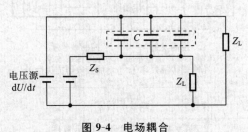

图 9-4 电场耦合

如果一个电路产生的电通量的一部分在另一个电路的导体处结束,就会出现电容耦合。2 个电路的电通量耦合可以用互电容来表示,流进其中一个敏感电路的噪声电流近似为 $I = C\dfrac{\mathrm{d}U}{\mathrm{d}t}$。

4. 电磁场耦合

电磁场耦合是电场和磁场同时影响电路的结合。根据源和接收器的距离,电场(E)和磁场(H)影响可能不同,取决于是在近场还是远场。这是可以观察到的最普遍的干扰能量传输机制。

当处理辐射发射问题时,最普遍的规则是:频率越高,辐射耦合的效率就越高。频率越低,传导路径的效率就越高。系统中耦合的概率为"1",耦合的程度取决于频率。

最常见的噪声耦合方式是通过导体、电线或印刷电路板走线。这种导体可以从"肇事"设备中截取射频噪声,并将噪声传送给"受害"电路,阻止这种干扰传输发生的最简单的方法就是消除有害线路的噪声,或者是阻止"受害"线路接收射频能量。

9.2.4 印刷电路板走线的天线效应

印刷电路板可以通过自由空间像天线一样发射射频能量或通过电缆耦合射频能量。天线是射频通信中有效的、必不可少的部分。可以用天线完成有意的辐射,而大部分印刷电路板是无意的辐射器,并且由国际电磁兼容标准来规范,除非是设计上要求其作为一个发射机。发射机也受到管理要求的约束,如果印刷电路板是一个高效的无意辐射器,且抑制技术也无效,就必须采用密封措施。

无论是有意的辐射还是无意的辐射,天线效率都是频率的函数。当天线由电压源驱动时,它的阻抗会有显著的变化;而当天线共振时,它呈高阻抗并且通常呈电抗特性。阻抗方程($Z=R+j\omega L$)中电阻部分 R 称为辐射电阻。辐射电阻是天线在特定频率辐射射频能量的衡量标准。

在一个特定的频谱上,大部分天线都是高效的辐射体。这些频率基本上低于200 MHz,因为 I/O 电缆长为 2~3 m,与波长相比,有时电缆线是长线情况。在较高的频域内,由于外壳上有小孔,通常可以观测到直接从设备单元内发出的显著的辐射。

当能确定哪里存在天线辐射时,就像在共模式电缆中的辐射一样,减小驱动电压是能应用的最简单的抑制技术。射频电压是由以下几个因素形成的:

(1) 电路走线阻抗(来自引线电感);

(2) 接地点(均匀电势的一点);

(3) 用以降低无意天线驱动电压的接地旁路和屏蔽。

图 9-5 所示的为天线示意图,天线呈现随频率变化而变化的阻抗特性。共振时,电抗元件 L 和 C 相互抵消,此时,辐射阻抗最大,射频能量被辐射出去。

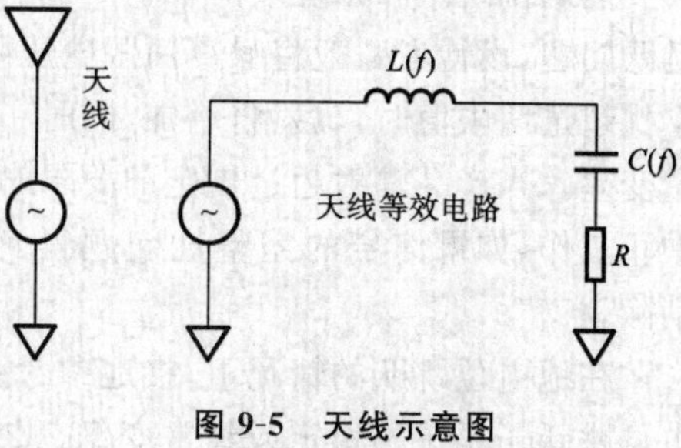

为了减少存在于印刷电路板中的无用寄生天线所造成的影响,需要进行电磁兼容设计和应用抑制技术。除了抑制射频发射外,在布局上建立一个良好的接地系统,选择适当的射频滤波器也可以减少无用的射频信号。

图 9-5 天线示意图

9.2.5 系统内部电磁干扰产生的原因

对于应用系统来说,系统内部的干扰源主要来自印刷电路板及布线,主要表现在以下几个方面。

（1）系统封装不当使用（金属与塑料封装），对于封装形式，表面安装器件的辐射效应小于 DIP 封装器件的。

（2）设计不佳，完成质量不高，走线过长，电缆与接头的连接不良。

（3）错误的电路布局布线，主要包括：① 时钟和周期信号走线设定；② 印刷电路板的分层排列及信号布线层的设置；③ 对于带有高频射频能量分布成分的选择；④ 共模与差模滤波；⑤ 接地环路；⑥ 旁路和去耦不足。

系统内部抑制电磁干扰的技术措施包括屏蔽、接地、滤波、去耦、合理布局布线、绝缘与分离、电路阻抗匹配控制、I/O 内部互连设计和元器件内部的印刷电路板抑制技术。

9.3 提高电磁兼容性的措施

随着科学技术的发展，越来越多的电气和电子设备进入社会各领域，它推动了社会的进步。但不容忽视的是，伴随电气和电子设备应用而产生的电磁干扰问题，悄悄地给人们带来了无穷的烦恼。这种干扰问题往往是不易觉察的，比如，一台计算机运行到某一点时突然死机，人们总是认为这是软件质量或者是病毒引起的，而不会考虑到电磁兼容性问题。因此提高系统的电磁兼容性是设计者必须完成的任务。

9.3.1 消除地电位不均匀

和数字器件射频辐射的发展相联系的一个主要的方面是地电位跳跃。当集成电路块内部驱动同时开关时，地电位跳跃会导致射频噪声的产生。

地电位跳跃和系统级的辐射之间存在定性的关系。对于 0 V 到峰值的地电位跳跃问题，设计者一般将噪声门限电压限制在 500 mV 以下。当地电位跳跃的低频干扰超过门限值时，辐射将增加，同时布线网络中的元器件将错误地触发，使信号质量变差。当产品辐射超过规定的要求时，地电位跳跃难以解决。有时元器件会适时中止工作，如果信号的完整性问题得到解决，则电磁干扰的相关问题将被减少或消除。

在地电位跳跃的情况下，接地参考系统电压并不是恒定的 0 V 参考值。如果地电位跳跃子系统不稳定或经常变化，那么元器件块中的晶体管就不能正确地感知有效信号。

地电位跳跃的产生也与逻辑门从一个状态转换到另一个状态有关。一个门的 N 和 P 晶体管同时打开，那么系统的电源层和接地层之间就会有电流流动。这种电流对电源分配网络有额外的要求，使其达不到最佳性能的要求。在 TTL 结构中，典型的地电位跳跃最主要的产生源是负载电容通过逻辑门向参考地放电。

开关元件要求驱动电流几乎是瞬时的改变,元器件的引线电感、路径电感和其他的寄生电感会导致这一瞬时驱动电流的产生。电源供应部件不能吸收瞬时改变的电流。结果,在元器件的地线、电源线和连接头之间产生电压差。在元器件的电源和接地结构中,地电位跳跃将以噪声的形式出现。在这种情况下,可以发现噪声容限降低了,这可以引起对电压敏感的线路的错误触发。从功能的观点看,低逻辑状态的噪声容限通常比高逻辑状态的噪声容限小。因此,低逻辑状态与系统级的功能性关系更加密切。

在系统中,地电位跳跃电压的测量值比输出信号电压小。地电位不均匀并不经常影响信号的传输,但是,它会干扰负载对信号的接收。

当地电位发生跳跃时,其波形图如图 9-6 所示。加载到电路中的电荷导致了共模电压的产生。正是这种共模电压引起了射频辐射。由于不能消除逻辑状态转换时的转移电荷,因此必须限制射频尖峰电流的幅度。用一个很低阻抗的路径连接线路中的电源和接地结构,这样就能达到最好的效果。

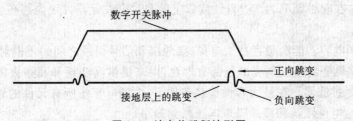

图 9-6　地电位跳跃波形图

作为来自电源分配网络中的强电流,在下列情况下,地电位跳跃将变得更糟糕:
(1) 容性负载增加;
(2) 负载电阻减小;
(3) 引线和走线电感增加;
(4) 多个门器件同时切换。

现在有很多通用的技术可以消除地电位不均匀,降低输出的转换时间是一个很好的方法。除了硅片内部的串联电阻外,现在已经可以提供具有时钟偏差电路的器件,以减小边沿速率。如果引线均匀地分布于元器件中,以便减小引线电感,那么这是可以接受的。

设计电路时,每个接地引线都应该单独地直接连接到地平面上。将两个接地终端连接在一起,并通过一条线路连接到同一个接地点,这将破坏接地引线的独立性。

其他将地电位不均匀降到最小的方法有如下几种。
(1) 负载控制——减小电容,增加电阻。
(2) 布线——要最大限度地减小电路布线时电源和接地的电感,而不仅仅是减小输出信号线路的电感。
(3) 元器件封装——使用接地参考引线在元器件中心的元器件来替代接地参

考引线在拐角处的元器件。

9.3.2 接地散热器的处理

当系统使用内部时钟频率不小于 75 MHz 的大规模集成电路处理器时,就有必要采用接地散热器。

芯片制造的新工艺使人们很容易在一块盘片上紧密安放超过 100 万个晶体管元件,一些元器件消耗的直流功率达到 15 W 或者更大,这些都需要单独进行冷却处理,或内置散热器风扇。由于在设计中越来越多地利用到这些高功率的处理器,因此,就必须有一些特殊的设计技术来解决电磁干扰问题和散热问题。

在热力学领域研究散热器的作用,可以看到,处理器内部产生的热量是必须要消除的。在射频领域中,有一种热导体可进行恰当的热处理和使用散热器。这种热导体化合物通常是不导电的,这种热导体具有将热量从元器件传导至散热器的良好特性。在射频频率范围内研究金属散热器,可以发现以下这些特性。

(1)工作在时钟频率为 75 MHz 或以上的晶片会在元器件块内部产生大量的共模射频电流。

(2)去耦电容器能消除存在于电源、接地层和信号引线之间的差模射频电流。

(3)一些陶瓷封装在外壳的顶部有焊盘,用来提供高功耗和高频去耦所要求的附加差模电源过滤器。在最大容性负载条件下,去耦电容使所有元件的管脚同时开关所产生的地电位跳跃和接地噪声电压减到最小。

(4)散热器产生的共模耦合使得这个从热力学角度所要求的部件变成了一个单极天线,用于将射频能量辐射到自由空间。

使用金属散热器与在产品中放置一个单纯的天线将整个时钟谐波辐射出去的作用是一样的,为了激励天线,散热器必须接地。

散热器必须通过所有 4 个侧面的金属连线与 0 V 参考地电位相连,如图 9-7 所示,图中展示了一项专门用于散热器接地的技术。

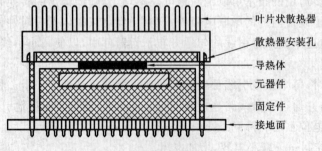

叶片状散热器
散热器安装孔
导热体
元器件
固定件
接地面

图 9-7　接地散热器示意图

如果元器件的陶瓷封装顶部都有差模电容器,那么散热器一般和这个差模电容器及位于系统板元器件下面的标准差模电容器结合使用。差模去耦电容直接连在电源和接地层之间,以消除这些层产生的开关噪声。

接地散热器必须一直处于地电位,有源元器件则总是处于射频电位。这两个大极板之间的热敏混合物是不导电的介质绝缘体,这就构成了一个电容器。该共模电容器将处理器所产生的射频电流分流至接地面。

要使用接地散热器就必须有:一个用于消除封装内部产生的热量的热器件,一个用于防止处理器内部时钟脉冲电路产生的视频能量辐射至自由空间或耦合到相邻电路的法拉第屏蔽,一个用于消除在封装芯片内通过芯片与地之间的交流耦合射频能量而直接产生的共模射频电流的共模去耦电容器。

若系统中采用接地散热器,在每个接地连接点均要有两组并联的去耦电容器(0.1 μF 与 0.001 μF 并联、0.01 μF 与 100 pF 并联),并可以交替使用。

9.3.3 时钟的电源滤波方法

振荡器是辐射源之一,其输出的周期性波形沿电路传递到负载。在某些情况下,时钟产生电路会将射频电流注入印刷电路板的走线中。除地电位跳跃外,它是去耦或电源抗干扰性不良的产物。如果振荡器处于噪声环境中,则还需要附加的电源滤波器。而滤波器的数目取决于要把电源抖动减小多少。电源抖动是指由于机械振动、电源电压波动及控制系统不稳定而导致信号波形中出现的小的、快速的变化。时钟抖动是指时钟输出与理想条件下的输出相偏离。试图确定抖动减小的精确值几乎是不可能的,原因如下。

(1) 不同制造商生产的振荡器对电源有不同的要求,并且实际的边沿速率也不一样。虽然振荡器可能有相同的谐振频率,但非所有的振荡器都有相同的交流或者直流特性。

(2) 通常,抖动特性并没有在振荡器的应用手册中给出,每个振荡器制造商都有不同的抖动特性要求。

(3) 使用不同品牌的集成电路时,系统中的射频噪声也不同。

为了减小电位跳跃和电源噪声的影响,要采用滤波器电路,这些电路在 20 MHz 的频率范围内衰减量最大可以达到 20 dB。在设计的时候,必须将滤波器尽可能地靠近振荡器的电源输入引线,以最大限度地减小射频环路电流。振荡器可能引起与振荡频率有关的电流环路辐射。在设计时钟电源时,有 2 种方法可以提供电源滤波,如图 9-8 所示。

1. 使用 RLC 电路

如图 9-8(a)所示,采用滤波方案,大的电感或者电容值将会增加滤波器在低频时的衰减能力。对任何电感 L 和电容 C 的组合而言,要取得 20 dB 的衰减,可用式(9-2)来计算:

$$f = \frac{3.2}{\sqrt{LC}}$$

(9-2)

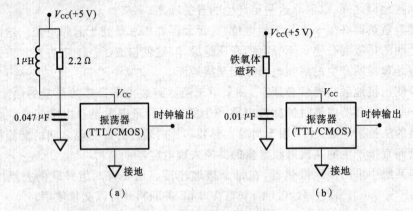

图 9-8 时钟电源滤波模型

式中：f——频率，单位为 Hz。

若该 LC 电路发生谐振，则需要降低该电路的 Q（品质因素，它表示谐振电路的损耗程度）值。这要通过电阻器来实现。该电阻可以防止谐振的发生，其大小可以通过式（9-3）来计算：

$$R = 0.5\sqrt{\frac{L}{C}} \tag{9-3}$$

式中：R——电阻，单位为 Ω。

2. 采用铁氧体磁环和电容器的组合电路

如图 9-8（b）所示，在直流时，引线上的磁环提供了低电感，因此采用铁氧体磁环和电容器的组合就可以不用电阻。目前，由于振荡器或时钟产生电路的工作频率多在 10 MHz 以上，故应阻止射频能量进入系统的主要电源分配网络和影响其他的有用电路，此处的电容仅仅只能提供去耦功能，为振荡器电路的电源进行充电。这种滤波器组合电路可最大限度地减小峰值功率消耗，并消除振荡器外壳所产生的射频能量影响整个电源分配电路的可能性。

9.3.4 集成电路的辐射

目前，电子元器件，如微处理器、数字信号处理器、ASIC（特殊应用集成电路）等，已成为电磁噪声的主要来源。随着时钟频率的增加，电磁干扰问题变得更加突出。

一些元器件制造商并不优先考虑电磁兼容问题，最终使用户担负起解决电磁辐射、接地噪声及地电位不均匀问题的责任，然而，不同的元器件制造商生产的产品不同，其中有些产品可能在样式或者功能上是兼容的。如果不兼容，电路就必须注意以下几点：

（1）保持较短的引线长度（减小输出回路的面积）；

（2）使时钟信号远离 I/O 电路和线路（防止耦合）；

（3）通过串联阻抗（电阻器或者铁氧体磁环）提高时钟电路的输出阻抗。

为彻底解决不兼容的问题，应用开发人员必须提高工艺水平，这样可以满足更高的速率要求。在决定如何实施一种方案的过程中，设计方法和成本预算起着重要的作用。并且设计人员必须采用特殊的工具与仿真程序对辐射进行仿真分析，这就要求设计人员必须找到一个合适的模型来反映集成电路的参数和合适的激励信号。

当前，许多公司为电路的辐射分析而进行各种有关的仿真与建模。这些辐射一般都是共模类型的，建模比较困难，相比而言，差模则易于进行仿真和建模。

元器件的辐射可以通过以下技术得以降低：

（1）缩小封装的外观尺寸，降低天线效应，即减小天线的辐射面积；

（2）降低芯片所产生的高频能量；

（3）将芯片产生的辐射噪声与 IC 中任何连接外电路的管脚相隔离。

为降低辐射量，必须对上述几种方法进行组合，这包括为电源和接地设计元器件，并且使元器件的连接引线相互靠近，最大限度地减小地电位的不均匀。必须对周期性时钟信号的边沿速率进行控制，以降低高频的射频能量与相邻线路或其他金属设备的耦合，还必须采用低阻抗连线。降低电路元器件辐射的具体方法如表 9-1 所示。

表 9-1　降低电路元器件辐射的方法

降低辐射效率	降低耦合和干扰	降低高频开关能量
减小封装外壳尺寸	在设备中添加更多的接地管脚	采用适于正常操作的最小散热速率的激励源
使用封装外壳内的接地面	用小型分布式时钟激励源代替单频激励源	隔离芯片的所用时钟逻辑区域
使用靠近时钟电源的附加接地/电源引线	采用具有尽可能小的激励电压值的激励源	采用电源和接地分立的结构，以防时钟噪声的影响
使用屏蔽外壳	使用尽可能低的时钟速率	隔离需要绝缘的芯片区域
将信号线和电源线接地	使用限流电阻器	分离信号线和电源线
在外壳中使用低电感的导线	降低芯片的电容，采用不同的时钟激励源	区别时钟端和 I/O 端

9.3.5　电路的布局与布线

1. 电路布局与布线的设计方式

大规模集成电路的布局与布线和设计的方式有密切关系，常用的设计方式主要有全定制式、半定制式和定制式等三类。

1) 全定制式

全定制式是像一般设计过程那样,由设计者按设计要求一步一步地设计,组合出各种逻辑电路的方式。当然在设计中也会采用部分现成的电路,但是整个设计是在电路模块形式和位置没有限制的情况下组成电路,进行布局和布线的。

2) 半定制式

半定制式则是事先已经有了若干种具有各种功能的成品或半成品作为单元,在已有单元的基础上进行电路组合的方式。这时采用何种单元进行设计就可以有多种方法了。其中称为标准单元法的方法是利用标准单元的现成电路单元进行设计的。这些标准单元的物理版图都是等高不等宽的结构,其引出线也都是规范化的。标准单元法就是在这种基础上,用标准单元构成大规模集成电路的。这种方法便于布图和布线,应用较广。显然,标准单元是按一定工艺设计好了的逻辑单元,在布图时是不能改变的,工艺更新时先要更新单元库。与全定制式相比,半定制式布图时会出现冗余空间,密度不能很高。

把标准单元做成各种逻辑门,以门为单位排成一定阵列进行布局和布线的方法,称为门阵列法。门阵列中,留有规则的布线通道,用于连接各门单元。

上述的单元都不是已经生产出来的单元,而是准备好的生产单元用的各种母片。布图和布线达到要求后,按确定下来的布图和布线将母片投入生产工艺。由于单元在构成时要考虑能适用于较多的场合,实现较多的用途,母片中设置的晶体管数相对要多,使用时会成为冗余的晶体管,接线通道也成倍数地增多,集成电路的面积难免会有浪费,因此,半定制式适用于中、小批量电路产品的设计与生产。

3) 定制式

定制式的设计是把各种基本逻辑单元事先设计完好,形成独立的功能单元,放在库中存储,设计时调出功能单元组合成各种电路的方式。这些功能单元也可以是寄存器、算数逻辑单元、存储器等,对形状也没有统一的要求。这种设计法也称为通用单元法或积木块法。

不同的设计方法有不同的布局与布线要求,相应地,在利用计算机自动设计时需要采取不同的计算方法和程序。但不论是那种设计方法,自动布局与布线的基本流程都是先从整个逻辑电路构成后形成相应的文件(电路的网表)开始,把千百万个晶体管电路划分为若干个模块,再根据模块面积和各模块间的连接关系,对每个模块进行布图的。然后进行布线,完成模块间的连接。布线时发现布图不合适处,需要从新布图。由于布线比较复杂,常把布线分总体布线和详细布线两步来完成。总体布线是把线网合理地分配在合适的布线区,尽量避免局部拥挤。总体布线完成后再进行详细布线,确定各部分的连接线网。详细布线时也会发现总体布线不合适处,需要重新改变总体布线。因此,整个布局与布线是一个反复迭代求解的过程。

布图完成后还有一个力求减小集成电路芯片面积,对布图进行压缩的过程,或称为优化处理。优化处理的结果,不仅能减小集成电路芯片的面积,还会达到便于制版,增加产品的成品率,提高产品性能的目的。布线的电阻和线间电容会增大产品工作中的时间延迟,尽可能地缩短网线,减小布线的电阻和线间电容,就会减小延迟,提高产品的电性能。

布图设计完成后,还要进行版图验证,检查版图是否符合"设计规则"和"电学规则",并提取版图参数,通过仿真(模拟)、测试等检查集成电路的工作性能,最后形成版图设计文件。

2. 布局、布线应注意的问题

电路的布局、布线关系到系统的稳定。布局、布线时要注意以下几个方面的问题。

1) 电源、地线的处理

即使整个印刷电路板中的布线完成得都很好,但由于电源、地线的考虑不周到而引起的干扰,也会使产品的性能下降,有时甚至影响到产品的成品率,所以要认真对待电源、地线的布线,把电源、地线所产生的噪声干扰降到最低,以保证产品的质量。

众所周知的是,在电源、地线之间加上去耦电容,并且尽量加宽电源线、地线宽度,最好是地线比电源线宽,它们的关系是:地线宽度>电源线宽度>信号线宽度。通常信号线宽度为 0.2~0.3 mm,最细宽度可达 0.05 mm。电源线宽度为 1.2~2.5 mm。对数字电路的印刷电路板,可用宽的地导线组成一个回路,即构成一个地网来使用(模拟电路的地不能这样使用),用大面积铜层作地线,在印刷电路板上把没用上的地方都与地相连接,作为地线用,或是做成多层板,电源线与地线各占用一层。

2) 数字电路与模拟电路的共地处理

现在有许多印刷电路板不再是单一功能电路(数字或模拟电路),而是由数字电路和模拟电路混合构成的。因此在布线时就需要考虑它们之间互相干扰的问题,特别是地线上的噪声干扰。数字电路的频率高,模拟电路的敏感度强。对信号线来说,高频的信号线应尽可能远离敏感的模拟电路元器件;对地线来说,整个印刷电路板对外界只有一个节点,所以必须在印刷电路板内部处理数、模共地的问题,而在印刷电路板内部数字地和模拟地实际上是分开的,它们之间互不相连,只是在印刷电路板与外界连接的接口处(如插头等)数字地与模拟地有一点短接。也有数字电路和模拟电路在印刷电路板上不共地的,这由系统设计来决定。

3) 信号线布在电源(地)层上

在多层印刷电路板布线时,由于在信号线层没有布完的线剩下的已经不多,再多加层数就会造成浪费,也会给生产增加一定的工作量,成本也会相应增加。为解决这个问题,可以考虑在电源(地)层上进行布线。首先应考虑用电源层,其次才是地层。因为最好是保留地层的完整性。

4) 大面积导体中连接点的处理

在大面积的接地(电源)中,常用元器件的脚与其连接,对连接点的处理需要进行综合的考虑。就电气性能而言,元器件脚的焊盘与铜面以满接为好,但对元器件的焊接装配就存在一些不良隐患，例如，焊接需要大功率加热器，容易造成虚焊点。因此，兼顾电气性能与工艺需要，做成十字花焊盘，称之为热焊盘，这样可使在焊接时因截面过分散热而产生虚焊点的可能性大大减少。多层板的接电源（地）层点的处理与之相同。

5）布线中网络系统的作用

在许多 CAD 系统中，布线是由网络系统决定的。网格过密，通路虽然有所增加，但步进太小，图场的数据量过大，这必然对设备的存储空间有更高的要求，同时也对计算机类电子产品的运算速度有极大的影响。而有些通路是无效的，如被元器件脚的焊盘占用或被安装孔占用等。网格过疏，通路太少，对布通率的影响极大，所以要有一个疏密合理的网格系统来支持布线的进行。标准元器件两脚之间的距离为 0.1 in（1 in＝2.54 cm，下同），所以网格系统的基础一般就定为 0.1 in，或小于0.1 in 且其整倍数为 0.1 in，如 0.05 in、0.025 in、0.02 in 等。

6）设计规则检查（DRC）

布线设计完成后，需认真检查布线设计是否符合设计者所制定的规则，同时也需确认所制定的规则是否符合印刷电路板生产工艺的需求。一般检查有如下几个方面：线与线、线与元器件焊盘、线与贯通孔、元器件焊盘与贯通孔、贯通孔与贯通孔之间的距离是否合理；是否满足生产要求；电源线和地线的宽度是否合适；电源与地线之间是否紧耦合（低的波阻抗）；在印刷电路板中是否还有能让地线加宽的地方；对于关键的信号线是否采取了最佳措施，如长度最短，加保护线，输入线及输出线被明显地分开；模拟电路和数字电路部分是否有各自独立的地线；后加在印刷电路板中的图形（如图标、注标）是否会造成信号短路；对一些不理想的线形是否已进行修改；印刷电路板上是否加有工艺线；阻焊是否符合生产工艺的要求，阻焊尺寸是否合适；字符标志是否压在器件焊盘上；多层板中电源地层的外框边缘是否缩小，如电源地层的铜箔露出板外容易造成短路。

印刷电路板上的合理分布如图 9-9 所示。

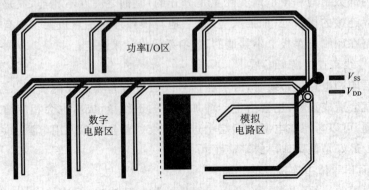

图 9-9　印刷电路板上的合理分布图

9.4 旁路和去耦

1. 旁路和去耦概述

旁路和去耦用于隔断交流信号的某个传输路径,防止能量从一个电路传到另一个电路,进而提高电路的信号传输的质量,防止电路单元之间信号的相互干扰。这主要涉及 3 个电路区域:电源和接地层、元器件、内部电源连接。旁路和去耦通常用电容实现。

去耦电容通常安装在元器件的电源引脚和地之间,尽量靠近电源引脚,用于短路电源线上的高频信号和噪声信号。在理想情况下,电源线上只传输直流能量,如果电源线上含有交流能量,交流能量通过电源线传输到其他电路单元,一方面造成电路工作不稳定,另一个方面造成辐射,也会使由电源供电的多个电路单元之间产生交流耦合。去耦电容的作用就是把交流能量直接短路到地线上,从而消除电源线上的交流信号。

旁路通常是指把电路中某一部分的交流信号接到地上,例如,在高频放大器中经常用到的高频旁路电容、低频放大器的射极旁路电容,用于消除信号的负反馈(信号从输出回路反馈到输入回路),有时旁路电容的作用和去耦电容的作用是相似的,都是让交流信号流到地线上。

2. 电源层和接地的分布电容

通常印刷电路板上使用的电容是集总参数电容。在多层印刷电路板设计时,上层和下层是信号层,中间是电源层和地层,电源层和地层的面积很大,相当于一个平板电容器,起到电源去耦的作用。

当使用电源和地层形成的电容作为主要的去耦电容器时,要考虑这种电容的自谐振问题,很多多层印刷电路板的自谐振频率通常为 $200 \sim 400$ MHz。在自谐振频率点上,该等效电容的去耦能力变差,其效果相当于电磁辐射器。

解决该自谐振问题的方法有如下 2 种。

(1) 在电路上安装具有不同自谐振频率的附加去耦电容,2 种电容的综合作用可消除产生谐振的条件。

(2) 改变电源层和地层之间的距离,从而改变了等效电容的值,也改变了它的自谐振频率。但是这种技术的缺点是信号布线层的特性阻抗也要改变。

3. 并联电容

1) 并联电容的特性

去耦电容和旁路电容使用 1 个电容作为去耦/旁路元器件,例如,电路上经常用的 $100~\mu$F 的电源去耦电容。所谓并联电容是指多个数量相差比较大的电容并联在一起,作为去耦和旁路电容。通常其电容相差 100 倍,例如,$0.01~\mu$F 与 100 pF 的电容并联。

在电子产品的设计中,采用并联电容技术的特点是:

(1) 可以提供较大的去耦带宽;

(2) 在高频信号端没有明显的效果改善,可以提高射频信号抑制能力。

工作在高于自谐振频率的频率范围时,2 个并联电容的性质不同,大电容随频率增加呈现感性,小电容随频率增加呈现容性。因此,工作于高频时,起去耦作用的是小电容;工作于低频时,低于自谐振频率,大电容起主要作用。

2) 并联电容的使用原则

旁路和去耦电路设计中使用并联电容时,一般遵守如下规则:

(1) 并联的 2 个电容分别连在电源引脚和地上。

(2) 2 个电容的电容值要相差 100 倍。

4. 去耦电容参数的计算

使用去耦电容的目的是防止交流能量通过电源、电路板的布线等耦合到其他的电路上,造成对其他电路的干扰。电容的去耦特性不仅与电容的容量有关,还与其制造工艺、材料等有关,使用时要注意电容的材料问题、电容的容量选择问题。

根据电路的工作频率选择去耦电容时,通常根据时钟信号的频率进行选择。有时钟信号的高次谐波(3 次或 5 次谐波)产生的电磁辐射需要重点考虑。这时选择去耦电容时要综合考虑时钟信号基频和高次谐波,通常考虑到 5 次谐波即可。去耦电容容抗的计算公式为

$$X_C = \frac{1}{2\pi f C} \tag{9-4}$$

一般地,去耦电容值的选用并不很严格,可按 C 对应 $1/f$ 的关系选取,即 10 MHz 时取 0.1 μF,100 MHz 时取 0.01 μF 来选取。

5. 去耦电容的安装

在使用去耦电容时,重要的是减少引线长度电感,这里引线长度包括电容本身的引脚长度和电容引脚到集成电路引脚之间的印刷电路板布线的长度之和。因此,对于通孔电容,应剪短电容的引脚,并将其安装在需要去耦的电路引脚附近。如果工作频率高,则应尽量使用表面安装形式的去耦电容。

关于去耦电容的数量,并非数量越多越好,增加电容可能会使去耦效果好一些,但也可能改进不大,相反增加了电路的复杂度和制造成本,甚至增加的电容效应会产生一些不必要的辐射。因此,在系统的电磁兼容性测试时,尽量去掉不必要的电容。

安装去耦电容器时,应从以下几个方面考虑。

1) 电容结构

选用电容时,尽量使用改进的平面结构的电容,这些电容的引线电感很小。

2）自谐振频率

改进的平面结构的电容的自谐振频率通常为 $10\sim50$ MHz。DIP 封装的电容器的引线长度电感较大,不适合在太高频率时使用。

3）介质材料

电容值不仅与电容的极板面积、极板之间的距离有关,还与极板之间的介质有关,介质的主要参数是介电常数。使用介电常数较大的介质制造的电容,在同样的电容值下,体积可以做得较小,工作频率可以较高。

4）安装的位置和数量

高速元器件,如 CMOS、ECL 系列元器件,需要安装电源去耦电容,一般成对的去耦电容安装在这些元器件的电源引脚和地层之间,尽量靠近电源引脚。关于参数的选择,在 50 MHz 系统下,最典型的高频去耦电容是 $0.1\ \mu F$ 与 $0.001\ \mu F$ 的电容并联,在更高时钟频率下,则为 $0.01\ \mu F$ 与 100 pF 的电容并联。

除了在元器件的电源引脚和地层之间安装去耦电容之外,还可以安装附加的去耦电容,这些去耦电容在印刷电路板上的安装密度可以达到平均 1 个每平方英寸(1 平方英寸＝0.00064516 平方米)。电容的参数可以选择 1 nF。根据电路的谐振参数不同,也可以使用电容值更小的电容,但必须满足的条件是电容器的自激频率很高。

5）大电容的使用和选择

大电容的主要作用是低频去耦、电源滤波和储能等低频应用。由于电容值比较大,因此,大电容可以存储很多能量,为元器件提高稳定的直流电压及电流,以使集成电路元器件稳定地工作。因为数字电路工作于开关状态,电源的电流是变化的,这也导致了电压的变化,从而导致元器件的功能异常。大电容安装的位置和数量从以下几个方面进行考虑:

(1) 在 LSI 和 VLSI 器件之间要放 1 个大电容,为多电源管脚的 VLSI 安装大电容;

(2) 电源与印刷电路板的接口处应安装大电容;

(3) 子电路板与主电路板的电源连接处应安装大电容;

(4) 消耗功率比较大的电路与元器件附近应安装大电容;

(5) 远离直流供电电压的高密元器件布置区域应安装大电容;

(6) 时钟产生电路附近应安装大电容;

(7) 存储器附近安装大电容,因为存储器工作和待机时电流变化大。

使用大电容时,需要考虑电容的耐压值。选择的大电容的耐压值应为工作电压的 2 倍以上,以免冲击电压损坏电容。

6）组件内电容

为了解决高频、高速元器件的电磁辐射和干扰问题,一方面可从印刷电路板的设计方面解决,另一方面可以从元器件的设计和制造方面加以解决。在元器件的设计和制造方面,元器件制造商可以用不同的技术把去耦电容嵌入元器件中,形成组件。其实现方法有 2 种。

(1) 在把硅盘放入组件之前先嵌入去耦电容,如图 9-10(a)所示。

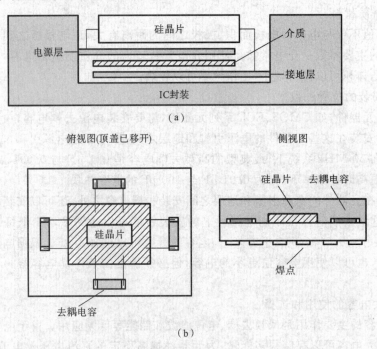

图 9-10　形成组件方法

(2) 采用强压技术。高密度、高技术元器件常直接把 SMT(表面贴装技术)电容加入组件中,如图 9-10(b)所示。

9.5　接地

9.5.1　概述

接地是设计中最重要的方面之一。这个问题并不容易直观理解,而且通常不允许直接定义、建模或分析,因为有许多无法控制的因素影响其性能。每个电路最终都要有一个参考接地源,这是无法选择的事实。所以电路设计之初就应该首先考虑到接地设计。不能假设因为有接地系统存在,例如,有金属外壳,就能达到最佳性能。如果在设计过程中没有考虑接地问题,那么预期的效果就不容易实现。大多数产品都要求接地,虽然接地可以是真正的接地、隔离或者浮地,但接地结构必须存在。

对小系统如单片机系统来说,接地就是整个电路的参考零点,一般来说都是接到电源的负极,系统上所有的电压都是与地之间的相对电压,因此接地对于单片机系统是十分重要的。

在系统中,地一般分为模拟地和数字地。在这类系统中,芯片的供电电源一般来说都应该是 5 V 左右,所以不管是模拟芯片还是数字芯片,都接同一个电源,但是数字电路和模拟电路要分开供电,因为数字电路电平的高速变换,将对模拟电路带来很大的干扰,分开供电将会提升系统稳定运行时间。对于芯片的接地,要考虑芯片的内部构造,同样地将模拟运算的部分接模拟电源、模拟地,将数字开关量的接数字电路、数字地。在数字地和模拟地接好之后,就必须选择一点共地,这一点应避免选择在电源引出的地方(会引起升压或降压),一般选择在既有模拟地又有数字地的芯片引脚处一点共地。

对于大系统来说,接地是指确保在任何时候均能即时释放电能而不发生危险的电气连接,是为保证电子设备正常工作和人身安全而采取的一种用电安全措施。接地通过金属导线与接地装置连接来实现,将电工设备和其他生产设备上可能产生的漏电流、静电荷及雷电电流等引入地下,从而避免人身触电和可能发生的火灾、爆炸等事故。

9.5.2　接地模型

常用的接地模型有保护接地、工作接地、防雷接地和屏蔽接地等。

1. 保护接地

保护接地是将系统中平时不带电的金属部件(机柜外壳、操作台外壳等)与地之间形成良好的导电连接,以保护设备和人身安全。通常情况下,系统是强电供电(380 V、220 V 或 110 V),机壳等是不带电的,当发生故障(如主机电源故障或其他故障),造成电源的供电火线与外壳等导电金属部件短路时,这些金属部件就成为带电体。如果没有很好的接地措施,那么这些带电体和地之间就有很高的电位差。如果人不小心触碰到这些带电体,电流就会通过人体形成通路,发生危险。因此,必须将金属部件和地之间作很好的连接,使金属部件和地等电位,同时保护接地还可以防止静电积聚。

2. 工作接地

工作接地是为了使系统及与之相连的仪表能可靠运行,并保证测量和控制精度而设的接地。它分为机器逻辑地、信号回路接地、屏蔽接地等。除了上述几种接地外,在很多场合下还有供电系统地,也称为交流电源工作地,它是电力系统中为了运行需要而设的接地(如中性点接地)。

3. 防雷接地

防雷接地是受到雷电袭击(直击、感应或线路引入)时,为防止造成损害的接地系统。常将防雷接地分为信号(弱电)防雷地和电源(强电)防雷地,这样区分不仅仅是因为要求接地的电阻不同,而且在工程实践中信号防雷地常附在信号独立地上,并和电源防雷地分开建设,组成防雷措施的一部分,其作用是把雷电流引入大地。建筑物和电气设备的防雷主要是用避雷器(包括避雷针、避雷带、避雷网和消雷装置等)来实现。避雷器的一端与被保护设备相接,另一端连接地装置。当发生直击雷时,避雷器将雷电引向自身,雷电流经过其引下线和接地装置进入大地。此外,由于雷电引起静电感应副效应,为了防止造成间接损害,如房屋起火或触电等,通常也要将建筑物内的金属设备、金属管道和钢筋结构等接地,另外,雷电波会沿着低压架空线、电视天线侵入房屋,引起屋内电工设备的绝缘击穿,从而造成火灾及触电伤亡事故,所以还要将线路上和进屋前的绝缘瓷瓶铁脚接地。

4. 屏蔽接地

屏蔽接地是消除电磁场对人体危害的有效措施,也是防止电磁干扰的有效措施。高频技术在电热、医疗、无线电广播、通信、电视和导航、雷达等领域得到了广泛应用。人体在电磁场作用下,吸收的辐射能量将发生生物学作用,对人体造成伤害,如手指轻微颤抖、皮肤划痕、视力减退等。对产生磁场的设备外壳设屏蔽装置,并将屏蔽体接地,这不仅可以降低屏蔽体以外的电磁场强度,达到减轻或消除电磁场对人体危害的目的,也可以保护屏蔽接地体内的设备免受外界电磁场的干扰影响。

接地模型如图 9-11 所示。

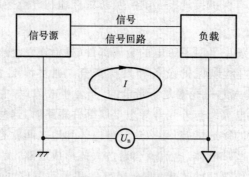

图 9-11 接地模型图

图 9-11 中,信号源和负载分别通过 2 个参考点接地,因此它们的电位会不同,会产生环路电流 I 和噪声电压 U_n。

9.5.3 接地方法

实际上在电磁兼容设计中,接地是很难的技术。面对一个系统,没有一个人能够提出一个绝对正确的接地方案,多少会遗留一些问题。造成这种情况的原因是接地没有一个很系统的理论或模型,人们在考虑接地时只能依靠其过去的经验或从书上看到的知识。但接地是一个十分复杂的问题,在其他场合很好的方案在这里不一定最好。接地的方法主要有以下几种。

1. 单点接地

单点接地就是所有电路的地线接到公共地线同一点的接地方法。这种严格的接地设置的目的是防止来自两个不同子系统（有不同的参考电平）中的电流与射频电流经过同样的返回路径，从而导致共阻抗耦合。

当元器件、电路等都工作在 1 MHz 或更低的频率范围内时，采用单点接地技术是最好的，这意味着分布传输阻抗的影响是极小的。当处于较高频率时，返回路径的电感会变得不可忽视。当频率更高时，电源层和互连走线的阻抗更显著，如果线路长度是信号 1/4 波长的基数倍（该波长依据周期信号上升沿速率确定），这些阻抗就可以变得非常大。在电流返回路径中存在有限阻抗，就会产生电压降，随之就产生了不希望有的射频电流。

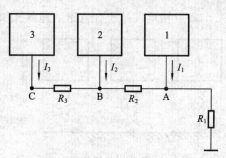

图 9-12 串联单点接地图

单点接地进一步可分为串联单点接地和并联单点接地。串联单点接地是一个串级联结构。这种结构允许各个子系统的接地参考之间共阻抗耦合，如图 9-12 所示。

图中各点的电位如下。

A 点的电位是
$$V_A = (I_1 + I_2 + I_3)R_1$$

B 点的电位是
$$V_B = (I_1 + I_2 + I_3)R_1 + (I_2 + I_3)R_2$$

C 点的电位是
$$V_C = (I_1 + I_2 + I_3)R_1 + (I_2 + I_3)R_2 + I_3R_3$$

可以看出，A、B、C 各点的电位是受电路工作电流影响的，它们随各电路的地线电流的变化而变化。尤其是 C 点的电位，十分不稳定。

这种接地方式虽然存在很大的问题，但在实际中是最简单、最常用的方式，因此，不要在大功率和小功率电路混合的系统中使用。这是因为大功率电路中的地线电流会干扰小功率电路。而最敏感的电路要放在 A 点，A 点电位是最稳定的。结合放大器的实际情况，一般把功率输出级放在 A 点，前置放大器放在 B 点和 C 点。解决串联单点接地最好的办法是采用如图 9-13 所示的并联单点接地。但是并联单点接地有一个缺点，那就是需要的导线数量过多，并且每个电流返回路径可能有不同的阻抗，从而导致接地噪声电压加剧。

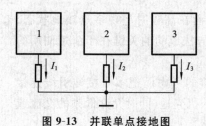

图 9-13 并联单点接地图

使用单点接地技术的另一个问题就是辐射耦合。这种现象可能会在导线之间、导线与印刷电路板之间或导线与外壳之间产生。除了射频辐射耦合外，还有可能发生串扰，这取决于电流返回路径之间物理间距的大小。这种耦合可能以电容的形式也可能以电感的形式发生。串扰存在的程度取决于返回信号的频率范围,高频元器件比低频元器件的辐射更严重。

单点接地技术常见于音频电路、模拟设备及直流电源系统中,虽然单点接地技术通常在低频电路系统中应用,但是有时也应用在高频电路系统中。这就要求设计者清楚不同的接地结构中存在的电感问题。

在对工作频率高于 1 MHz 的系统进行设计时,采用单点接地技术不是一个理想的方案,因此在实际中经常用并串联混合接地的方式。

2. 多点接地

多点接地就是所有电路的地线接到公共地线的不同点,通常让电路就近接地,

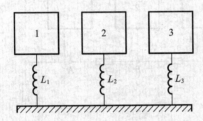

图 9-14 并联多点接地图

如图 9-14 所示。为了减小地线电感,在高速电路中经常使用多点接地。在多点接地系统中,每个电路就近与低阻抗的接地线相连。电路的接地线要尽量短,以减小电感。在频率很高的系统中,通常接地线要控制在几毫米长的范围内。

多点接地时容易产生公共阻抗耦合问题。在低频电路系统中,单点接地可以解决这个问题。

但在电路系统中,只能通过减小地线阻抗(减小公共阻抗)来解决这个问题。

多点接地可以减少噪声电路与 0 V 参考点之间的电感,原因是存在许多并行射频电流回路。即使在 0 V 参考点上有许多并联接地线,仍然可能会在 2 个接地引线之间产生接地环路。这些接地环路容易感应 ESD(静电释放)磁场能量或者容易产生电磁干扰辐射。为了防止接地引线之间产生环流,有两点是很重要的:一是测量接地引线之间的距离;二是控制 2 个接地引线之间的物理距离不超过被接地电路部分中的最高频率信号波长的 1/20。

通常频率在 1 MHz 以下时,可以用单点接地;频率在 10 MHz 以上时,可以用多点接地;频率为 1～10 MHz 时,如果最长的接地线不超过波长的 1/20,可以用单点接地,否则用多点接地。

3. 混合接地

混合接地就是在地线系统内使用电感与电容连接,利用电感与电容在各种频率下呈现不同阻抗的特性,使地线系统在不同工作频率状态下具有不同的接地结构,如图 9-15 所示。

电容耦合型电路在低频时呈现单点接地结构,而在高频时呈现多点接地状态。这是由于电容将高频射频电流分流到了地上,这种方法成功的关键在于清楚使用的频率和接地电流的预期流向。

电感耦合型电路一般用于处于安全和低频连接的考虑而把多个接地引线连接到机壳参考地的场合。扼流圈 L 阻碍射频电流进入机壳地,同时允许低频的交流或直流电压以它们各自的 0 V 点为参考。

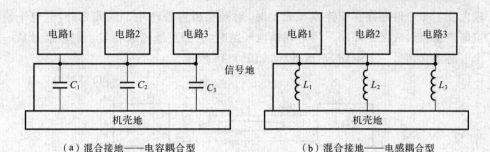

（a）混合接地——电容耦合型　　　　　　（b）混合接地——电感耦合型

图 9-15　混合接地结构图

4. 模拟电路接地

很多模拟电路工作在低频状态下，对于这些灵敏的电路，单点接地是最好的接地方式。接地的主要目的是防止来自其他噪声元器件（如数字逻辑器件、电源）的大接地电流争用敏感的模拟地线。接地环路也必须避开一切敏感的低频模拟电路，使用低频模拟电路容易对电流加以控制。

模拟接地所要求的无噪声度依赖于模拟输入的灵敏度。信噪比决定了电路出现功能性问题之前允许多少干扰存在。对于高电平的模拟电路，接地要求不是非常严格。

数字电路由于来自数字元器件内逻辑门的开关噪声而影响模拟元器件，通常在电源内和数字系统的分布地的噪声比 TTL 元器件的要多。由于相同原因，CMOS 也产生较多的辐射。

对于数字和模拟电路，应该设置各自独立的参考地，尤其在存在敏感的模拟电路时。对于 D/A 和 A/D 转换器，必须设置一个公共的参考点。任何时候都不允许将参考点设置在两个位置，有时要求有一个无源滤波器，它在高频时有效，以防止寄生电容形成一个接地环路。

5. 数字电路接地

因为高频电流是由接地噪声电压和数字设备布线区域的压降产生的，所以在高速电子电路中，优先使用多点接地。它的主要目的是建立一个统一电位共模参考系统。因为寄生参数改变了预期的接地路径，所以单点接地不能有效地发挥作用。只要保持一个低的接地参考阻抗，接地环路通常就不会出现数字问题。

许多数字环路并不要求具有滤波作用的接地参考源，数字电路具有几百毫伏的噪声容限，并且能够承受数十到数百毫伏的接地噪声梯度。在系统电路中的接地"镜像"平面最适合信号电流，而为了控制共模回流产生的损耗，机壳应使用多点接地。

9.5.4　消除接地环路

接地环路是产生射频噪声的一个主要原因。当多点接地的接地点间实际距离较大及主参考地连接在交流或机壳上时,射频噪声容易产生。除此之外,低电平模拟电路也会形成接地环路。当出现接地环路时,有必要隔离或者阻止射频能量从一个电路耦合到另一个电路,造成破坏,如图 9-16 所示。

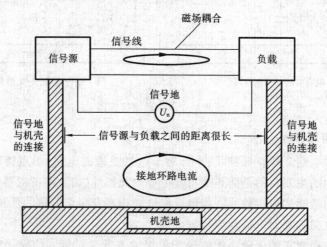

图 9-16 接地环路的产生

为了避免产生接地环路,可以采用下面几种元器件隔离电路:变压器隔离、共模扼流圈隔离、光电隔离和平衡电路隔离,如图 9-17 所示。图中 U 为耦合电压,U_n 为噪声电压。

当电路使用隔离变压器时,接地噪声电压仅在变压器的输入端出现,任何出现

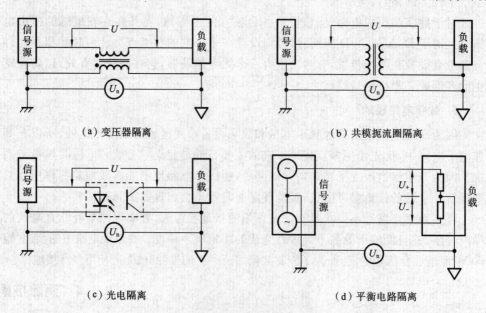

图 9-17 4 种隔离电路示意图

的噪声耦合都是由于变压器输入和输出绕组间存在寄生电容所致。为了减小寄生电容,可在原、副绕阻线圈之间使用屏蔽技术,屏蔽层可接到交流参考点或者底座地上。使用变压器的缺点是体积过大、印刷电路板的实际成本及附加成本过高,并且,如果隔离区域间需要传送多个信号,则每个信号都需要用一个变压器隔离。

共模扼流圈隔离这种技术的优点是可以消除共模电流。如果由于回路有一定的阻抗,而元器件间有不同的参考点,则这个电压将产生共模噪声。一个共模扼流圈可使信号的直流成分通过,而对传输线中同样也存在的高频交流成分有衰减作用。它对所研究的差模信号没有影响。而所需要的正是这样的差模信号,多个绕阻可缠绕在同一个铁芯上,能增加扼流圈处理信号的数量和强度。

采用光电隔离器是用来防止接地环路的另一种方法。光电隔离器完全隔断了传输路径,使 2 个电路间不存在连续的金属连接。当 2 个电路间的参考电位差别很大时,最适合使用这些光电隔离器。接地噪声电压出现在光发射机的输入端。由于用在模拟电路设备中会出现非线性的问题,所以光电隔离器最好用于数字逻辑电路设计。

平衡电路使用差分对从源到负载传送信号。使用差分传输线路时,2 根线中的电流相同,这种平衡抵消了网络中可能存在的共模电流。

9.5.5　电路子卡与卡架之间的场耦合

由元器件、接地环路、互联电缆等产生的射频场会和金属结构耦合,因此,在结构中会产生射频涡流,涡流在结构中循环,从而产生场分布。这将可能耦合到其他电路、子系统等设备中。该场分布最显著的影响就是在背板及金属卡架之间产生共模电压,该电压不仅仅在背板中,而且在子板中产生场能量。当在印刷电路板上采取合适的抑制技术,而且在背板和卡架之间提供合适的参考时,使分散产生的电位短路,会减小电路板与背板及卡架之间的场转移耦合。

背板与卡架之间的合适参考是通过在背板和卡架之间设立一个具有低阻抗的射频参考来实现的,为了短路由子卡与薄金属片之间的耦合而产生的涡流导致的电位,必须采用这种参考技术。这些电流通过分布转移阻抗耦合到卡架上,然后试图通过与背板耦合形成闭环。如果背板与卡架间的共模参考阻抗不明显低于分布的阻抗,那么在背板与卡架之间会产生一个射频电压。在这种机理下产生的频谱电压应该归功于背板与卡架之间的板间耦合。

在背板与卡架之间的共模频谱电压必须被短路,它是通过沿背板周长以固定的间隔与卡架相连来实现的,它必须被逻辑接地平板覆盖。为了更合理有效,逻辑接地平板和交流接地底板间的射频转移阻抗必须等于或小于 1 Ω,这样就可以短路子卡—卡架—背板—卡架的共模电压。要想取得最好的防电磁干扰效果和系统性能,必须使信号阻抗得到很好的控制,并以接地平板或者 0 V 参考点为基准,而不是以电压平板为基准。此外,内部并行平板上的电源阻抗分布必须使其阻抗值尽可能小。

9.5.6　I/O 连接器的设计考虑

对于工作在低频或可能使用单点接地技术的产品,一般可不必关注本小节的内容。对于低频产品,逻辑地与底座地之间的低阻抗连接不仅会导致电磁干扰,而且还会影响产品的功能。从低频电路推广到合适单点接地的电路,信号电平、封装技术及所有的工作频率的选择都应该使通过分布转移阻抗流到外部的转移电流相对于工作信号电平或预期的电磁兼容性要求来说不再重要。

对于使用多点接地技术的产品,无论是否使用 I/O 口,都必须注重本内容。大多数印刷电路板模块都包含安装支架、面板、隔板连接器或在逻辑控制和外部环境之间的安全设备。这个安全装置可能包括各种 I/O 连接器。支架必须通过低阻抗金属路径直接把射频连接到底座地上。它也可能因为功能上的原因而与逻辑地连接。

从接地平板到 I/O 支架之间必须提供多点接地连接,在合适位置的多个接地点使支架接地点到机箱的分布转移阻抗,及印刷电路板对端之间的射频接地环路改变方向。接地越好,流向底座地的射频电流就越强。

9.6　控制噪声的经验小结

控制噪声,提高系统的电磁兼容性可以从三个方面入手:噪声源、噪声的传输路径、信号的接收端。

9.6.1　控制噪声源

控制噪声源可以采用如下方法。

(1) 尽量少使用低速的芯片,特别是在满足需要的情况下,尽量使用上升时间慢的元器件。需要注意的是,这正好与低功耗设计矛盾,为了低功耗设计,需要使用上升时间快的元器件,设计低功耗和电磁兼容性时需要平衡考虑两方面的因素。

(2) 一个芯片有多个独立的电路单元,它们之间会发生相互影响。

(3) 可在信号线上串联阻抗来降低电路跳变沿的速率。

(4) 为继电器等大功率电抗元件提供阻尼。

(5) 满足系统处理性能要求的情况下,尽量降低系统的工作频率。

(6) 时钟电路尽量靠近使用该时钟的元器件。

(7) 石英晶体振荡器的金属外壳要接地。

(8) 尽量让时钟信号回路周围电场趋近于零,可以用地线将时钟区包围起来,甚至采用屏蔽措施。时钟线要尽量短。为处理器提供时钟的时候,尽量采用倍频方式,振荡器的频率很低,处理器内部具有锁相倍频电路,这样高频时钟只在处理器的内部形成,减小了与处理器之间的距离,也减少了电磁辐射。

（9）I/O 驱动电路尽量靠近印刷电路板边沿。

（10）对进入印刷电路板的信号要加滤波。

（11）从高噪声区来的信号也要加滤波。

（12）闲置不用的门电路输入端不要悬空，闲置不用的运算放大器正输入端要接地，负输入端接输出端。

（13）走线呈 45°，而不呈 90°，尽可能使用圆弧走线，尽量使用宽度相同的走线，以减少走线特性阻抗的不均匀性导致的信号反射问题、信号完整性问题、信号辐射问题。

9.6.2 从传输路径减小噪声的耦合

从传输路径减小噪声的耦合可采用如下方法。

（1）在印刷电路板上按频率、功率大小进行元器件和电路单元分区布局。高频器件放在一起，可以加以屏蔽；大电流电路、小信号电路等分区布局；易受干扰的元器件远离产生噪声的元器件。

（2）特殊高频逻辑电路部分用地线包围起来，相当于"包底"，甚至屏蔽。

（3）I/O 芯片靠近印刷电路板板边，靠近接插件。

（4）如果成本允许，尽量使用多层板，以减小电源对地寄生电感，降低接地的不均匀性。

（5）单层板和双层板的电源线、地线应尽量粗。

（6）时钟、总线、片选信号等要远离 I/O 线和接插件。

（7）模拟电压输入线、参考电压端要尽量远离交流信号区，如数字电路信号线，特别是时钟线等。

（8）对 A/D、D/A 转换器等模拟混合电路元器件而言，这些元器件分别设计了模拟和数字接地，数字部分与模拟部分的走线和元器件尽量分开，芯片的模拟地和数字地使用单点接地技术。

（9）相互干扰的走线尽量使用垂直走线方式，以避免走线间的耦合。

（10）元器件引脚要尽量短，去耦电容要尽量靠近需要去耦的元器件。

（11）关键的信号线要尽量粗，并采用包地设计以降低噪声的影响。

（12）噪声敏感信号线远离大电流、高速开关元器件和走线，并尽量与之垂直。

（13）考虑电长线效应，高速线要短且尽量直。

（14）石英晶体振荡器下面和对噪声特别敏感的元器件下面尽量不要走线。

（15）如果敏感信号与噪声携带信号要通过一个接插件引出，则尽量使用电缆，如果用到扁平排线电缆，则要使用地线—信号线—地线的引出法，地线起到隔离作用。

（16）消除接地环路，特别是在敏感信号附近。

（17）敏感信号引出线要使用双绞线，最好使用屏蔽双绞线，甚至是同轴电缆。

9.6.3　在信号接收端减小噪声的接收

在易受干扰的信号接收端可以采用如下方法减少电磁干扰信号的接收。

（1）任何信号都不要形成环路，如不可避免，应尽量减小环路区的面积。

（2）使用高频、地寄生电感的瓷片电容或多层陶瓷电容作去耦和旁路电容，不要使用电解电容作去耦和旁路电容。

（3）每个集成电路的电源引脚处安装一个去耦电容。

（4）使用大电容作储能电容时，采用聚酯电容而不用电解电容，因为电解电容的分布电感很大。

（5）电解电容一般作低频应用，每个电解电容并联一个小的高频旁路电容。

（6）如果成本允许，则可在电源走线上安装磁珠或扼流圈，用于消除电源走线上的高频噪声信号，也可使用电源低通滤波器。

（7）使用管状电容时，外壳要接地。

（8）处理器不用端要接高电平或接地，或利用程序定义成输出端。

（9）A/D、D/A 转换器等元器件的参考电平要加去耦电容。

（10）工作频率高的时候，尽量在总线（数据总线、地址总线、控制总线等）上安装串联匹配电阻，以减小信号传输中的反射。

（11）成品尽量不用 IC 插座，尽量使用表面安装元器件，将集成电路，特别是高性能的模拟电路、数字电路、模拟数字混合电路，直接焊接在印刷电路板上。

练习题

9-1　解释下列术语：

电磁兼容性（EMC）、电磁干扰（EMI）、射频（RF）、辐射发射（radiated emissions）、传导发射（conducted emissions）、敏感度（susceptibility）、抗干扰性（immunity）、静电放电（ESD）、抗辐射干扰性（radiated immunity）、抗传导干扰性（conducted immunity）、密封（containment）、抑制（suppression）。

9-2　印刷电路板走线终端有哪几种匹配方法？这些方法各有什么优缺点，分别用在什么场合？给出各种走线终端的原理电路。

9-3　接地种类主要有哪些？接地方法主要有哪几种？分别适用于什么场合？

9-4　磁珠的结构是什么？用途是什么？

9-5　信号完整性是指什么？避免串扰的设计技术是什么？什么是 3-W 原则？

9-6　抑制噪声的基本方法有哪些？

9-7　选择一种熟悉的 32 嵌入式处理器，如 ARM、PowerPC 等，设计一个基本的嵌入式开发板，包括 Flash 存储器、RAM、多种 I/O 口。从电磁兼容性方面考虑，应采取哪些措施提高电路板的电磁兼容性？

提示：考虑布局、布线、接地、退耦、走线终端匹配、时钟电源的滤波等。

附录 A MCS-51 系列单片机汇编指令表

类别	指令格式	功能简述	字节数	周期
数据传送类指令	MOV A，Rn	寄存器送累加器	1	1
	MOV Rn，A	累加器送寄存器	1	1
	MOV A，@Ri	内部 RAM 单元送累加器	1	1
	MOV @Ri，A	累加器送内部 RAM 单元	1	1
	MOV A，♯data	立即数送累加器	2	1
	MOV A，direct	直接寻址单元送累加器	2	1
	MOV direct，A	累加器送直接寻址单元	2	1
	MOV Rn，♯data	立即数送寄存器	2	1
	MOV direct，♯data	立即数送直接寻址单元	3	2
	MOV @Ri，♯data	立即数送内部 RAM 单元	2	1
	MOV direct，Rn	寄存器送直接寻址单元	2	2
	MOV Rn，direct	直接寻址单元送寄存器	2	2
	MOV direct，@Ri	内部 RAM 单元送直接寻址单元	2	2
	MOV @Ri，direct	直接寻址单元送内部 RAM 单元	2	2
	MOV direct2，direct1	直接寻址单元 1 送直接寻址单元 2	3	2
	MOV DPTR，♯data16	16 位立即数送数据指针	3	2
	MOVX A，@Ri	外部 RAM 单元送累加器（8 位地址）	1	2
	MOVX @Ri，A	累加器送外部 RAM 单元（8 位地址）	1	2
	MOVX A，@DPTR	外部 RAM 单元送累加器（16 位地址）	1	2
	MOVX @DPTR，A	累加器送外部 RAM 单元（16 位地址）	1	2
	MOVC A，@A+DPTR	查表数据送累加器（DPTR 为基址）	1	2
	MOVC A，@A+PC	查表数据送累加器（PC 为基址）	1	2
算术运算类指令	XCH A，Rn	累加器与寄存器交换	1	1
	XCH A，@Ri	累加器与内部 RAM 单元交换	1	1
	XCHD A，direct	累加器与直接寻址单元交换	2	1
	XCHD A，@Ri	累加器与内部 RAM 单元低 4 位交换	1	1

续表

类别	指令格式	功能简述	字节数	周期
算术运算类指令	SWAP A	累加器高 4 位与低 4 位交换	1	1
	POP direct	栈顶弹出指令直接寻址单元	2	2
	PUSH direct	直接寻址单元压入栈顶	2	2
	ADD A，Rn	累加器加寄存器	1	1
	ADD A，@Ri	累加器加内部 RAM 单元	1	1
	ADD A，direct	累加器加直接寻址单元	2	1
	ADD A，♯data	累加器加立即数	2	1
	ADDC A，Rn	累加器加寄存器和进位标志	1	1
	ADDC A，@Ri	累加器加内部 RAM 单元和进位标志	1	1
	ADDC A，♯data	累加器加立即数和进位标志	2	1
	ADDC A，direct	累加器加直接寻址单元和进位标志	2	1
	INC A	累加器加 1	1	1
	INC Rn	寄存器加 1	1	1
	INC direct	直接寻址单元加 1	2	1
	INC @Ri	内部 RAM 单元加 1	1	1
	INC DPTR	数据指针加 1	1	2
	DA A	十进制调整	1	1
	SUBB A，Rn	累加器减寄存器和进位标志	1	1
	SUBB A，@Ri	累加器减内部 RAM 单元和进位标志	1	1
	SUBB A，♯data	累加器减立即数和进位标志	2	1
	SUBB A，direct	累加器减直接寻址单元和进位标志	2	1
	DEC A	累加器减 1	1	1
	DEC Rn	寄存器减 1	1	1
	DEC @Ri	内部 RAM 单元减 1	1	1
	DEC direct	直接寻址单元减 1	2	1
	MUL AB	累加器乘寄存器 B	1	4
	DIV AB	累加器除以寄存器 B	1	4

续表

类别	指令格式	功能简述	字节数	周期
逻辑运算类指令	ANL A，Rn	累加器与寄存器	1	1
	ANL A，@Ri	累加器与内部 RAM 单元	1	1
	ANL A，#data	累加器与立即数	2	1
	ANL A，direct	累加器与直接寻址单元	2	1
	ANL direct，A	直接寻址单元与累加器	2	1
	ANL direct，#data	直接寻址单元与立即数	3	1
	ORL A，Rn	累加器或寄存器	1	1
	ORL A，@Ri	累加器或内部 RAM 单元	1	1
	ORL A，#data	累加器或立即数	2	1
	ORL A，direct	累加器或直接寻址单元	2	1
	ORL direct，A	直接寻址单元或累加器	2	1
	ORL direct，#data	直接寻址单元或立即数	3	1
	XRL A，Rn	累加器异或寄存器	1	1
	XRL A，@Ri	累加器异或内部 RAM 单元	1	1
	XRL A，#data	累加器异或立即数	2	1
	XRL A，direct	累加器异或直接寻址单元	2	1
	XRL direct，A	直接寻址单元异或累加器	2	1
	XRL direct，#data	直接寻址单元异或立即数	3	2
	RL A	累加器左循环移位	1	1
	RLC A	累加器连进位标志左循环移位	1	1
	RR A	累加器右循环移位	1	1
	RRC A	累加器连进位标志右循环移位	1	1
	CPL A	累加器取反	1	1
	CLR A	累加器清 0	1	1
控制转移类指令	ACCALL addr11	2 KB 范围内绝对调用	2	2
	AJMP addr11	2 KB 范围内绝对转移	2	2
	LCALL addr16	2 KB 范围内长调用	3	2
	LJMP addr16	2 KB 范围内长转移	3	2
	SJMP rel	相对短转移	2	2

续表

类别	指令格式	功能简述	字节数	周期
控制转移类指令	JMP @A+DPTR	相对长转移	1	2
	RET	子程序返回	1	2
	RET1	中断返回	1	2
	JZ rel	累加器为 0 转移	2	2
	JNZ rel	累加器非 0 转移	2	2
	CJNE A，# data，rel	累加器与立即数不等转移	3	2
	CJNE A，direct，rel	累加器与直接寻址单元不等转移	3	2
	CJNE Rn，# data，rel	寄存器与立即数不等转移	3	2
	CJNE @Ri，# data，rel	RAM 单元与立即数不等转移	3	2
	DJNZ Rn，rel	寄存器减 1 不为 0 转移	2	2
	DJNZ direct，rel	直接寻址单元减 1 不为 0 转移	3	2
布尔逻辑操作类指令	NOP	空操作	1	1
	MOV C，bit	直接寻址位送 C	2	1
	MOV bit，C	C 送直接寻址位	2	1
	CLR C	C 清 0	1	1
	CLR bit	直接寻址位清 0	2	1
	CPL C	C 取反	1	1
	CPL bit	直接寻址位取反	2	1
	SETB C	C 置位	1	1
	SETB bit	直接寻址位置位	2	1
	ANL C，bit	C 与直接寻址位	2	2
	ANL C，/bit	C 与直接寻址位的反	2	2
	ORL C，bit	C 或直接寻址位	2	2
	ORL C，/bit	C 或直接寻址位的反	2	2
	JC rel	C 为 1 转移	2	2
	JNC rel	C 为 0 转移	2	2
	JB bit,rel	直接寻址位为 1 转移	3	2
	JNB bit,rel	直接寻址为 0 转移	3	2
	JBC bit,rel	直接寻址位为 1 转移并清该位	3	2

附录 B　C51 的库函数

　　C51 编译器提供了丰富的函数库,可用于 MCS-51 系列单片机 C 语言程序的预定义函数和宏,可以大大简化用户的程序设计工作,从而提供编程效率。

　　大部分库函数与 ANSI-C 的兼容,其中部分函数为了能更好地发挥 MCS-51 系列单片机结构的特性,作了少量改动。每个库函数都在相应的头文件中给出了函数原型声明,用户如果需要使用库函数,必须在源程序的开始处采用预处理命令 #include,将有关的头文件包含进来。

　　所有函数的实现与函数选用的寄存器组无关。

B1　C51 的库文件

　　C51 包括 6 个编译库,对各种功能性要求进行优化,这些库支持大多数的 ANSI-C函数。它们分别适用于不同的应用存储模式,如表 B-1 所示。

表 B-1　库文件及其说明

库　文　件	说　　明
C51S. lib	小模式,无浮点运算
C51FPS. lib	小模式,有浮点运算
C51C. lib	紧凑模式,无浮点运算
C51FPC. lib	紧凑模式,有浮点运算
C51L. lib	大模式,无浮点运算
C51FPL. lib	大模式,有浮点运算

　　实现与硬件相关的低级流 I/O 功能的函数,以源文件的形式提供,它们可以在 LIB 目录下找到。通过修改这些文件,可以替换库中相应的库程序,使得函数库能够适应目标系统中的流 I/O 环境。

B2　C51 库函数的分类

　　库函数分为几大类,这几大类分属于不同的 H 文件。这些文件在 INC 目录下可以找到,其中包含了常数定义、宏定义、类型定义和原型函数。以下先按 H 文件的类别,分别对各个库函数做简要说明。

B2.1   absacc. h

absacc. h 中包含了允许直接访问 8051 不同区域存储器的宏。

1. CBYTE

CBYTE 允许访问 8051 程序存储器中的字节。例如：

rval＝CBYTE[0x0002];

即从程序存储器地址 0002H 读出内容。

2. CWORD

CWORD 允许访问 8051 程序存储器中的字。例如：

rval＝CWORD[0x0002];

即从程序存储器地址 0004H 读出内容，地址计算：$2*\text{sizeof}(\text{unsigned int})$。

3. DBYTE

DBYTE 允许访问 8051 片内 RAM 中的字节。例如：

rval＝DBYTE[0x0002];
DBYTE[0x0002]＝5;

即从片内 RAM 地址 0002H 读出或写入内容。

4. DWORD

DWORD 允许访问 8051 片内 RAM 中的字。例如：

rval＝DWORD[0x0002];
DWORD[0x0002]＝57;

即从片内 RAM 地址 0004H 读出或写入内容。

5. PBYTE

PBYTE 允许访问 8051 片外 RAM 页面中的字节。例如：

rval＝PBYTE[0x0002];
PBYTE[0x0002]＝57;

即从片外 RAM 页的相对地址 0002H 读出或写入内容。

6. PWORD

PWORD 允许访问 8051 片外 RAM 页面中的字。例如：

rval＝PWORD[0x0002];
PWORD[0x0002]＝57;

即从片外 RAM 页的相对地址 0004H 读出或写入内容。

7. XBYTE

XBYTE 允许访问 8051 片外 RAM 页面中的字节。例如：

> rval＝PBYTE[0x0002];
> PBYTE[0x0002]＝57;

即从片外 RAM 地址 0002H 读出或写入内容。

8. XWORD

XWORD 允许访问 8051 片外 RAM 中的字。例如：

> rval＝XWORD[0x0002];
> XWORD[0x0002]＝57;

即从片内 RAM 地址 0004H 读出或写入内容。

B2. 2　ctype. h

ctype. h 中包含 ASCII 字符的分类和转换函数。

(1) isalnum：可重入，测试是否为字母、数字。

(2) isalpha：可重入，测试是否为字母。

(3) iscntrl：可重入，测试是否为控制字符。

(4) isdigit：可重入，测试是否为十进制数字。

(5) isgraph：可重入，测试是否为可打印字符，不包括空格。

(6) islower：可重入，测试是否为小写字母。

(7) isprint：可重入，测试是否为可打印字符，包括空格。

(8) ispunct：可重入，测试是否为标点符号。

(9) isspace：可重入，测试是否为空白字符。

(10) isupper：可重入，测试是否为大写字母。

(11) isxdigit：可重入，测试是否为十六进制数字。

(12) toascii：可重入，将字符转换成 7 位 ASCII 码。

(13) toint：可重入，将十六进制数字转换成十进制数。

(14) tolower：可重入，测试字符并将大写字母转换成小写字母。

(15) _tolower：可重入，无条件将字符转换成小写。

(16) toupper：可重入，测试字符并将小写字母转换成大写字母。

(17) _toupper：可重入，无条件将字符转换成大写。

B2. 3　intrins. h

intrins. h 包含内部函数，编译时产生的是插入代码，而不是产生 ACALL 或

LCALL 指令去调用一个功能函数。因此代码量小,效率更高。

(1) _chkfloat_:内部函数,检查浮点数状态,返回说明浮点数状态的无符号字符。

(2) _crol_:内部函数,无符号字符左旋。

(3) _cror_:内部函数,无符号字符右旋。

(4) _irol_:内部函数,无符号整数左旋。

(5) _iror_:内部函数,无符号整数右旋。

(6) _lrol_:内部函数,无符号长整数左旋。

(7) _lror_:内部函数,无符号长整数右旋。

(8) _nop_:内部函数,在程序中插入 NOP 指令。

(9) _testbit_:内部函数,在程序中插入 JBC 指令。

B2.4　math. h

math. h 中包含算术运算函数,包括浮点运算。

(1) abs:可重入,求整数的绝对值。

(2) acos:计算反余弦。

(3) asin:计算反正弦。

(4) atan:计算反正切。

(5) atan2:计算分数的反正切。

(6) cabs:可重入,求字符的绝对值。

(7) ceil:求大于或等于参数的最小整数。

(8) cos:计算余弦。

(9) cosh:计算双曲余弦。

(10) exp:计算参数的指数函数。

(11) fabs:可重入,求浮点数的绝对值。

(12) floor:求小于或等于浮点数的最大整数。

(13) fmod:计算浮点数的余数。

(14) labs:可重入,求长整数的绝对值。

(15) log:计算参数的自然对数。

(16) log10:计算参数的常用对数。

(17) modf:分离参数的整数和分数部分。

(18) pow:计算幂函数。

(19) sin:计算正弦。

(20) sinh:计算双曲正弦。

(21) sqrt:计算平方根。

(22) tan:计算正切。

（23）tanh：计算双曲正切。

B2.5　setjmp.h

setjmp.h 定义用于 setjmp 和 longjmp 程序的 jmp_buf 类型。

（1）jmp_buf：用于在 setjmp 和 longjmp 中保护和恢复程序环境。jmp_buf 类型定义如下。

```
#define _JBLEN 7
typedef char jmp_buf[_JBLEN];
```

（2）longjmp：长跳转。

（3）setjmp：设置长跳转的返回点。

B2.6　stdarg.h

stdarg.h 定义访问函数参数的宏,定义保持函数调用参数的 va_list 数据类型。

（1）va_arg：读函数调用中的下一个参数。

（2）va_end：结束读函数调用参数。

（3）va_start：开始读函数调用参数。

B2.7　stddef.h

stddef.h 定义 offsetof 宏。

offsetof：计算结构成员的偏移量。

B2.8　stdio.h

stdio.h 中包含流 I/O 的原型函数,定义 EOF 常数。

（1）getchar：可重入,用_getkey 和 putchar 读入和回应 1 个字符。

（2）_getkey：用 8051 串口读 1 个字符。

（3）gets：用 getchar 读入 1 个字符串。

（4）printf：用 putchar 写格式化数据。

（5）putchar：用 8051 串口写 1 个字符。

（6）puts：可重入,用 putchar 写字符串和换行字符。

（7）scanf：用 getchar 读格式化数据。

（8）sprintf：写格式化数据到字符串。

（9）sscanf：从字符串读格式化数据。

（10）ungetchar：将 1 个字符返回到 getchar 输入缓存。

（11）vprintf：用指针向流输出。

（12）vsprintf：写格式化数据到字符串。

B2.9　stdlib.h

stdlib.h 中包含数据类型转换和存储器定位函数。

（1）atof：将字符串转换成浮点数。

（2）atoi：将字符串转换成整数。

（3）atol：将字符串转换成长整数。

（4）calloc：为数组在存储池中定位。

（5）free：释放用 calloc、malloc 或 realloc 定位的存储块。

（6）init_mempool：初始化存储池的定位和体积。

（7）malloc：从存储池中定位 1 个存储块。

（8）rand：可重入，产生 1 个伪随机数。

（9）realloc：从存储池中重定位 1 个存储块。

（10）srand：初始化伪随机数发生器。

（11）strtod：将字符串转换成浮点数。

（12）strtol：将字符串转换成长整数。

（13）strtoul：将字符串转换成无符号长整数。

B2.10　string.h

string.h 中包含字符串和缓存操作函数，定义了 NULL 常数。

（1）memccpy：从一个缓存向另一个复制，直至复制了指定字符或指定字符数。

（2）memchr：可重入，返回指定字符在缓存中首次出现的位置指针。

（3）memcmp：可重入，对两个缓存中给定数量字符做比较。

（4）memcpy：可重入，将给定数量字符从一个缓存复制到另一个。

（5）memmove：可重入，将给定数量字符从一个缓存移动到另一个。

（6）memset：可重入，将缓存中指定字节初始化为指定值。

（7）strcat：连接 2 个字符串。

（8）strchr：可重入，返回指定字符在字符串中首次出现的位置指针。

（9）strcmp：可重入，比较 2 个字符串。

（10）strcpy：可重入，复制字符串。

（11）strcspn：返回字符串中首字符与另一个字符串匹配的位置指针。

（12）strlen：可重入，返回字符串的长度。

（13）strncat：将字符串中指定字符连接到另一个字符串。

（14）strncmp：比较 2 个字符串的指定数量字符。

（15）strncpy：将字符串中指定数量字符复制到另一个字符串。

（16）strpbrk：返回一个字符串中与另一个字符串匹配的第 1 个字符的位置

指针。

(17) strpos：可重入，返回字符串中指定字符首次出现的位置指针。

(18) strrchr：可重入，返回字符串中指定字符最后出现的位置指针。

(19) strrpbrk：返回一个字符串中最后一个与另一字符串中任意字符匹配的字符位置指针。

(20) strrpos：可重入，返回字符串中指定字符最后出现的位置指针。

(21) strspn：返回一个字符串中第 1 个与另一字符串中任意字符不匹配的字符位置指针。

(22) strstr：返回一个字符串中与另一个字符串相同的子串的位置指针。

B3　C51 库函数说明

1. abs

(1) 函数原型为

> #include<math.h>
>
> int abs(int x);

(2) 参数为 x(整型值)。

(3)功能说明：求 x 的绝对值。

(4) 返回值为 x 的绝对值，整型。

2. acos

(1) 函数原型为

> #include<math.h>
>
> float acos(float x);

(2) 参数为 x(在[−1,+1]范围内的浮点数)。

(3) 功能说明：求 x 的反余弦主值,弧度。

(4) 返回值为 x 的浮点反余弦值,在[0,pi]范围内。

3. asin

(1) 函数原型为

> #include<math.h>
>
> float asin(float x);

(2) 参数为 x(在[−1,+1]范围内的浮点数)。

(3) 功能说明：求 x 的反正弦,弧度。

(4) 返回值为 x 的浮点反正弦值,在[−pi/2,+pi/2]范围内。

4. assert

(1) 函数原型为

> #include<assert.h>
>
> void assert(int expr);

(2) 参数为 expr(被检查的表达式)。

(3) 功能说明:检查表达式的宏。如果结果为假,输出到 printf 打印出错消息。

(4) 返回值:无。

5. exp

(1) 函数原型为

> #include<math.h>
>
> float exp(float x);

(2) 参数为 x(浮点数)。

(3) 功能说明:求 x 的指数函数。

(4) 返回值为 x 的指数函数值,浮点型。

6. floor

(1) 函数原型为

> #include<math.h>
>
> float floor(float x);

(2) 参数为 x(浮点数)。

(3) 功能说明:求小于或等于 x 的最大整数。

(4) 返回值为含有小于或等于 x 的最大整数的浮点数。

7. getchar

(1) 函数原型为

> #include<stdio.h>
>
> char getchar(void);

(2) 参数:无。

(3) 功能说明:从标准输入流用_getkey 函数读 1 个字符。读入的字符传递给 putchar 函数用于回应。

(4) 返回值为来自标准输入流的下一个字符,整型,含有 ASCII 码值。

8. gets

(1) 函数原型为

```
#include<stdio. h>
char * gets(char * string,int len);
```

（2）参数如下。

string：指向由标准输入接收到字符串的指针。

len：可读入的最大字符数。

（3）功能说明：调用 getchar 函数读字符串行到 string，字符串行以换行符结束。读入后换行符改为空字符。len 功能说明可读的最大字符数，如遇到换行符前读入已达最大字符数，则停止读入，并以空字符作为读入字符的结束。

（4）返回值：如果成功，则返回指针，与 string 相同；如果失败，则返回 NULL。

9．offsetof

（1）函数原型为

```
#include<stddef. h>
int offsetof(struc,mem);
```

（2）参数如下。

struc：结构。

mem：结构的成员。

（3）功能说明：求结构成员的偏移量，实现结构成员的定位。

（4）返回值为结构成员对于结构开始地址的偏移量字节数。

10．printf

（1）函数原型为

```
#include<stdio. h>
int printf(const char * format,…);
```

（2）参数如下。

format：指向格式化字符串的指针。

…：在 format 控制下的待打印数据。

（3）功能说明：将格式化数据用 putchar 函数写到标准输出流。format 是一个字符串，它包含字符、字符序列和格式说明。字符与字符序列按顺序复制到流。格式说明以百分符（％）开始，格式说明使跟随的相同序号的数据按格式说明转换和输出。如果数据的数量多于格式说明的，则多余的数据被忽略。如果格式说明的数量多于数据的，则结果将不可预测。

11．putchar

（1）函数原型为

```
#include<stdio. h>
```

char putchar(char c);

(2) 参数为 c(表示输出的字符,字符型)。

(3) 功能说明:用 8051 的串口输出字符 c。

(4) 返回值为 c。

12. puts

(1) 函数原型为

#include<stdio. h>

int puts(const char * s);

(2) 参数为 s(指向待写字符串的指针)。

(3) 功能说明:用 putchar 函数将字符串及换行字符写到输出流。

(4) 返回值:如果成功则返回 0;如果失败则返回 EOF。

13. scanf

(1) 函数原型为

#include<stdio. h>

int scanf(const char * format, …);

(2) 参数如下。

format:指向格式字符串的指针。

…:指向接收数据变量的指针,可选。

(3) 功能说明:用 getchar 函数按格式化字符串及参数读入,并保存到参数。每个参数必须是指向变量的指针,变量的类型在格式化字符串中定义,用于解释读入的数据。格式说明包含空白字符、非空白字符、格式说明符,定义如下。

① 空白字符(空格、制表符、换行符)使扫描输入时跳过。

② 除百分号(%)外的非空白字符产生扫描读入,但不保存。如果流输入的字符与说明的非空白字符不匹配,则扫描停止。

③ 格式说明符以百分号开始,产生扫描,按说明的类型转换读入字符,并存入参数表中的参数。

14. vprintf

(1) 函数原型为

#include<stdio. h>

void vprintf(const char * fmtstr,char * argptr);

(2) 参数如下。

fmystr:格式化字符串指针。

argptr:参数列表指针。

(3) 功能说明:格式化字符串和数字,产生用 putchar 函数写到输出流的字符串。vprintf 与 printf 类似,但是用参数列表指针而不用参数列表。

(4) 返回值为写入输出流的字符数。

15. _crol_

(1) 函数原型为

> #include<intrins. h>
>
> unsigned char _crol_(unsigned char c,unsigned char b);

(2) 参数如下。

c:字符。

b:旋转位数。

(3) 功能说明:将字符 c 左旋 b 位。

(4) 返回值为旋转后的 c。

16. _cror_

(1) 函数原型为

> #include<intrins. h>
>
> unsigned char _cror_(unsigned char c,unsigned char b);

(2) 参数如下。

c:字符。

b:旋转位数。

(3) 功能说明:将字符 c 右旋 b 位。

(4) 返回值为旋转后的 c。

17. _getkey

(1) 函数原型为

> #include<stdio. h>
>
> char _getkey(void);

(2) 参数:无。

(3) 功能说明:等待从 8051 的串口读入 1 个字符。

(4) 返回值为接收到的字符。

18. _irol_

(1) 函数原型为

> #include<intrins. h>
>
> unsigned int _irol_(unsigned int i,unsigned char b);

(2) 参数如下。

i：整数。

b：旋转位数。

(3) 功能说明：将整数 i 左旋 b 位。

(4) 返回值为旋转后的 i。

19.　_iror_

(1) 函数原型为

> #include<intrins. h>
>
> unsigned int _iror_(unsigned int i,unsigned char b);

(2) 参数如下。

i：整数。

b：旋转位数。

(3) 功能说明：将整数 i 右旋 b 位。

(4) 返回值为旋转后的 i。

20.　_lrol_

(1) 函数原型为

> #include<intrins. h>
>
> unsigned long _lrol_(unsigned long l,unsigned char b);

(2) 参数如下。

l：长整数。

b：旋转位数。

(3) 功能说明：将长整数 l 左旋 b 位。

(4) 返回值为旋转后的 l。

21.　_lror_

(1) 函数原型为

> #include<intrins. h>
>
> unsigned long _lror_(unsigned long l,unsigned char b);

(2) 参数如下。

l：长整数。

b：旋转位数。

(3) 功能说明：将长整数 l 右旋 b 位。

(4) 返回值为旋转后的 l。

22. _nop_

(1) 函数原型为

　　　　# include<intrins. h>

　　　　void _nop_(void);

(2) 参数：无。

(3) 功能说明：插入 NOP 指令，用于延迟。

(4) 返回值：无。

23. _tolower

(1) 函数原型为

　　　　# include<ctype. h>

　　　　char _tolower(char c);

(2) 参数为 c(字符型)。

(3) 功能说明：将字符转换为小写，用于已知字母是大写字母时。

(4) 返回值为 c 所表示的小写字符。

24. _toupper

(1) 函数原型为

　　　　# include<ctype. h>

　　　　char _toupper(char c);

(2) 参数为 c(字符型)。

(3) 功能说明：将字符转换为大写，用于已知字母是小写字母时。

(4) 返回值为 c 所表示的大写字符。

参 考 文 献

[1] 谢维成,杨加国. 单片机原理与应用及 C51 程序设计[M]. 北京:清华大学出版社,2006.

[2] 杭和平,杨芳,谢飞. 单片机原理与应用[M]. 北京:机械工业出版社,2008.

[3] 陈光东,赵性初. 单片机微型计算机原理与接口技术[M]. 武汉:华中科技大学出版社,1999.

[4] 李华,孙晓民,李红青,等. MCS-51 系列单片机实用接口技术[M]. 北京:北京航空航天大学出版社,2001.

[5] 李广弟,朱月秀,冷祖祁. 单片机基础[M]. 北京:北京航空航天大学出版社,2002.

[6] 梁超. 一款基于单片机技术的电子抢答器[J]. 机电工程技术,2005,34(1).

[7] 李朝青. 单片机原理及接口技术[M]. 北京:北京航空航天大学出版社,1999.

[8] 汪文,陈林. 单片机原理及应用[M]. 武汉:华中科技大学出版社,2008.

[9] 周向红. 51 单片机课程设计[M]. 武汉:华中科技大学出版社,2011.

[10] 张齐,杜群贵. 单片机应用系统设计技术——基于 C 语言编程[M]. 北京:电子工业出版社,2007.